高等职业教育生物技术类专业教材

U0966011

酶制剂生产与应用

主编
宋　刚　张伟杰

中国轻工业出版社

图书在版编目(CIP)数据

酶制剂生产与应用 / 宋刚, 张伟杰主编. -- 北京 :
中国轻工业出版社, 2024. 12. -- ISBN 978-7-5184-5441-9

Ⅰ. TQ464. 8

中国国家版本馆 CIP 数据核字第 2025KB8593 号

责任编辑：贺　娜

策划编辑：江　娟　　责任终审：许春英　　封面设计：锋尚设计

版式设计：砚祥志远　　责任校对：吴大朋　　责任监印：张　可

出版发行：中国轻工业出版社（北京鲁谷东街 5 号，邮编：100040）

印　　刷：北京君升印刷有限公司

经　　销：各地新华书店

版　　次：2024 年 12 月第 1 版第 1 次印刷

开　　本：710×1000　1/16　印张：16

字　　数：330 千字

书　　号：ISBN 978-7-5184-5441-9　定价：45. 00 元

邮购电话：010-85119873

发行电话：010-85119832　010-85119912

网　　址：http://www.chlip.com.cn

Email: club@ chlip.com.cn

版权所有　侵权必究

如发现图书残缺请与我社邮购联系调换

221601J2X101ZBW

本书编写人员

主　编　宋　刚（江苏农林职业技术学院）

张伟杰（江苏农林职业技术学院）

副主编　阮思煜（江苏农林职业技术学院）

李　信（江苏恒顺醋业股份有限公司）

宋　扬（辽宁职业学院）

张雪松（江苏农林职业技术学院）

参　编（按姓氏拼音排序）

葛　林（苏州健雄职业技术学院）

郭玲玲（江苏农林职业技术学院）

江丽梅（泰州迈博太科药业有限公司）

康　蕾（江苏金斯瑞生物科技有限公司）

吴　平（江苏农牧科技职业学院）

姚　芹（苏州农业职业技术学院）

张俊红（江苏恒顺醋业股份有限公司）

郑　斐（江苏金斯瑞生物科技有限公司）

主　审　姚　忠（南京工业大学）

前 言

在21世纪的科技浪潮中，生物技术等现代化技术飞速发展，正在以前所未有的深度和广度改变着人类的生产生活方式。酶，这一由活细胞产生的具有特定催化活性的蛋白质（核酸），作为生物体内化学反应不可或缺的催化剂，不仅在生命科学领域扮演着举足轻重的角色，更在工业、医疗、环保等诸多领域展现出其独特而广泛的应用价值。随着酶制剂工业的兴起和发展，其生产与应用已成为现代生物技术的重要组成部分，对于推动科技进步、促进经济发展和提高人类生活质量具有重要意义。因此，培养具备酶制剂生产与应用相关知识及技能的高素质人才，对于推动我国酶制剂工业的健康发展、提升相关产业的竞争力具有重要意义。

本教材旨在为高等职业教育生物技术及相关专业的学生提供一本系统、全面、实用的学习指南。以酶制剂的生产与应用为核心，帮助学生掌握酶制剂的基本概念、原理、技术和方法，了解酶制剂工业的发展历程、现状和趋势，培养学生的专业技能和实践能力，为他们未来从事相关领域的工作奠定坚实基础。

本教材系统介绍了酶制剂的发展历程、基本概念、生产方法、应用领域以及前景展望。从酶的发现与初步研究，到酶制剂的工业化生产与应用，再到当前基因工程、蛋白质工程等高新技术在酶制剂生产中的应用，全面展现了酶制剂领域的发展脉络。在生产方法上，本教材详细介绍了酶制剂发酵技术，酶制剂提取、纯化、固定化等关键步骤，以及这些步骤中的前沿技术和设备。在应用领域，本教材不仅涉及了酶制剂在食品、医药等传统领域的应用，还关注了酶制剂在新能源、环保等新兴领域的应用。此外，本教材还注重理论与实践的结合，通过大量实验讲解、案例介绍及知识链接，帮助学生深入理解掌握酶制剂相关知识和技能，同时，为学生提供了广阔的学术视野和前沿知识。

在编写过程中，我们力求做到以下几点：一是内容的全面性，确保读者能够系统地掌握酶制剂生产与应用的相关知识；二是理论与实践相结合，既注重理论知识的阐述，又注重实践技能的培养；三是注重教材的实用性，力求使读者能够学以致用，将所学知识转化为解决实际问题的能力。

本教材主要由江苏农林职业技术学院、辽宁职业学院、苏州农业职业技术学院、苏州健雄职业技术学院、江苏农牧科技职业学院、江苏恒顺醋业股份有限公司、江苏金斯瑞生物科技有限公司、泰州迈博太科药业有限公司等单位的教师和生产科研工作者采用集体讨论、分别执笔的方式编写，宋刚、张伟杰负责全书的内容规划及统稿。

我们期待通过这本教材的编写和出版，能够为我国高等职业教育生物技术及相关专业的学生提供一本优质教材和学习资源，为培养更多具备酶制剂生产与应用技能的高素质人才贡献力量。同时，由于时间和水平有限，本教材难免存在疏漏和不足之处，我们也希望广大师生在使用过程中能够提出宝贵的意见和建议，以便我们不断完善和更新教材内容，更好地服务于人才培养工作。

编者

2024 年 9 月

目 录 CONTENTS

绪论 ······ 1
第一节 酶及酶制剂概述 ······ 2
知识点一 酶研究简史 ······ 2
知识点二 酶制剂工业发展概况与趋势 ······ 4
知识点三 中国酶制剂工业现状 ······ 6
知识点四 酶制剂的相关概念 ······ 6
知识点五 酶制剂的分类和命名 ······ 8
【素质拓展】新型酶制剂绿色创制研发团队：以创新为使命，创造生活之“美” ······ 10
【思考题】 ······ 11
第二节 酶学基础 ······ 11
知识点一 酶的组成与分类 ······ 11
知识点二 酶的命名 ······ 14
知识点三 酶催化作用的特点及其影响因素 ······ 17
知识点四 酶活性的测定 ······ 24
【思考题】 ······ 26

项目一 酶制剂发酵技术 ······ 27
任务一 酶制剂生产菌种 ······ 27
知识点一 酶制剂工业常用菌种 ······ 28
知识点二 产酶微生物的选育 ······ 35
知识点三 菌种的保藏及复壮 ······ 43
【思考题】 ······ 47
任务二 酶制剂发酵工艺 ······ 47
知识点一 酶制剂的发酵工艺条件及优化控制 ······ 48
知识点二 常见酶制剂的发酵工艺 ······ 55

【素质拓展】张树政院士：一生寄情微生物 …… 64
【思考题】 …… 65
实训一 土壤中产淀粉酶微生物（芽孢杆菌）的分离 …… 65

项目二 酶制剂提取与分离 …… 69
任务一 预处理 …… 70
知识点一 发酵液的预处理 …… 70
知识点二 发酵液的过滤 …… 73
【思考题】 …… 74
任务二 细胞破碎 …… 75
知识点一 细胞破碎方法概述 …… 75
知识点二 细胞破碎率 …… 78
【思考题】 …… 79
任务三 酶的提取 …… 79
知识点 酶的提取 …… 79
【思考题】 …… 81
任务四 酶的分离纯化 …… 81
知识点一 沉淀分离 …… 81
知识点二 离心分离 …… 84
知识点三 过滤与膜分离 …… 87
知识点四 层析分离 …… 90
知识点五 电泳分离 …… 95
知识点六 萃取分离 …… 96
【思考题】 …… 99
任务五 酶的浓缩、干燥与结晶 …… 99
知识点一 酶的浓缩 …… 100
知识点二 酶的干燥 …… 103
知识点三 酶的结晶 …… 104
【素质拓展】阎锡蕴：从纳米的世界探寻酶的奥秘 …… 105
【思考题】 …… 106
实训二 枯草芽孢杆菌发酵液中 α-淀粉酶粗产物的提取 …… 106
实训三 α-淀粉酶提取液的纯化 …… 108
实训四 淀粉酶活性测定 …… 110
实训五 植物中淀粉酶的提取及活性测定 …… 113

项目三 酶的固定化及细胞的固定化…… 116
任务一 酶的固定化…… 116
知识点一 酶的固定化…… 117
知识点二 固定化酶的评价…… 123
【思考题】 …… 126
任务二 细胞与辅酶的固定化…… 127
知识点一 细胞的固定化…… 127
知识点二 辅酶的固定化…… 131
【素质拓展】卓仁禧院士：新中国培养的第一批科学家 …… 137
【思考题】 …… 138
实训六 α-淀粉酶的固定化与活性检测 …… 138

项目四 酶反应器和酶传感器…… 140
任务一 酶反应器…… 140
知识点一 酶反应器类型及特点…… 141
知识点二 酶反应器的选择…… 147
知识点三 酶反应器的操作…… 150
【思考题】 …… 155
任务二 酶传感器…… 155
知识点一 生物传感器…… 156
知识点二 酶传感器…… 158
【素质拓展】邹承鲁院士：追求真理，科技报国 …… 168
【思考题】 …… 168

项目五 酶制剂的应用…… 169
任务一 酶制剂在医药领域中的应用…… 169
知识点一 酶在疾病诊断方面的应用…… 170
知识点二 酶在疾病治疗方面的应用…… 177
知识点三 酶在药物生产方面的应用…… 183
【思考题】 …… 186
任务二 酶在食品领域中的应用…… 186
知识点一 酶制剂在食品加工中的应用…… 187
知识点二 酶制剂在食品保鲜中的应用…… 188
知识点三 酶制剂在食品检测分析中的应用…… 189

知识点四 酶制剂在食品品质改良中的应用………………………… 189
【思考题】 ……………………………………………………………… 190
任务三 酶制剂在农业领域中的应用……………………………… 190
知识点一 生物肥料……………………………………………………… 191
知识点二 病虫害防治…………………………………………………… 192
知识点三 降低农药残留危害………………………………………… 193
知识点四 在饲料生产方面的应用…………………………………… 194
【思考题】 ……………………………………………………………… 196
任务四 酶制剂在轻化工领域中的应用…………………………… 196
知识点一 洗涤工业……………………………………………………… 198
知识点二 制浆造纸工业……………………………………………… 199
知识点三 发酵工业……………………………………………………… 200
知识点四 制革工业……………………………………………………… 202
【思考题】 ……………………………………………………………… 203
任务五 酶制剂在环保及能源开发领域中的应用………………… 203
知识点一 酶在环境监测与治理方面的应用………………………… 204
知识点二 酶在能源开发领域中的应用……………………………… 205
【素质拓展】酶工程先驱——程玉华教授 ………………………… 207
【思考题】 ……………………………………………………………… 208
任务六 酶制剂在分子生物技术研究领域中的应用……………… 208
知识点一 细胞壁水解酶……………………………………………… 209
知识点二 酶在大分子切割方面的应用……………………………… 210
知识点三 酶在分子拼接方面的应用………………………………… 210
【思考题】 ……………………………………………………………… 211
任务七 核酶的应用……………………………………………………… 211
知识点一 抗 HIV 感染 ……………………………………………… 212
知识点二 抗肝炎病毒感染…………………………………………… 213
知识点三 肿瘤治疗……………………………………………………… 213
知识点四 白血病治疗………………………………………………… 214
【素质拓展】曲糵三千年：中国古代酿酒中酶制剂应用 ………… 215
【思考题】 ……………………………………………………………… 215
实训七 大豆肽的制备…………………………………………………… 215

项目六 常见酶制剂生产技术实例 …… 218
任务一 蛋白酶生产技术实例 …… 218
知识点一 蛋白酶简介 …… 218
知识点二 蛋白酶生产 …… 220
【思考题】 …… 222
任务二 淀粉酶生产技术实例 …… 222
知识点一 淀粉酶简介 …… 222
知识点二 淀粉酶生产 …… 224
【思考题】 …… 225
任务三 纤维素酶生产技术实例 …… 225
知识点一 纤维素酶简介 …… 226
知识点二 纤维素酶生产 …… 227
【素质拓展】离去的科技巨匠：施教耐 …… 228
【思考题】 …… 228
任务四 植酸酶生产技术实例 …… 229
知识点一 植酸酶简介 …… 229
知识点二 植酸酶生产 …… 230
【思考题】 …… 231
任务五 脂肪酶生产技术实例 …… 231
知识点一 脂肪酶简介 …… 232
知识点二 脂肪酶生产 …… 233
【思考题】 …… 234
实训八 纤维素酶水解纤维素生产生物乙醇 …… 234

附 录 …… 236

参考文献 …… 240

绪 论

酶（enzyme）是由活细胞产生的具有特定催化活性的蛋白质（或核糖核酸），又称生物催化剂。从古代开始，在自然界中发现的酶，如来源于微生物及动植物（如小牛的瘤胃或木瓜）中的酶，就被应用于干酪、葡萄酒、醋等食物的生产，以及日用品如皮革、靛蓝和亚麻布等的制造。由于技术的限制，人们对这些酶的特性认识不足，更没有纯化及表征手段。20 世纪后半叶，随着发酵工程的发展和表征技术的成熟，酶被逐渐发现、纯化和应用，实现了利用菌株进行大规模生产。酶制剂是现代生物技术快速发展的产物。酶工程指研究酶催化应用于生产化学品或相关行业时所涉及的技术、工艺和装备。研究内容包括酶分子改造、酶固定化、酶催化过程动力学、酶反应器、酶制剂及其在医药、食品、轻工、环保中的应用等。

随着生物技术和计算机科学等现代化技术的成熟和发展，人们挖掘出越来越多的酶，并且利用随机突变、理性设计或半理性设计等技术改造现有的酶。酶的底物谱越来越广泛，催化类型更加多样化，能够适用于多种反应条件，甚至可以在极端条件下保持催化活性，这使得酶制剂真正进入洗涤剂、饲料、食品、纺织品等工业产品的生产过程中。酶制剂的使用不仅改变了各行各业的生产方式，也促使人类的饮食结构及生活方式发生改变。

第一节 酶及酶制剂概述

学习目标

知识目标：

1. 了解酶研究简史、酶制剂发展概况。
2. 掌握酶制剂相关概念。

技能目标：

能够进行酶制剂的分类及命名。

素质目标：

深刻理解酶制剂在各行业、领域的巨大作用，树立良好的专业思想，激发提升我国酶制剂水平的责任感。

知识点一 酶研究简史

酶是一类由活细胞产生的、具有生物催化功能和高度专一性的生物大分子，大部分存在于细胞内，少部分可分泌到细胞外。人类早在几千年前就已经开始利用微生物酶来制备食品和饮料。据记载，早在 4000 多年前的夏禹时代中国就有了酿酒技术（酒是酵母发酵的产物，是细胞内酶作用的结果），3000 多年前就已经会制造饴糖、豆酱等食品，2000 多年前就能利用曲去治疗消化不良等疾病。然而人类真正认识酶的存在和作用，是从 19 世纪开始的，人类对于酶的认识和利用经历了一个不断发展、逐步深入的过程。

1833 年，佩恩（Payen）和帕索兹（Persoz）从麦芽的水抽提物中，用乙醇沉淀得到了一种可使淀粉水解生成可溶性糖的物质，并指出了它的热不稳定性，初步触及了酶的一些本质问题，被认为是酶的发现者。

1857 年，巴斯德（Pasteur）通过对酵母的乙醇发酵研究，认为在活酵母细胞内存在一种可以使糖发酵生成乙醇的物质——“酵素”（ferment），进而提出了发酵是由微生物引起的概念。1878 年，德国库尼（Kunne）首次将酵母中进行乙醇发酵的物质称为酶（enzyme）。Enzyme 来源于希腊文，意为“在酵母中”。

1896 年，德国学者毕希纳（Büchner）发现，酵母的无细胞抽提液也能将糖发酵成乙醇，这就表明酶不仅在细胞内，而且在细胞外在一定条件下也可以进行催化作用。毕希纳被认为是酶学研究的开创者，他的研究为 20 世纪酶学和酶工程的发展揭开了序幕，并因此获得了 1911 年的诺贝尔化学奖。

1902 年，亨利（Henri）根据蔗糖酶催化蔗糖水解的实验结果，提出了中间产物学说，认为底物在转化成产物之前，必须首先与酶形成中间复合物，然后转变为产物，并重新释放出游离态的酶。

1913 年，米彻利斯（Michaelis）和曼吞（Menten）根据中间产物学说，推导出酶催化反应的基本动力学方程——米氏方程。

1926 年，萨姆纳（Sumner）首次从刀豆提取液中分离纯化得到脲酶结晶，并证明它具有蛋白质的性质，为酶化学奠定了基础。在此后的 50 多年中，人们普遍接受了“酶是具有生物催化功能的蛋白质”的观点。

1960 年，雅各布（Jacob）和莫诺德（Monod）提出操纵子学说，阐明了酶生物合成的基本调节机制，使酶的生物合成可以按人们的意愿加以调节控制。

1969 年，日本的千畑一郎（Ichiro Chiba）博士经过近 10 年的努力，在世界上第一个把固定化酶应用于工业生产，成功开辟了固定化酶应用的新时代。在此基础上，人们又研制了各种固定化酶反应器。固定化酶的工业应用和酶反应器的出现是酶工程发展的新标志。

1982 年，切克（Cech）等发现四膜虫细胞的 rRNA 前体在完全没有蛋白质的情况下能进行自我剪接加工，催化得到成熟的 rRNA 产物。也就是说，rRNA 本身是催化剂。Cech 将这种具有催化功能的 RNA 称为核酶。

1983 年，阿尔特曼（Altman）等在研究中发现核糖核酸酶 P 的 RNA 部分 M1 RNA 具有核糖核酸酶 P 的催化活性，同样能单独催化 tRNA 前体的 5′端成熟。RNA 具有生物催化活性这一发现改变了有关酶的概念，被认为是近 40 年来生物科学领域最令人鼓舞的发现之一。为此，切克和阿尔特曼共同获得 1989 年的诺贝尔化学奖。

近几十年来，新发现的核酶越来越多。研究表明，核酶具有完整的空间结构和活性中心，有独特的催化机制，具有很高的底物专一性，其反应动力学也符合米氏方程的规律。可见，核酸类酶具有生物催化剂的所有特性，是一类由 RNA 组成的酶，由此引出“酶是具有生物催化功能的生物大分子（蛋白质或 RNA）”的新概念。

1986 年，斯可特斯（Schultz）和雷尼尔（Learner）两个研究小组同时报道，用事先设计好的过渡态类似物作半抗原，按标准单克隆抗体制备法获得了具有催化活性的抗体，即抗体酶。这一重要突破为酶的结构与功能研究、抗体与酶的应用开辟了新的研究领域。

1995 年，丹麦诺维信（Novozymes）科研人员成功获得抗碱性蛋白酶，融合蛋白技术创造了自然界不存在的新酶品种。

迄今，人类已发现生物体内存在的酶有几千种，而且每年都有新酶发现。其中有数百种酶已纯化到了均一纯度，有 200 多种酶得到了结晶。随着基因工程的崛起，细胞融合技术、DNA 重组技术等生物技术被广泛地引入到酶学研究中来，酶工程技术显示出广阔的前景。

知识点二　酶制剂工业发展概况与趋势

酶制剂是现代生物技术快速发展的产物。酶被从生物材料中分离并制成一种制剂，最早的报道是1833年法国化学家佩恩（Payen）和佩索兹（Persoz）用酒精从麦芽浸出液中沉淀制成的一种很粗的淀粉酶制剂，命名为“Diastase”，意为“分离”。Diastase被用于棉布退浆，能使2000倍淀粉液化。由他们首创的“ase”作为酶的词尾，一直沿用至今。酶制剂商品化开始于1874年，在丹麦出现出售凝乳酶的广告，这种凝乳酶是由小牛第四胃的胃液和黏膜制得，可用于制造干酪。1884年，日本人高峰让吉（Takamine）经麸皮固体培养米曲霉，用水提和酒精沉淀获得淀粉酶，之后在美国开设Takamine制药厂生产高峰（他卡）淀粉酶，用于棉布退浆和作消化剂，首先实现了微生物酶制剂的工业化生产。1917年，比奥登（Bioden）与艾弗伦特（Effront）首创用枯草杆菌生产淀粉酶，以取代麦芽淀粉酶（耐热性差）用于棉布退浆。

酶的大规模工业生产是在第二次世界大战后，随着抗生素工业的发展而开始的。1949年，日本开始用液体深层培养法生产细菌α-淀粉酶，揭开近代酶制剂工业的序幕，从此微生物酶的生产进入了大规模的工业化阶段。1963年，丹麦诺维信公司开发的碱性蛋白酶“Alcalase”上市，欧洲加酶洗涤剂开始流行。随后，欧美各国将蛋白酶加入洗涤剂，风行一时，刺激了许多国家竞相生产。1969年，日本田边制药厂利用固定化氨基酰化酶，由乙酰化-DL-氨基酸连续生产L-氨基酸获得成功，生产成本降低40%。1975年，诺维信公司推出葡萄糖异构酶，酶法生产果葡糖浆获得成功，打破了蔗糖在食糖中的垄断地位，带动淀粉深加工工业的兴起，工业用酶需求量开始增加。工业用酶具有经济、高效、用途广以及环境友好等优点，日益受到重视。

20世纪80年代以后，基因工程、蛋白质工程技术被广泛应用于产酶菌种的构建和酶分子的结构改造，诺维信公司用于生产酶制剂和生物转化的工业微生物大约80%是工程菌，这些工程菌显著提高了酶的表达量和活性，赋予了工业用酶新的功能和特性，因而大大促进了酶制剂工业的发展。世界酶制剂市场于1970年以后迅速增长，从1978年的不到1亿美元增加到2002年的25.7亿美元，1996—2002年世界酶制剂平均年增长率为11.4%。1997—2002年酶制剂在各个应用领域的分配，其中食品和饲料用酶占总额的45.0%~47.0%，洗涤剂用酶占31.8%~33.0%，纺织、制革、毛皮工业用酶占10.0%~11.0%，造纸、纸浆业用酶占6.5%~7.5%，化学工业用酶占3.7%~4.0%。与20世纪80年代数据比较，植物纤维加工酶制剂如纤维酶和半纤维酶，在棉布加工、纸浆漂白、废纸脱墨等方面有了较大发展，显示社会环保意识的增强。2009年，全世界酶制剂市场总规模达到30.18亿美元，酶制剂下游支撑产业的产值超过3000亿美元。在酶应用领域，受 DNA 测序成本大幅下降的刺激，用于诊断、研究和生物技术的酶需求将引领全球酶需求快速增长。此外，清洁产品对酶的需求也将强劲增长。在工业用酶市场中，动物饲料用酶以及食品和饮料用酶的需求增长速度将超过平均增速。

据立木信息咨询发布的《中国酶制剂市场预测与投资战略研究报告（2022 版）》显示：2017 年全球酶制剂市场规模 45.8 亿美元，同比增长 21.5%；2018 年全球酶制剂市场规模 49.5 亿美元，同比增长 8.0%；2019 年全球酶制剂市场规模 53.2 亿美元，同比增长 7.6%；2020 年全球酶制剂市场规模 57.0 亿美元，同比增长 7.2%；2021 年全球酶制剂市场规模 61.0 亿美元，同比增长 7.0%。与此同时，2021 年中国酶制剂产量 169.7 万标准吨，同比增长 5.26%。2021 年中国酶制剂需求量达 159.9 万标准吨，同比增长 5.02%。

当今世界酶制剂工业的研究和发展动向，主要表现如下趋势：

1. 大力研制、开发新酶种

由于酶制剂在食品、医药、轻工、化工、农业、能源和环境领域的广泛应用以及实际工作需要，大力研发新型酶、特殊酶、极端酶以及剂型多样化是酶制剂研究和发展的重要方向。在工业酶制剂市场，长期以来水解酶类一直处于主导地位，约占市场销售总额的 75%以上，而目前也注意开发非水解酶类，特别是氧化还原酶类，它们所占的市场份额不断扩大。

2. 研究开发投入大，高新技术应用广

国外酶制剂公司研发经费一般占产品销售额的 10%~15%，诺维信公司近几年的研发投入一直维持在销售总额的 13%以上，2010 年研发投入 2.5 亿美元，从事研发工作的人员占公司总雇员的 23%。由于经费充足，科研力量雄厚，早已把基因工程、蛋白质工程等现代生物技术用于产酶菌种的改良和新型酶的开发。1991 年 15%的工业用酶采用基因工程菌生产，1996 年达 50%，1998 年达到 80%。由于高新技术的应用，提高了酶的产量，增加了酶的稳定性，使酶能适应应用环境，提高了酶在有机溶剂中的反应效率，使酶在后提取工艺和应用过程中更容易操作。

3. 不断拓宽酶制剂的新用途

长期以来，酶制剂的应用领域主要集中在淀粉加工、食品加工和洗涤剂工业，而随着人类所面临的食品和营养、健康和长寿、资源和能源、环境保护和生态平衡等各种重大问题的不断产生，酶制剂的应用范围也越来越广。不断拓宽酶制剂的新用途将对人类的经济和社会生活产生重大影响。

4. 酶制剂工业发展趋向垄断化

就像其他新兴工业发展趋势一样，酶制剂市场竞争日趋激烈，各大公司收购、兼并、重组继续进行，酶制剂行业垄断已逐步形成。诺维信公司继续处于龙头老大位置，占世界市场份额的 47%；美国杰能科公司（Genencor）占 21%的市场份额；后起之秀的帝斯曼公司（Dutch State Mines，DSM）占 6%的市场份额。

知识点三　中国酶制剂工业现状

中国酶制剂工业起步于20世纪中叶，1965年无锡酶制剂厂首次将生产的BF-7658淀粉酶用在淀粉加工和纺织退浆上。1995年，无锡酶制剂厂首先引进了耐高温α-淀粉酶和高转化率液体糖化酶，在中华人民共和国国家科学技术委员会（简称国家科委）成果办公室的推动下，将完成的“新双酶法在淀粉质原料深加工工业中应用”这一科研项目在酒精、味精、制糖、啤酒等行业进行了推广，从此“双酶法”技术在全国迅速得以发展，为淀粉质原料深加工行业的迅速崛起做出了贡献。1998年，国外酶制剂公司纷纷到中国建厂和合资，给我国酶制剂产业带来机遇和挑战。诺维信公司在天津建立工厂，杰能科公司和中国最大的酶制剂公司无锡酶制剂厂合资，成立无锡杰能科生物工程有限公司。通过引进国外先进技术和国际合作，促进了我国酶制剂产品质量的改进和提高，我国发酵行业及相关应用领域得到飞速发展。

目前，逐步成熟的酶制剂研究及应用技术使中国酶制剂产业正向“高档次、高活性、高质量、高水平、多领域”方向发展，聚焦于专用酶制剂和特种复合酶制剂。2022年中国酶制剂总产量约53万t，成为发酵产业的核心之一，广泛应用于食品、酿造、味精、制药、有机酸、淀粉糖、纺织、皮革、洗涤剂及保健品等许多领域，并且应用领域不断扩大，应用技术水平不断提高。食品工业是用酶大户，目前已在烘焙、果蔬加工、乳制品、肉类加工和蛋白质水解等行业广泛应用酶制剂，企业也不断推出新型酶制剂、复合酶制剂、高活性和高纯度特别酶制剂来满足日益发展的食品工业需求。

知识点四　酶制剂的相关概念

一、酶制剂、单酶制剂、复合酶制剂

酶制剂（enzyme preparations）是按照一定的质量标准要求，应用适当的物理、化学方法，将酶从动植物细胞以及微生物发酵液中提取出来，加工成一定规格，并能稳定发挥其催化功能的生物制品。通常，酶制剂是一种复合物，含有一种或多种酶成分，以及稀释剂、稳定剂、防腐剂、抗氧化剂和其他物质。由于酶具有催化效率高、专一性强、作用条件温和以及与环境友好等优点，酶制剂被广泛应用于食品、医药、轻工、化工、农业、能源和环境保护等领域，已成为我国国民经济发展的“催化剂”。世界上已知的酶有4000多种，工业化生产的酶制剂有300多种，常用的有50多种，其中80%以上为水解酶类，它们主要用于降解自然界中的高聚物，如淀粉、蛋白质和脂肪等物质，因而淀粉酶、蛋白酶和脂肪酶是目前

工业上应用的三大主要酶制剂。

单酶制剂（single enzyme preparations）是具有单一系统名称且具有专一催化作用的酶制剂。该类酶制剂在多个领域广泛应用，如饲料用单酶制剂是指经过分离、提纯工艺而只含一种功效酶成分，对饲料中一种成分具有酶催化作用的饲料用酶制剂。饲料用单酶制剂又可分为两类：一类是以降解生物大分子为主的消化酶，如蛋白酶、淀粉酶、糖化酶和脂肪酶等，可将生物大分子水解为小分子化合物或其基本组成单位氨基酸、葡萄糖等，从而有助于动物体的消化和吸收；另一类是以降解抗营养因子为主的非消化酶，其中包括分解非淀粉多糖类抗营养因子的非淀粉多糖酶，如木聚糖酶、β-葡聚糖酶和甘露聚糖酶等，以及破坏其他抗营养因子的果胶酶和植酸酶等。

复合酶制剂（compound enzyme preparations）是含有两种或两种以上单酶的酶制剂，早期的复合酶制剂主要是单酶复配，现在主要是微生物直接发酵，发酵方式包括产单一酶的多菌种混合发酵和产多种酶的单一菌种发酵。该类酶制剂在饲料和洗涤剂工业应用普遍，而在其他领域应用较少。饲料用复合酶制剂是指含有两种或两种以上主要功效酶成分，这些酶是根据饲料原料和动物消化生理的不同而特定复配，对饲料中多种成分具有酶催化作用的饲料用酶制剂。如，由木瓜蛋白酶、康宁木霉纤维素酶和曲霉菌木聚糖酶组成的复合酶制剂，可同时作用于日粮中的蛋白质、纤维素和木聚糖。饲料用复合酶制剂主要有以下三类：①以β-葡聚糖酶为主的复合酶制剂，主要作用是消除饲料中的β-葡聚糖等抗营养因子；②以蛋白酶和淀粉酶为主的复合酶制剂，主要作用是补充动物内源酶的不足，以降解多糖和蛋白质等生物大分子；③以纤维素酶、木聚糖酶和果胶酶为主的复合酶制剂，主要作用是破坏植物细胞壁，并消除饲料中的抗营养因子。配合饲料中含有多种营养素，这些营养素主要由生物大分子组成，动物必须先酶解消化这些生物大分子然后才能利用它们，而酶对底物具有高度的专一性，使用单酶的作用效果明显低于多酶。因此，复合酶制剂可最大限度地提高饲料中淀粉、蛋白质和纤维素等营养物质的利用率，从而达到增加质量、减少消耗的目的。

二、水解酶、分解酶

工业酶制剂主要是降解类的酶制剂。如饲料用酶制剂把营养物质（如蛋白质、淀粉）或者抗营养物质（如非淀粉多糖、植酸盐）降解为容易吸收的营养成分或者无抗营养特性的成分；洗涤剂用酶把黏附在织物上、难以洗净的有机物污垢降解成较小的碎片，使之较好地溶于水，或使表面活性剂更容易增溶，从而提高洗涤剂的去污能力。

酶催化的降解反应是指把大分子化合物裂解成小分子化合物的过程，包括水解反应和分解反应两类。水解反应是一个加水的反应过程，分解反应是一个不需要加水的反应过程。习惯上，将大分子降解为其基本组成单位的反应称为水解，如蛋白质水解为氨基酸，淀粉水解为葡萄糖。

区别水解酶（hydrolase）和分解酶（clastic enzyme）的主要依据：一是催化的反应是否是加水反应；二是反应的产物是否为基本组成单位。对于饲料酶来说，水解酶包括蛋白酶、淀粉酶、脂肪酶、木聚糖酶、β-葡聚糖酶、纤维素酶、β-甘露聚糖酶等，分解酶包括植酸酶、木质素分解酶和霉菌毒素脱毒酶等。

三、酸性酶、中性酶、碱性酶

酸性酶（acidic enzyme）：最适宜作用 pH<6.0 的酶；中性酶（neutral enzyme）：最适宜作用 pH6.0~8.0 的酶；碱性酶（alkaline enzyme）：最适宜作用 pH>8.0 的酶。

四、低温酶、中温酶、高温酶

低温酶（enzyme used under low temperature）：最适宜的催化反应温度在 30℃以下的酶；中温酶（enzyme used under middle temperature）：最适宜的催化反应温度在 30~60℃的酶；高温酶（enzyme used under high temperature）：最适宜的催化反应温度在 60℃以上的酶。

五、胞内酶、胞外酶

胞内酶（intracellular enzyme）：细胞内合成，游离在细胞内或牢固与膜、细胞颗粒结合在一起，而起催化作用的酶。胞外酶（extracellular enzyme）：细胞内合成后，被分泌到细胞外并游离于细胞外，而起催化作用的酶。

六、溶液酶、固定化酶

酶蛋白质一般是水溶性的，酶促反应一般也是在水溶液中进行的，所以，为了与固定化酶区别，经常把未固定化的酶称为溶液酶（solution enzyme），有时也称为游离酶或自由酶。固定化酶（immobilized enzyme）则是指酶经过某种物理或化学方法处理后其运动被限制在一定空间范围的制剂。通常固定化酶不溶于水，由于固定化方法不同而有各种不同形态的制剂。固定化酶的研制是第二代酶工程技术的标志性成就。

知识点五　酶制剂的分类和命名

2021 年 8 月 20 日发布、2022 年 3 月 1 日实施的中华人民共和国国家标准 GB/T 20370—2021《酶制剂分类导则》，代替 2006 年首次发布的 GB/T 20370—2006《生物催化剂　酶制剂分类导则》，将酶制剂的分类、命名规定如下。

一、酶制剂的分类

1. 按来源分类

按来源分为三类：动物类、植物类和微生物类。

2. 按产品组分分类

按产品组分分为两类：单酶制剂和复合酶制剂。

3. 按剂型分类

按剂型分为三类：液体、粉剂和颗粒。

4. 按用途分类

按用途分为四类：食品工业用酶制剂、饲料工业用酶制剂、农业用酶制剂及其他酶制剂。

5. 按催化条件分类

按催化条件分为六类：酸性酶类、中性酶类、碱性酶类、低温酶类、中温酶类、高温酶类。

6. 按作用底物分类

按作用底物分为五类：碳水化合物酶类、蛋白酶类、脂肪酶类、核酸酶、其他酶类。

7. 按反应类型分类

按反应类型分为六类：氧化还原酶类、转移酶类、水解酶类、裂合酶类、异构酶类、合成酶类（连接酶类）。

二、酶制剂的命名

1. 传统命名（习惯命名）

（1）根据酶作用的底物命名　如大多数水解酶依其底物命名，如淀粉酶、葡萄糖淀粉酶（又称糖化酶）、脂肪酶、蛋白酶等。

（2）根据酶催化反应的性质及类型命名　如转氨酶、脱氢酶等。

（3）由（1）和（2）原则结合命名　如乳酸脱氢酶、谷丙转氨酶等。

通常单酶制剂按用途、来源、催化条件、作用底物和反应类型的顺序进行命名，命名时可适当省略上述某些要素。如，食品用细菌高温 α-淀粉水解酶制剂、黑曲酸性蛋白酶制剂、木瓜蛋白酶制剂。复合酶制剂以主要作用酶为主加“复合”字样，突出主要功能，可称为“复合××酶制剂”。如，由糖化酶和普鲁兰酶复配而成的酶制剂，可命名为“复合糖化酶制剂”；由酸性和中性蛋白酶复配而成的酶制剂，可命名为“复合蛋白酶制剂”。

2. 系统命名

见绪论第二节“酶的命名”部分。

【知识链接】

食品用酶制剂

食品用酶制剂（enzyme preparations used in food industry）是由动物或植物直接提取，或由传统或通过基因修饰的微生物（包括但不限于细菌、放线菌、真菌菌种）发酵、提取制得，用于食品加工，提高食品产品质量，具有特殊催化功能的酶制剂。

2024 年 2 月 8 日发布、2025 年 2 月 8 日实施的《食品安全国家标准　食品添加剂使用标准》（GB 2760—2024）共列入食品用酶制剂 66 种，并将其列为加工助剂范畴。加工助剂是指保证食品加工能顺利进行的各种物质，与食品本身无关，如助滤、澄清、吸附、脱模、脱色、脱皮、提取溶剂、发酵用营养物质等。加工助剂一般应在制成最终成品之前除去，无法完全除去的，应尽可能降低其残留量，其残留量不应对健康产生危害，不应在最终食品中发挥功能作用。酶制剂与一般的食品添加剂不同。一般的食品添加剂被添加到食品中后，其作用是从始至终的，并最终存在于产品中。但酶制剂作为一种加工助剂，仅在加工过程中起作用，即帮助一种物质完成一种转变，当其完成使命后便从终产品中消失或失去活性。酶制剂已广泛用于淀粉糖、面食制品、氨基酸有机酸发酵、油脂加工、酒类酿造、果汁、乳制品、功能食品、酱油醋生产等食品工业。常见的食品用酶制剂约 20 多种，以酶品种分：蛋白酶为 60%，淀粉酶为 30%，脂肪酶为 3%，特殊酶为 7%；以用途分：淀粉加工酶所占比例最大，为 15%，其次是乳制品工业占 14%。酶制剂以其独特的优势，正越来越广泛地应用于食品工业，是食品原料开发、品种改良和工艺改造的重要环节，为食品工业的安全、优质和高效三大主题赋予新的路径。

【素质拓展】

新型酶制剂绿色创制研发团队：以创新为使命，创造生活之“美”

年产新型酶制剂 10 万 t，位居中国民族酶工业第一位，先后被认定为国家单项冠军示范企业、山东省瞪羚企业……走进新型酶制剂绿色创制研发团队，一项项荣誉见证了公司的奋斗历程。多年来，山东隆科特酶制剂有限公司的研发团队始终将科技创新作为自己的使命，不断提升研发能力，攻克多项国外“卡脖子”技术。饲用酶制剂的开发和应用，可以促进饲料行业和养殖行业低消耗、低污染、绿色健康生产。我国饲料用酶存在活性低、价格高、进口依赖大的问题。为实施饲料酶制剂的国产化技术攻关，公司研发团队成立了专门的研发小组。经过了三年多的艰苦攻关，成功地攻克了饲料酶系的整体生产技术，在拥有自主知识产权的基础上，对菌种资源、基因资源进行优化，完成了饲料酶系的开发、生产和应用推广。项目打破了国际技术壁垒，有效缓解了我国饲用酶制剂不合理的产品结构，提升了酶制剂行业的核心竞争力，为促进我国发酵行业向资源节约型、环境友好型、经济循环型生产模式的转换提供了重要的技术支撑。近年来，研发团队先后承担国家重点研发计划6项、国家高技术产业化项目1项、重点产业振兴项目2项、省科技重大专项5项。目前已拥有65项国家发明专利、7项实用新型专利。公司目标是成为世界酶制剂产业一流产品、一流方案、一流服务的提供商，为了实现这一愿景，隆科特一直在路上。

【思考题】

1. 简述酶概念形成过程。
2. 简述酶制剂工业主要发展趋势。
3. 酶制剂如何进行分类？

第二节 酶学基础

学习目标

知识目标：

1. 掌握酶的组成、分类和命名方法。
2. 理解酶的催化特性及催化原理。
3. 了解酶促反应的影响因素。
4. 掌握酶活性、比活性概念及测定原理。

技能目标：

1. 能进行酶的系统命名。
2. 能进行酶的活性测定。

素质目标：

通过学习，提升对知识的分类、归纳能力，培养探究事物本质的科学精神。

知识点一 酶的组成与分类

一、按酶的化学本质分类

根据酶的化学本质，将酶分为两类。

1. 蛋白类酶

蛋白类酶指酶的组成为蛋白质或主要成分是蛋白质，简称P酶。除少数已经鉴定的具有催化活性的 RNA 分子外，几乎所有的酶都是蛋白质，所以与其他蛋白质一样，P 酶也具有四级空间结构形式。

根据 P 酶蛋白质分子和结构特点，可以将 P 酶分为以下四类：

（1）单体酶　单体酶是指仅有一个活性部位的多肽链构成的酶，其相对分子质量在 13000~35000。这类酶很少，一般都是催化水解反应的水解酶，如胰蛋白酶、溶菌酶等。

（2）寡聚酶　由几条或几十条不等的多肽链组成，每条多肽链称为一个亚基，亚基可以相同也可以不同，相互之间通过非共价键相连，相对分子质量差别较大，可从 35000 至几百万，这些亚基一般没有活性，必须相互结合后才有活性，如 3-磷酸甘油醛脱氢酶、己糖激酶等。

（3）多酶复合体　多酶复合体是指由多种酶彼此嵌合形成复合体进行连续反应的体系。这种多酶复合体有利于一系列反应的进行，其相对分子质量很高，一般都在几百万以上，如丙酮酸脱氢酶、脂肪酸合成酶等。

（4）多酶融合体　多酶融合体是指一条多肽链上含有两种或两种以上催化活性的酶，其往往是基因融合的产物。

有些 P 酶的活性仅仅决定于其本身的蛋白质结构，这类酶属于简单蛋白质，如脲酶、淀粉酶、脂肪酶等。大多数酶只有在与非蛋白组分结合后才表现出酶的活性，这类酶属于结合蛋白质，其非蛋白组分称为辅助因子。酶蛋白和辅助因子结合后所形成的复合物称为全酶，全酶可以表示如下：

全酶=酶蛋白+辅助因子

在催化反应中，酶蛋白和辅助因子所起的作用不同，酶反应的专一性取决于酶蛋白本身，而辅助因子本身无催化能力，其作用是在酶促反应中传递电子、原子和某些化学基团，维持酶的活性和完成酶的催化过程。辅助因子可以是金属离子（如 Fe、Cu、Zn、Mg、Ca、K、Na 等金属的离子），也可以是有机化合物。有机辅助因子可以依据其与酶蛋白结合的程度分为辅酶和辅基。前者为松弛结合，可透析除去，如 NAD^+、$NADP^+$、CoQ 和生物素等；后者为紧密结合，如 FMN 和 FAD 等。二者的区别仅在于它们与酶蛋白结合的牢固程度不同，并无明显界限。

2. 核酶

核酶指酶的组成成分或主要成分是核苷酸或脱氧核苷酸，简称 R 酶。关于 R 酶的分类还没有统一的原则和方法。

二、按酶催化反应类型分类

1. 蛋白类酶的分类

1961 年，国际生物化学联合会（International Union of Biochemistry，IUB）的酶学委员会（Enzyme Commission，EC）公布了酶的命名法（enzyme nomenclature）及

其分类报告。1972 年、1978 年和 1984 年又三次做了修改、补充，这一系统现在已得到国际上普遍认同。根据目前已知的约 3000 种酶催化的反应类型和作用的底物，将酶分为六大类（表 0–1）。每个酶的编号前冠以 EC（酶学委员会）的缩写符号，每一个酶的编号由四个数字组成，数字间由“.”隔开。

表 0–1　　酶的国际分类

第一个数字	酶的分类	催化反应类型		实例
1	氧化还原酶类	氧化还原反应	$A^- + B \longrightarrow A + B^-$	醇脱氢酶
2	转移酶类	在两个分子间转移了一个原子或基团（包括在其他大类的反应除外）	$A{-}B + C \longrightarrow A + B{-}C$	己糖激酶
3	水解酶类	水解反应	$A{-}B + H_2O \longrightarrow A{-}H + B{-}OH$	胰蛋白酶
4	裂解（合）酶类	从底物上移去一个基团（不通过水解作用）	$\underset{X}{\underset{\mid}{A}}{-}\underset{Y}{\underset{\mid}{B}} \longrightarrow A{=}B + X{-}Y$	丙酮酸脱羧酶
5	异构酶类	异构化反应	$\underset{X}{\underset{\mid}{A}}{-}\underset{Y}{\underset{\mid}{B}} \longrightarrow \underset{Y}{\underset{\mid}{A}}{-}\underset{X}{\underset{\mid}{B}}$	顺丁烯二酸异构酶
6	连接酶类	两个分子合成一种物质并与核苷三磷酸的焦磷酸键分解相偶联	$A + B \longrightarrow A{-}B$	丙酮酸羧化酶

数字从左往右的分类原则是：

①第一位数字是根据酶所催化反应的性质，把酶分为六大类，分别用 1，2，3，4，5，6 的编号来表示。

②第二位数字是指根据底物中被作用的基团或键的特点再将每一大类分为若干亚类。

③第三位数字是指每一亚类中再分为若干小类。

④第四位数字是指每一小类中包含若干个具体的酶。

举例，如催化乳酸脱氢转变为丙酮酸的乳酸脱氢酶，编号为 EC1. 1. 1. 27。第一个 1，代表该酶属于氧化还原酶类；第二个 1，代表该酶属于氧化还原酶类中的第一亚类，催化醇的氧化；第三个 1，代表该酶属于氧化还原酶类中的第一亚类的第一小类；第四个数字 27，代表该酶在小类中的排序号。

2. 核酶的分类

根据催化反应类型，核酶可分为分子内催化核酶和分子间催化核酶。根据作用方式，将核酶分为3类：剪切酶、剪接酶和多功能酶。

（1）分子内催化核酶　指催化本身RNA分子进行反应的一类核酶，是最早发现的核酶。该类酶均为RNA前体，由于是催化本身RNA分子反应，所以冠以“自我”（self）字样。具体可以分为自我剪切和自我剪接两个亚类。

（2）分子间催化核酶　指催化其他分子进行反应的核酸类酶。根据所作用的底物分子不同，又分为：作用于DNA的核酶、作用于其他RNA分子的核酶、作用于多糖的核酶、作用于氨基酸酯的核酶。

三、按酶的作用底物分类

酶工程研究初期，许多酶按照作用底物进行分类。如催化水解淀粉的酶称为淀粉酶，催化水解蛋白质的酶称为蛋白酶，有时还加上来源以区分，如胃蛋白酶、胰蛋白酶。

知识点二　酶的命名

酶的命名通常有两种方法，即习惯命名法和国际系统命名法。

一、习惯命名法

1961年以前，酶的命名都是采用习惯命名法，多数是由酶发现者根据酶所催化的底物、反应的类型或酶的来源命名，其依据的主要原则如下。

（1）根据酶所作用的底物命名　如催化淀粉水解的酶称淀粉酶，催化蛋白质水解的酶称蛋白酶，有时还加上来源以区别不同来源的同一种酶，如木瓜蛋白酶、胃蛋白酶等。

（2）根据催化反应的性质及类型命名　如水解酶、氧化还原酶等。

（3）结合上述两个原则综合命名　如催化琥珀酸脱氢反应的酶称琥珀酸脱氢酶，催化丙酮酸脱羧反应的酶称丙酮酸脱羧酶等。

二、国际系统命名法

在许多情况下，这种习惯的、非系统的或未指明催化性质的命名法是不甚合理的，经常会出现一酶多名或一名多酶的情况，产生混乱。为了避免上述情况的发生，国际生物化学和分子生物学学会（IUBMB）于1961年提出了一套系统的酶命名方案。根据国际系统命名法原则，每一种酶都有一个系统名称。系统名称应明确表明酶的底物及所催化的反应类型。如果有两个底物则都应写出，中间用冒号隔开。此外，底物的构型也应写出。如谷丙转氨酶，其系统名称为L-丙氨酸：α-酮戊二酸氨基转移酶。如果底物之一是水，可省去水不写，如黄嘌呤：氧化还原酶（表0-2）。

表 0-2　　酶的习惯命名法和系统命名法举例

习惯名称	系统名称	催化反应
乙醇脱氢酶	乙醇：NAD^+氧化还原酶	乙醇+NAD^+ ⟶ 乙醛+NADH
谷丙转氨酶	丙氨酸：α-酮戊二酸氨基转移酶	丙氨酸+α-酮戊二酸 ⟶ 谷氨酸+丙酮酸
脂肪酶	脂肪：水解酶	脂肪+H_2O ⟶ 脂肪酸+甘油

三、六大类酶特征及系统命名

1. 氧化还原酶类

氧化还原酶是催化氧化还原反应的酶，一般需要辅酶参与，可分为氧化酶和脱氢酶两类。

（1）氧化酶类　催化底物脱氢氧化生成 H_2O_2 或 H_2O。其反应通式为：$A \cdot 2H+O_2 \longrightarrow A+H_2O_2$ 或 $2A \cdot 4H+O_2 \longrightarrow 2A+2H_2O$。如葡萄糖氧化酶，酶分子中含有两分子 FAD 作为氢受体，催化葡萄糖氧化生成葡萄糖酸，并生成 H_2O_2。

（2）脱氢酶类　催化直接从底物脱氢的反应，其反应通式为 $A \cdot 2H+B \longrightarrow A+B \cdot 2H$。

如乳酸脱氢酶，以 NAD^+为辅酶，将乳酸氧化成丙酮酸。

系统命名时，将氢或电子供体写在前面，受体写在后面，然后再加上“氧化还原酶”。如黄嘌呤：氧化还原酶（习惯名为黄嘌呤氧化酶）。

2. 转移酶类

转移酶催化某基团从某一个化合物分子上转移到另一个化合物分子上，许多转移酶需要辅酶，反应通式为：$AB+C \longrightarrow A+BC$。谷丙转氨酶需要磷酸吡哆醛作为辅基，能使谷氨酸上的氨基转移到丙酮酸上，使之成为丙氨酸，而谷氨酸转化为α-酮戊二酸。按“供体：受体某基团转移酶”的系统命名为L-丙氨酸：α-酮戊二酸氨基转移酶（习惯名为谷丙转氨酶）。

3. 水解酶类

水解酶催化底物的加水分解或其逆反应，反应通式为：$A—B+H_2O \longrightarrow AOH+BH$。这类酶在体内外起降解作用，一般不需要辅酶，但无机离子对其活性有影响，是应用最广泛的酶。包括淀粉酶、核酸酶、蛋白酶、脂肪酶。

水解酶的系统命名是先写底物的名称，再写发生水解作用的化学键位置，其后再加上“水解酶”。例如核苷酸磷酸二酯键水解酶，表明该酶催化反应的底物是核苷酸，水解反应发生在磷酸酯键上。

4. 裂合酶类

裂合酶催化底物上移去一个基团而形成双键的反应或其逆反应。反应通式为：

A · B ⟶ A+B。根据裂合键是 C—O、C—N、C—C 等的不同可分为若干亚类。一般裂合酶在裂解反应方向只有一个底物，而在缩合方向却有两个底物。

这类酶的系统命名为“底物-裂解的基团-裂合酶”。如 L-谷氨酸-1-羧基-裂合酶，表明该酶催化 L-谷氨酸在 1-羧基位置发生裂解反应。二磷酸酮糖裂合酶可催化果糖-1,6-二磷酸成为磷酸二羟丙酮及甘油醛-3-磷酸，是糖代谢过程中的一个关键酶，习惯称为醛缩酶。

5. 异构酶类

异构酶催化各种同分异构体之间的相互转变，即分子内基团的重新排列。根据异构化的类型不同可分为若干亚类，如消旋、变位、顺反异构等。反应通式为：A ⟶ B。

命名时分别在底物名称后加上异构酶、消旋酶、变位酶、差向异构酶、顺反异构酶等。例如木糖异构酶（其催化反应式为：D-木糖⟶ D-木酮糖），磷酸甘油酸磷酸变位酶（其催化反应式为：2-磷酸-D-甘油酸⟶ 3-磷酸-D-甘油酸）等。

6. 连接酶或合成酶类

连接酶是伴随着 ATP 等核苷三磷酸的水解，催化两个分子进行连接反应的酶，反应通式为：A+B+ATP ⟶ A · B+ADP+Pi 或 A+B+ATP ⟶ A · B+AMP+Pi。该酶在催化过程中都需要金属离子作为辅助因子，如 Mg^{2+} 等。

这类酶的系统命名是在两个底物的名称后面加上“连接酶”。如谷氨酸：氨连接酶（其催化反应式为：L-谷氨酸+氨+ATP ⟶ L-谷氨酰胺+ADP+Pi），天冬酰胺：氨连接酶（其催化反应式为：L-天冬氨酸+氨+ATP ⟶ L-天冬酰胺+AMP+Pi）等。

【知识链接】

工业酶制剂的命名和分类

中国发酵工业协会根据酶制剂工业迅猛发展及国外酶制剂产品纷纷涌入国内的情势，为了加强行业管理，委托酶制剂分会起草了一份《工业酶制剂的命名和分类规定》（1999 年起草），摘录示例见表 0-3。该规定列出了目前生产应用较广的 32 种工业酶制剂，根据酶作用的底物归为 4 类：碳水化合物酶、蛋白质酶、酯酶和其他酶。“系统名（IUB）”和“IUB 编号”两栏，分别列出了酶的国际制命名和编号，以便接轨，避免引起混乱。“来源”和“备注”栏，可以看作分类的补充或说明。不同来源的同一名称的酶，在用途和使用性质上可能有很明显的差别，所以应用时要特别注意产品使用说明。

表 0-3　工业酶制剂的命名和分类规定（1999 年起草）

酶名	分类	系统名（IUB）	IUB 编号	来源	用途	备注
α-淀粉酶	碳水化合物酶	1,4-α-D-葡聚糖-4-葡聚糖水解酶	3.2.1.1	①米曲霉变种 ②枯草杆菌变种 ③地衣芽孢杆菌	酿酒、淀粉加工、烘焙、纺织、造纸、洗涤剂、饲料等	最适温度 90℃以上冠“高温”，60℃以上冠“中温”；最适 pH≤5 冠“酸性”，最适 pH>9 冠“碱性”
糖化酶（葡萄糖淀粉酶）	碳水化合物酶	1,4-α-D-葡聚糖-4-葡萄糖水解酶	3.2.1.3	黑曲霉变种	酿酒、葡萄糖制造	
蛋白酶（通称）	蛋白质酶	蛋白质水解酶	3.4.23.18 3.4.24.28 3.4.21.62	①黑曲霉变种 ②米曲霉变种 ③枯草杆菌变种 ④地衣芽孢杆菌	啤酒、肉类嫩化、蛋白质水解物、洗涤剂、纺织、制革等	最适 pH<5 冠“酸性”，最适 pH 5～9 冠“中性”，最适 pH>9 冠“碱性”
葡萄糖异构酶	其他酶	D-木糖-酮异构酶	5.3.1.5	①密苏里放线菌 ②凝结芽孢杆菌 ③其他	果葡糖浆制造	
脂肪酶	酯酶	三酰甘油酯酰基水解酶	3.1.1.3	①动物胃、胰腺等 ②曲霉、根霉等	洗涤剂、油脂水解、非水相反应中应用等	

知识点三　酶催化作用的特点及其影响因素

一、酶催化作用的特点

酶是生物活体细胞产生的一类生物催化剂，具有催化剂的共性，只需微量就能显著提高化学反应的速率，使反应迅速达到平衡而不改变反应的平衡点，并且在反应前后酶的自身不发生变化。然而，和其他非酶催化剂相比，酶又具有自身显著的特性，主要有以下四个方面。

1. 高效性

酶催化时所需活化能很低，催化效率远比非酶催化剂高。酶催化反应的速率比一般催化剂高 10^7~10^{13}倍，比非催化反应高 10^8~10^{20} 倍。例如，过氧化氢在铁离子或过氧化氢酶的催化作用下均能发生分解反应生成氧和水。在 0℃时，1mol 铁离子可催化 10^{-5}mol 过氧化氢分解；相同条件下，1mol 过氧化氢酶可催化 10^5mol 过氧化氢分解，过氧化氢酶的催化效率是铁离子的 10^{10} 倍。

2. 专一性

酶的专一性是指在一定条件下，一种酶只能催化一种或一类结构相似的底物进行某种类型反应的特性。这是酶最重要的特性之一，也是酶与其他非酶催化剂最主要的不同之处。

不同的酶其专一性有所不同，主要表现为以下三种情况：

（1）绝对专一性　很多酶只能催化一种底物进行反应。如脲酶只能催化尿素水解为 CO_2 和 NH_3 的反应，不能催化结构类似于尿素的硫脲或其他具有酰胺键的化合物水解。这说明具有绝对专一性的酶在催化某种物质的一个化学键时，不仅对键的性质有着严格的要求，而且对整个分子也有同样严格的要求。又如精氨酸酶能催化精氨酸水解为鸟氨酸，但对于结构与精氨酸相似的 α-N-甲基精氨酸、精胺等，该酶都不起作用。

（2）相对专一性　有些酶能催化一类底物起反应，特异性较低，这种专一性称为相对专一性。大多数酶都表现为相对专一性，如蔗糖酶既能催化水解蔗糖，也能催化水解棉籽糖，因为它们有相同的化学键。

（3）立体异构专一性　有些酶能催化底物的立体异构体之一起反应，表现为高度的立体特异性，如乳酸脱氢酶只催化 L（+）-乳酸脱氢，不能催化 D（-）-乳酸脱氢。

3. 反应条件温和

酶催化作用与非酶催化作用的另一个显著差别是酶催化作用的条件温和。酶的催化作用一般在常温、常压、pH 近乎中性的条件下进行，而一般非酶催化作用往往需要高温、高压和极端的 pH 条件。酶促反应这一特点使得酶制剂在工业上的应用展现了良好的前景，使一些产品的生产不需要高温高压耐腐蚀的设备，因而可提高产品的质量，降低原材料和能源的消耗，改善工作环境和劳动条件。

4. 催化作用的环境敏感性

在一定条件下，化学催化剂会发生中毒而失去催化活性，酶是高分子有机物，其属性更加脆弱。工业上应用的绝大多数酶都是蛋白质，因此，能使蛋白质变性的因素均可影响酶的催化活性，甚至能使酶完全丧失活性，如强酸、强碱、重金属盐、有机溶剂、生物碱试剂、高温、紫外线、X 射线、超声波、剧烈振荡等，这也是一般催化剂不具有的特性。因此，在酶的研究和应用中，必须避免这些因素。

5. 酶的活性受调节控制

细胞内的物质代谢过程既相互联系，又错综复杂，但生物体却能有条不紊地协调进行，这是由于机体内存在着精细的调控系统。参与这种调控的因素很多，但从分子水平上讲，仍是以酶为中心的调节控制。如果调节失控，就会导致代谢紊乱。酶活性的调控方式很多，主要包括酶浓度调节、激素调节、限制性蛋白酶水解作用与酶活性调控、抑制剂调节、反馈调节及金属离子调节。人们可以通过简单地改变酶浓度或者添加抑制剂等方法来控制和调节酶反应的进行。

二、影响酶催化作用的因素

酶的催化作用受到底物浓度、酶浓度、温度、pH、抑制剂浓度、激活剂浓度等诸多因素的影响，凡是能影响酶活性的因素，均能影响酶的催化作用。因此，在酶的应用过程中，必须控制好各种环境条件，使酶的活性达到最佳，从而充分发挥酶的催化功能。

1. 底物浓度

底物浓度是决定酶催化反应速率的主要因素。在其他条件不变的情况下，酶催化反应速率与底物浓度的关系如图 0-1 所示。

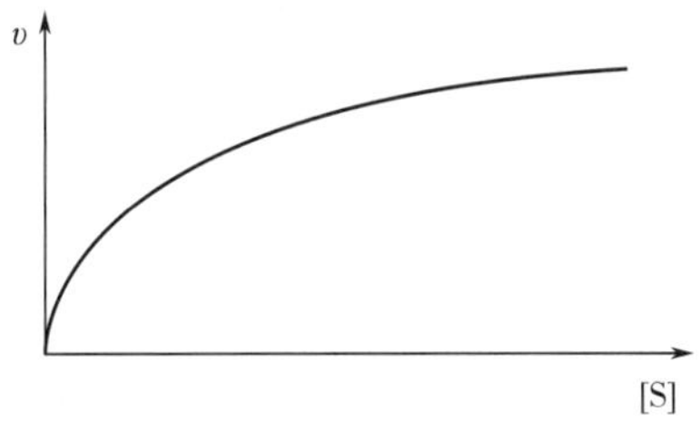

图 0-1 底物浓度与酶催化反应速率的关系

从图 1-1 中可以看到，在底物浓度较低的情况下，酶催化反应速率与底物浓度成正比，反应速率随底物浓度的增加而加快。当底物浓度达到一定的数值时，反应速率的上升不再与底物浓度成正比，而是逐步趋向平衡。

为了解析这一现象，不少人进行了研究。1913 年，米彻利斯（Michaelis）和曼吞（Menten）在前人研究的基础上，提出米氏方程，即式（0-1）：

$$v = \frac{v_{max}[S]}{K_m + [S]} \qquad (0-1)$$

式中 v ——反应速率；

$[S]$ ——底物浓度；

v_{max} ——最大反应速率，（μmol/min）；

K_m ——米氏常数，指酶催化反应速率等于最大反应速率一半时的底物浓度。

这一酶催化反应的基本动力学方程阐明了底物浓度与酶催化反应速率之间的定量关系。

2. 酶浓度

在底物浓度足够高的情况下，酶催化反应速率（v）与酶浓度［E］成正比（图 0-2），它们之间的关系可以用式（0-2）表示（其中，k 为直线斜率）：

$$v = k[E] \tag{0-2}$$

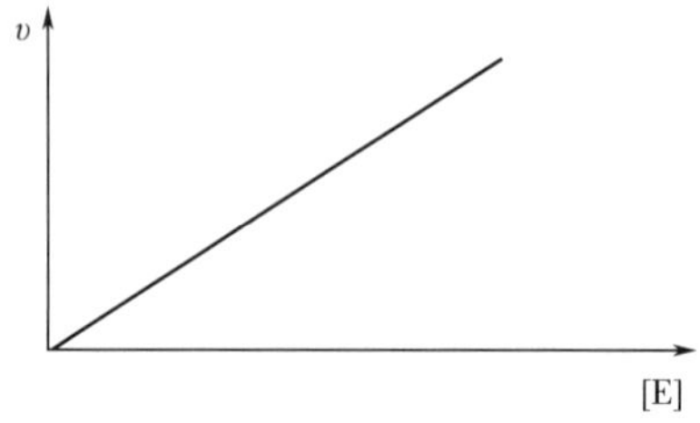

图 0-2 酶浓度与催化反应速率的关系

酶催化反应速率与酶浓度的正比关系是由于酶进行催化反应时，酶首先要与底物形成中间产物，即酶-底物复合物（ES），而这一步则是整个反应的限速步骤。当底物浓度大大超过酶浓度时，这种中间产物产生的速率取决于酶的浓度，所以，如果此时增加酶的浓度可增加反应速率，即酶催化反应速率与酶浓度成直线的正比关系。

3. 温度

（1）酶催化反应的最适温度　温度对酶促反应速率有很大的影响。随着温度的升高，反应速率逐步升高；当温度升高到一定温度时，反应速率达到最大；再继续升高温度时，反应速率反而逐步下降，呈现一条钟罩型曲线（图 0-3）。

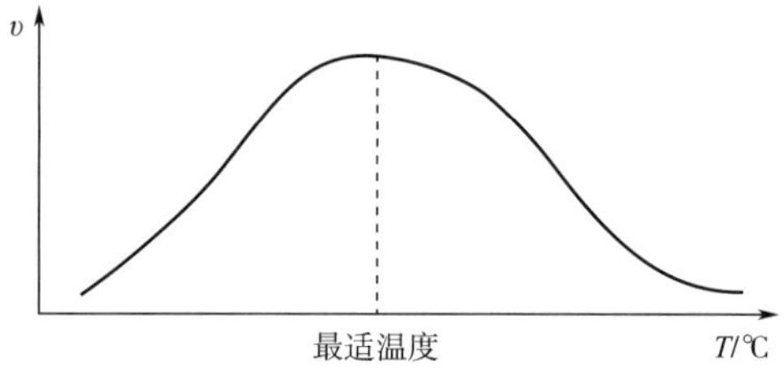

图 0-3 温度与酶催化反应速率的关系

反应速率达到最大时的温度，称为酶催化反应的最适温度。每一种酶在一定的反应条件下，都有它的最适温度。一般来说，动物细胞内的酶，其最适温度一般在 37～50℃的范围内；植物细胞内的酶，其最适温度较高，通常在 45～60℃；微生物体内的酶，其最适温度差异较大，一些嗜热菌体内的酶，其最适温度可达 65℃以上，嗜冷菌可在-2℃正常生长，多数微生物酶最适温度在 20～50℃范围内。

温度对酶有双重影响。一方面，温度可以增加底物分子中的活化能数值，影响酶与底物的结合，影响最大反应速率。因此，提高温度可以增加反应速率。对大多数酶来说，在其他条件相同的情况下，温度每升高 10℃，化学反应速率增加 1~2 倍。另一方面，酶是生物大分子，在温度升高时，酶的活性会受到影响，甚至引起变性而丧失其催化能力。这两方面综合的结果是在某一特定温度条件下，酶催化反应速率达到最大，这就是最适温度。一般酶在 60℃ 以上容易变性失活，但也有一些酶的热稳定性较高，例如耐高温 α-淀粉酶在 90℃ 甚至更高的温度条件下，仍然能正常地发挥其催化功能。

酶的活性虽然随着温度的降低而减弱，但低温一般不破坏酶，只是酶的催化活性很微弱，当温度回升后，酶又恢复其活性。

对于一种具体的酶而言，其最适温度并不是一个固定值，而与酶作用的时间长短有关。酶可以在较短的时间内耐受较高的温度，但是只有当酶反应时间在被规定的情况下，才有最适温度。也就是说，即使是同一种酶，如果反应的时间不同，其最适温度也不一样。

（2）温度对酶稳定性的影响　酶的热稳定性是指酶在一定的温度范围内，不发生或极少发生失活的特性。酶在高温下失活，是酶蛋白质在高温下多肽链伸展程度加大而变性的结果。故一般而言，酶的失活温度与蛋白质的变性温度很接近。由于热变性是一个渐进的过程，因此，酶的热稳定温度与作用时间有关。所以酶的热稳定性，通常用某一高温（如 70℃）作用几分钟不失活或某一时间（如 5min）内最高多少摄氏度不失活来表示。

一般来说，酶在干燥情况下要比潮湿状态下更耐高温，这一点已被广泛用于指导酶的储藏保存。有些酶的干粉剂可以在室温下放置一段时间，而其水溶液则必须在冰箱中保存；制成冰冻干粉的酶制剂能放置数月，而未制成干粉的酶溶液在冰箱中只能保存几天。

4. pH

酶的活性受 pH 影响较大。在一定 pH 下酶表现最大活性，高于或低于此 pH，酶的活性均降低。酶表现其最大活性时的 pH 通常称为酶的最适 pH（图 0-4）。

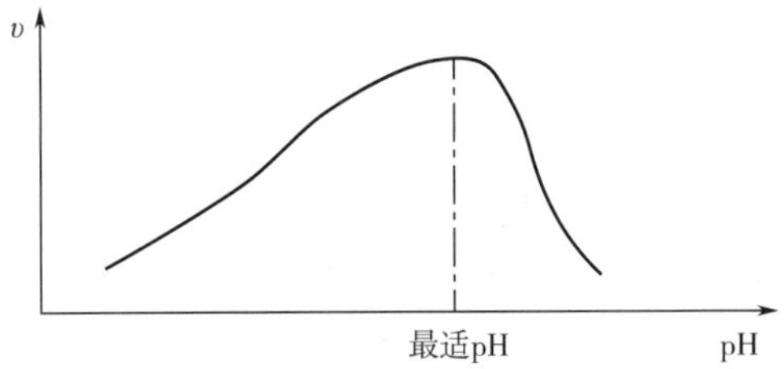

图 0-4　pH 对酶活性的影响

各种酶在一定条件下都有一定的最适 pH。一般来说，大多数酶的最适 pH 在 5~8，植物和微生物酶的最适 pH 大多在 4.5~6.5，动物体内的酶的最适 pH 在

6.5~8.0。但也有不少例外，如胃蛋白酶最适 pH 是 1.5，肝脏中精氨酸酶的最适 pH 是 9.8。必须指出的是，最适 pH 不是酶的特征性常数，它受底物的性质及浓度、缓冲液的性质和浓度、介质的离子强度、反应的温度和作用时间等因素的影响。

pH 之所以影响酶的催化作用，主要是由于在不同的 pH 条件下，酶分子和底物分子中基团的解离状态发生改变，从而影响酶分子的构象以及酶与底物的生物结合能力和催化能力。在极端 pH 条件下，酶分子的空间结构发生改变，从而引起酶的变性失活。

酶在最适 pH 时，酶分子的必需基团处于最佳的解离状态，最适合与底物结合并催化底物反应，因此反应速率最大。高于或低于最适 pH 时，改变了酶分子上必需基团的解离状态，反应速率下降。

5. 酶抑制剂

能够使酶的催化活性降低或者丧失的物质称为酶的抑制剂。有的抑制剂是细胞正常代谢的产物，它可以作为某一种酶的抑制剂在细胞的代谢调节中起作用。例如，色氨酸抑制色氨酸合成途径中第一步反应所需酶（邻氨基苯甲酸合成酶）的催化活性，从而调节色氨酸的生物合成。大多数酶抑制剂是外源性物质，主要是各种无机离子、小分子有机物和蛋白质等。例如，Ag^{+}、Hg^{2+}、Pb^{2+} 等重金属离子对许多酶均有抑制作用；抗坏血酸抑制蔗糖酶的活性。有些酶抑制剂是一类有重要应用价值的药物，如利用胆碱酯酶抑制剂可治疗心血管疾病等。

在抑制剂的作用下，酶的催化活性降低甚至丧失，从而影响酶的催化功能。抑制剂有可逆性抑制剂和不可逆性抑制剂之分。不可逆性抑制剂与酶分子结合后，通常是与酶蛋白中的基团结合形成共价键，使酶失活，抑制剂难以除去，酶活性不能恢复。可逆性抑制剂与酶的结合是可逆的，只要将抑制剂除去，酶活性即可恢复。

根据可逆性抑制作用的机制不同，酶的可逆性抑制作用又可以分为竞争性抑制、非竞争性抑制和反竞争性抑制三种。

（1）竞争性抑制　竞争性抑制是指抑制剂和底物同时竞争与酶分子结合引起的抑制作用。

竞争性抑制剂与酶作用底物的结构相似，它与酶分子结合以后，底物分子就不能与酶分子结合，从而降低酶的催化效率，对反应起到抑制作用。例如，丙二酸是琥珀酸的结构类似物，它可以竞争琥珀酸脱氢酶分子上的结合位点，而琥珀酸脱氢酶只能催化琥珀酸脱氢，所以丙二酸是琥珀酸脱氢酶的竞争性抑制剂。

竞争性抑制作用可以通过增加底物的浓度来加以解除，随着底物浓度增加，酶的抑制作用减弱。

竞争性抑制的特点是酶催化反应的最大反应速率 v_{max} 不变，而米氏常数 K_m 增大（图 0-5）。

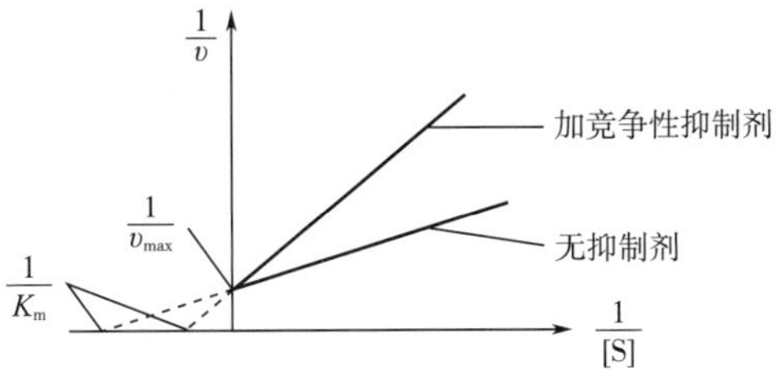

图 0-5 竞争性抑制作用的特性

（2）非竞争性抑制　非竞争性抑制是指抑制剂和底物分别与酶分子上的不同位点结合，引起酶活性降低的抑制作用。由于非竞争性抑制剂是与酶的活性中心以外的位点结合，所以，抑制剂分子结构可能与底物分子结构毫不相关，增加底物浓度也不能使非竞争性抑制作用逆转。

非竞争性抑制的特点是底物（S）和抑制剂（I）可同时与酶（E）结合，两者没有竞争作用。S 和 E 结合后还可与 I 结合，同样 I 与 E 结合后还能与 S 结合，即 E 可同时与 I 及 S 结合，形成酶-底物-抑制剂（ESI）三元复合物，但后者不能转变为产物。

非竞争性抑制的特点是最大反应速率 v_{max} 减小，但米氏常数 K_m 不变（图 0-6）。

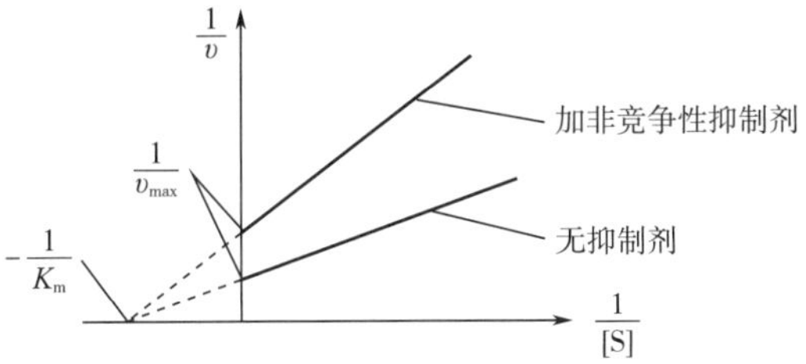

图 0-6 非竞争性抑制作用的特性

（3）反竞争性抑制　反竞争性抑制是指在底物与酶分子结合生成中间复合物后，抑制剂再与中间复合物结合引起的抑制作用。

反竞争性抑制剂不能与未结合底物的酶分子结合，只有当底物与酶分子结合以后，由于底物的结合引起酶分子结构的某些变化，使抑制剂的结合部位展现出来，抑制剂才能与之结合并产生抑制作用，所以不能通过增加底物浓度而使得反竞争性抑制作用逆转。

反竞争性抑制的特点是最大反应速率 v_{max} 和米氏常数 K_m 同时减小（图 0-7）。有无抑制剂存在，酶促反应的最大反应速率 v_{max} 和米氏常数 K_m 的变化见表 0-4。

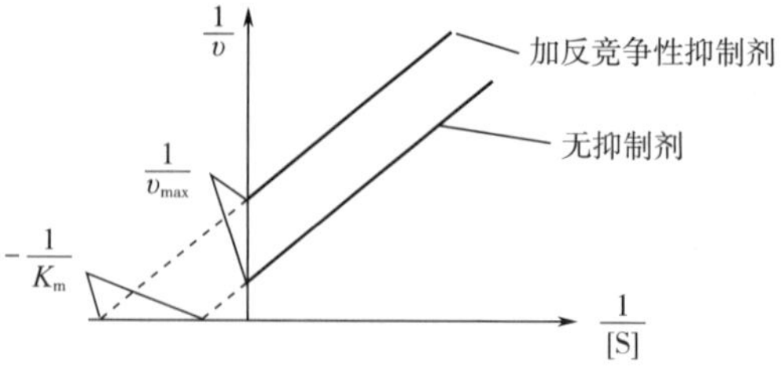

图 0-7　反竞争性抑制作用的特性

表 0-4　　有无抑制剂存在时酶促反应 v_{max} 和 K_m 的变化比较

作用类型	v_{max} 变化	K_m 变化	作用类型	v_{max} 变化	K_m 变化
无抑制剂（正常）	不变	不变	非竞争性抑制	减小	不变
竞争性抑制	不变	增大	反竞争性抑制	减小	减小

6. 酶激活剂

能够增加酶的催化活性或使酶的催化活性显示出来的物质称为酶的激活剂或活化剂。在激活剂作用下，酶的催化活性提高或者由无活性的酶原生成有催化活性的酶。激活剂大致可分为下面几类。

（1）无机离子　主要是一些金属离子，如 Na^+、K^+、Mg^{2+}、Zn^{2+}、Ca^{2+}、Fe^{2+} 等。少数阴离子也有一定的激活作用，但作用不明显。

（2）有机小分子　包括半胱氨酸、还原型谷胱甘肽、氰化物等某些还原剂以及螯合物乙二胺四乙酸（EDTA）等。

（3）具有蛋白质性质的大分子物质　主要指对某些无活性的酶原起作用的酶。

激活剂对酶的作用有一定的选择性，也就是说，一种激活剂对某种酶有激活作用，而对另一种酶则不一定有激活作用，甚至还有抑制作用。

影响酶促反应的因素除上述以外还有很多，如压力、离子辐射等。

知识点四　酶活性的测定

在酶的研究、生产及应用中，经常遇到需要对酶活性、纯度及含量进行测定的工作，这是评价酶性质一个必不可少的指标。酶活性也称酶活性，是指在一定条件下酶催化反应的初速度。

一、酶活性

1. 酶的活性单位

酶活性的高低是以酶活性的单位数来表示的。1961 年国际生化联合会规定：

在特定条件下（温度可采用25℃，最适 pH 等条件下），每分钟催化 1μmol 底物转化为产物的酶量定义为 1 个酶活性单位，这个单位称为国际单位（IU）。

1972 年国际生化联合会又推荐一种新单位，即卡特（kat）。规定为：在特定条件下，每秒钟催化 1mol 底物转化为产物的酶量定义为 1 卡特（kat），$1kat=6\times10^7IU$。

2. 酶的比活性

每毫克蛋白质所含的酶活性单位数称为酶的比活性。比活性的大小可用来比较每单位质量蛋白的催化能力，代表酶的纯度。对于同一种酶来说，比活性越大，表示酶的纯度越高。

固体酶：比活性＝活性单位数/酶蛋白量（mg）

液体酶：比活性＝活性单位数/酶液体积（mL）

二、 酶活性测定步骤

酶活性测定通常包括两个阶段。首先在一定条件下，酶与底物反应一段时间，然后再测定反应液中底物或产物的变化量。一般采取如下步骤：

①根据酶催化的专一性，选择适宜的底物，配制成一定浓度的底物溶液。要求所使用的底物必须均匀一致，达到酶催化反应所要求的纯度。在测定酶活性时，所使用的底物溶液一般要求新鲜配制，有些反应所需的底物溶液也可预先配制后置于冰箱保存备用。

②根据资料或预试验结果，确定酶催化反应的温度、pH、底物浓度、激活剂及浓度等反应条件。温度可以选择为室温（25℃）、体温（37℃）、酶反应最适温度或其他合适的温度，pH 应是酶催化反应的最适 pH。反应条件一旦确定，在整个反应过程中应尽量保持恒定不变。因此，反应要在恒温槽中进行，保持 pH 恒定可采用一定浓度和一定 pH 的缓冲溶液。有些酶催化反应要求一定浓度的激活剂，应适量添加。

③在一定的条件下，将一定量的酶液和底物溶液混合均匀，适时记下反应开始的时间。

④反应到一定的时间，取出适量的反应液，运用各种生化检测技术，测定产物的生成量或底物的减少量。为了准确地反映酶催化反应的结果，应尽量采用快速、简便的方法，立即测出结果。若不能及时测出结果，则要及时终止反应，然后再测定。

三、 酶活性测定方法

在测定反应液中物质变化量时，可采用化学检测、光学检测、气体检测等生化检测技术。对酶活性测定的要求是快速、简便、准确。

1. 分光光度法

分光光度法主要利用底物或产物在紫外光或可见光部分的光吸收度不同，选择合适的波长，测定反应体系中的情况。该方法可以连续读出反应过程中光吸收的变化。

一些原本没有光吸收变化的酶促反应可以通过与一些能引起光吸收变化的酶反应偶联，使没有光吸收变化的物质转变成具有光吸收变化的物质来进行测量。

2. 荧光法

产物中有荧光物质生成或产物与荧光试剂反应可生成荧光产物时用荧光法测量。荧光法的灵敏程度往往比分光光度法要高若干个数量级，因此在酶学研究中越来越多地被采用，特别是一些快速反应的测定方法。但是荧光法的缺点是易受其他物质干扰，有些物质如蛋白质能吸收和发射荧光，这种干扰在紫外区尤为显著。因此选用荧光法测定酶活性时，应尽可能选择可见光范围的荧光进行测量。

3. 同位素测定法

用带有放射性同位素标记的底物经酶作用后得到产物，通过分离，即可测定产物的脉冲数，换算出酶的活性单位。通常底物标记的同位素有^{3}H、^{14}C、^{32}P、^{35}S、^{131}I等。该法灵敏度极高，缺点是操作烦琐，样品需分离，且同位素对人体有损伤作用。

4. 电化学法

电化学法测定常用 pH 测定法。pH 测定法常用玻璃电极配合一高灵敏度的 pH 计，跟踪反应过程中 H^{+}的变化情况，从而测定酶促反应速率。

除了上述方法外，还可根据底物或者产物的性质采用其他方法，如旋光法、量气法、量热法等。

【思考题】

1. 酶催化作用的特点有哪些?

2. 简述酶的国际系统分类命名法，指出系统编号为 EC3. 2. 1. 1 的酶的名称及编号中各数字的意义。

3. 影响酶促反应的因素有哪些?

4. 名词解释：酶活性、酶活性单位、比活性。

5. 酶活性测定的方法有哪些? 各自有何优缺点?

项目一

酶制剂发酵技术

随着新型微生物菌种和酶制剂改造技术的发展，以及人们对环境和食品安全等问题重视程度的提高，酶制剂在社会和经济发展中扮演着越来越重要的角色。能否大批量地获得催化活性高、纯度高的酶制剂是限制酶制剂广泛应用的主要因素。除了从动、植物组织中分离提取酶以外，以微生物为载体，通过发酵法制取酶制剂具有高效、节能、生产周期短、提高潜力大等优势。发酵法已成为生产工业用酶制剂的重要途径。

优良的微生物菌种是生产酶制剂的前提，在发酵过程中维持酶合成的最适条件是最大量地生产酶制剂的有力保证。本项目主要介绍发酵法生产酶的常用菌种、发酵工艺条件及优化控制。

任务一 酶制剂生产菌种

学习目标

知识目标：

1. 掌握酶制剂工业常用微生物菌种。
2. 掌握常用的产酶微生物的选育方法。
3. 掌握常用的产酶微生物的保藏与复壮方法。

技能目标：

1. 能进行无菌操作。
2. 能通过查阅资料设计产酶微生物的筛选方案并进行筛选。
3. 能对酶制剂工业常用菌种进行保藏。

素质目标：

通过学习，能够自行设计产酶微生物筛选方案，并对产酶微生物进行筛选、保藏，培养严谨的科学态度和精益求精的工作作风。

知识点一　酶制剂工业常用菌种

一、产酶微生物的要求和特点

目前大多数酶都是从微生物中得到的，微生物发酵产酶是酶制剂生产的一条主要途径。作为酶的生产菌，一般来说必须具备以下几个条件：

（1）酶的产量高　优良的产酶菌首先要具有高产的特性，才有较好的开发应用价值。高产菌可以通过筛选、诱变或采用基因工程、细胞工程等技术而获得。

（2）易于培养和管理　要求产酶菌容易生长繁殖，并且适应性较强，易于控制，便于管理。

（3）产酶稳定性好　在通常的生产条件下，能够稳定地用于生产，不易退化。一旦菌种退化，可经过复壮处理，恢复产酶性能。

（4）有利于酶的分离纯化　发酵完成后，需经过分离纯化过程，才能得到所需的酶。这就要求产酶菌本身及其他杂质易于和酶分离。

（5）安全可靠　要求使用的菌种及其代谢物安全无毒，不会影响生产人员和环境，也不会对酶的应用产生其他不良影响。

二、常用产酶微生物

微生物种类繁多，繁殖快，适应性广，代谢能力强，已有不少性能优良的产酶菌在酶的发酵生产中广泛应用。细菌、放线菌、酵母菌及霉菌都是常用的工业酶生产菌，现将常用的产酶微生物进行简单介绍。

1. 细菌（bacteria）

细菌是一类细胞细短（直径约 0.5μm，长度 0.5~5μm）、结构简单、胞壁坚韧、多以二分裂方式繁殖和水生性较强的原核生物。单个菌体用肉眼看不到，但在固体培养基上，很多菌体长在一起，就可以观察到。这种细菌的集团，称作菌落（单独的）或菌苔（成片的）。在固体培养基表面，细菌菌落一般表面光滑、湿润，有的透明；也有一些较干燥或呈黏稠状；有的有褶皱；有的有颜色。细菌的个体一般需要经过染色后在显微镜下放大几百倍才能看清。细菌的形态极其简单，基本上只有球状、杆状和螺旋状三大类，仅少数为其他形状。在自然界所存在的细菌中，以杆菌为最常见，球菌次之，而螺旋状的则最少。

发酵工业中常用的细菌主要是杆菌，如枯草芽孢杆菌、大肠杆菌、乳酸杆菌、醋酸杆菌、丙酮丁醇梭菌及棒状杆菌等。目前工业上广泛应用的产酶细菌主要有枯草芽孢杆菌和大肠杆菌。

（1）枯草芽孢杆菌（*Bacillus subtilis*） 枯草芽孢杆菌是目前应用最广泛的产酶微生物之一。细胞呈杆状，大小为（0.7~0.8）μm×（2~3）μm，单细胞菌，无荚膜，周生鞭毛，能运动，革兰氏染色阳性。菌落粗糙，不透明，呈乳白色或微带黄色。

此菌用途广泛，可用于生产 α-淀粉酶、蛋白酶、β-葡聚糖酶、碱性磷酸酶等。枯草芽孢杆菌 BF7658 是国内用于生产 α-淀粉酶的主要菌株。

（2）大肠杆菌（*Escherichia coli*） 大肠杆菌细胞呈杆状，其大小为 0.5μm×（1.0~3.0）μm，革兰氏染色阴性，一般无荚膜，无芽孢，运动或不运动，运动者周生鞭毛。菌落呈圆形，边缘整齐，表面光滑，半透明，小凸起。

大肠杆菌可生产多种酶，一般都属于胞内酶，需经过细胞破碎才能分离得到。例如，谷氨酸脱羧酶，用于测定谷氨酸含量或生产 γ-氨基丁酸；天冬氨酸酶，催化延胡索酸加氨生成 L-天冬氨酸；青霉素酰化酶，生产新的半合成青霉素或头孢霉素；β-半乳糖苷酶，用于分解乳糖；限制性核酸内切酶、DNA 聚合酶、DNA 连接酶、核酸外切酶。

2. 放线菌（actinomycetes）

放线菌是一类具有丝状分枝细胞的原核微生物，因菌落呈放射状而得名。放线菌与细菌十分接近，绝大多数革兰氏染色呈阳性反应。放线菌的菌落一般干燥、不透明，表面呈紧密的丝绒状，上有一层色彩鲜艳的干粉；菌落和培养基连接紧密，不易挑取；菌落的正反面颜色常常不一致，菌落边缘的培养基平面有变形现象等。

放线菌有生长发育良好的菌丝体，菌丝可分为基内菌丝和气生菌丝两种。基内菌丝匍匐生长于培养基表面或深入培养基内摄取养料，也可称为营养菌丝；气生菌丝是基内菌丝发育到一定阶段后向空间长出的菌丝体。气生菌丝发育到一定阶段，其上会形成孢子丝，孢子丝的形状有直、波曲、螺旋、轮生之分。放线菌的繁殖是靠菌丝或孢子的断裂进行的。

放线菌广泛存在于泥土中，通常每克土壤中含有 10^4~10^6 个放线菌，土壤的土腥味主要是由这类微生物散发的。大多数放线菌是腐生菌，少数为寄生菌，能引起人和动、植物的病害；有的放线菌与植物共生，固定大气中的氮。放线菌最大的经济价值是能产生抑制其他微生物生长的抗生素，如链霉素、四环素、庆大霉素、土霉素、金霉素、春雷霉素、博来霉素、灭瘟素等。

常用的产酶放线菌是链霉菌（*Streptomyces*）。链霉菌营养菌丝多分枝，无横隔，纤维长 0.5～1μm，多核。气生菌丝比基内菌丝宽，形成各种形态的孢子丝，再以横隔分裂方式形成形态各异的孢子。菌落由紧密交织的菌丝体构成，呈平滑、多皱等各种形态，气生菌丝分化为孢子丝并形成孢子后，菌落表层呈粉状、绒毛状或颗粒状，并具有各种颜色。

链霉菌是生产葡萄糖异构酶的主要菌株，还可用于生产青霉素酰化酶、纤维素酶、碱性蛋白酶、中性蛋白酶、几丁质酶等。此外，链霉菌还含有丰富的16α-羟化酶，可用于甾体转化。

3. 酵母菌（yeast）

酵母菌是单细胞真核微生物。酵母菌的形态多种多样，其菌体细胞以卵形为主，其次有球形、椭圆形、柠檬形、腊肠形及荷藕形（假菌丝形）等。

酵母菌的繁殖方式分无性繁殖和有性繁殖两种，以无性繁殖为主。无性繁殖中最普遍的繁殖方式是芽殖，即酵母细胞长到一定程度后能反复出芽繁殖后代。酵母也可进行分裂，用裂殖方式繁殖。酵母菌的有性繁殖是指两个相邻的细胞相互结合形成子囊孢子，子囊破裂后孢子散出，在适宜条件下，孢子又萌发形成新菌体。

酵母菌的菌落特征与细菌的相仿，但菌落较不透明，且颜色比较单调，多呈乳白色或矿烛色，少数为红色，个别为黑色。另外酵母菌菌落还会散发出一股悦人的酒香味。

酵母菌对发酵生产有着特别重要的作用。自从古代酿制含酒精的饮料开始，人类便不自觉地利用了酵母。后来人类又利用酵母制烤面包、发馒头，进行酒精、甘油生产。近年来，又应用酵母进行石油发酵脱蜡，并生产出各种有机酸，如柠檬酸、反丁烯二酸、脂肪酸等。由于酵母细胞内含有丰富的蛋白质、维生素和各种酶，酵母又成为一种重要的产酶菌。

在发酵工业中常用的酵母菌主要有酿酒酵母菌属和假丝酵母菌属。

（1）酿酒酵母（*Saccharomyces cerevisiae*） 酿酒酵母的细胞形态主要有圆形、卵形、椭圆形和腊肠形。在麦芽汁琼脂培养基上菌落为白色，有光泽，平滑，边缘整齐。营养细胞可以直接变为子囊，每个子囊含有 1～4 个圆形光亮的子囊孢子。

酿酒酵母主要用于酿造啤酒、酒精、饮料酒和制造面包。在酶的生产方面，用于转化酶、丙酮酸脱羧酶、醇脱氢酶等的生产。

（2）假丝酵母（*Candida*） 假丝酵母的细胞呈圆形、卵形或长形。无性繁殖为多边芽殖，形成假菌丝（荷藕状），可生成厚垣孢子、无节孢子、子囊孢子。不产生色素。在麦芽汁琼脂培养基上菌落呈乳白色或奶油色。

假丝酵母是单细胞蛋白的主要生产菌。在酶工程方面可用于生产脂肪酶、尿酸酶、尿囊素酶、转化酶、醇脱氢酶等。假丝酵母具有烷类代谢的酶系，可用于石油发酵；具有较强的羟基化酶，可用于甾体转化制造睾丸素等。

4. 霉菌（mold，mould）

霉菌是形成分枝菌丝的真菌的统称，不是分类学的名词，在分类上属于真菌门的各个亚门。凡生长在营养基质上形成绒毛状、蜘蛛网状或絮状菌丝体的真菌，统称为霉菌。

霉菌的营养体由菌丝构成，菌丝可以无限制地伸长和产生分枝，分枝的菌丝相互交错在一起，形成菌丝体，通常肉眼可以看到。

霉菌的菌丝有两类：一类菌丝中无横隔，整个菌丝体就是一个单细胞，含有多个细胞核，如毛霉、根霉及犁头霉等；另一类菌丝由多细胞构成，内有横隔，每段就是一个细胞，横隔中央有极细的孔，使细胞质和养料沟通。大多数霉菌均属于这类菌丝体。

霉菌的繁殖主要依靠孢子进行，形成孢子的方式又分为无性和有性两类，无性繁殖产生分生孢子或子囊孢子，有性繁殖产生子囊孢子。霉菌主要是用无性孢子进行繁殖的。青霉菌属和曲霉菌属是工业上两种极重要的霉菌，前者的无性孢子粗大，后者的无性孢子细小成串。

霉菌的菌落特征与放线菌接近。霉菌的菌落形态较大，质地一般比放线菌疏松，外观干燥不透明，呈或紧或松的蛛网状、绒毛状或棉絮状；菌落与培养基连接紧密，不易挑取，菌落正反面的颜色和边缘、中心的颜色常不一致等。

霉菌除用于传统的酿酒、制酱和发酵食品外，在近代发酵工业中，更是广泛利用霉菌来生产酒精、有机酸、抗生素、维生素、激素、酶制剂等多种生物产品。霉菌也有不利的一面，它会引起农副产品、衣服、食品、原料等发霉变质，有的还会引起人类和动、植物的疾病。例如，黄曲霉寄生在谷物上会产生黄曲霉毒素，有明显的致癌作用，已引起了人们的高度重视。

工业上常用的产酶霉菌主要有黑曲霉、米曲霉、红曲霉、青霉、木霉、根霉、毛霉等。

（1）黑曲霉（*Aspergillus niger*） 黑曲霉是曲霉属黑曲霉群霉菌。菌丝体由具有横隔的分枝菌丝构成，菌丛黑褐色，顶囊球形，小梗双层，分生孢子球形，平滑或粗糙。

黑曲霉可用于生产多种酶，有胞外酶也有胞内酶。如糖化酶、α-淀粉酶、酸性蛋白酶、果胶酶、葡萄糖氧化酶、过氧化氢酶、核糖核酸酶、脂肪酶、纤维素酶、橙皮苷酶、柚苷酶等。

（2）米曲霉（*Aspergillus oryzae*） 米曲霉是曲霉属黄曲霉丛霉菌。菌丛一般为黄绿色，后变为黄褐色，分生孢子头呈放射形，顶囊球形或瓶形，小梗一般为单层，分生孢子球形，平滑少数有刺，分生孢子梗长 2 mm 左右，粗糙。

米曲霉中糖化酶和蛋白酶的活性较强，这使得米曲霉在我国传统的酒曲和酱油曲的制造中被广泛应用。此外，米曲霉还可用于生产氨基酰化酶、磷酸二酯酶、果胶酶、核酸酶等。

（3）红曲霉（*Monascus*） 红曲霉菌落初期为白色，老熟后变为淡粉色、紫红色或灰黑色，通常形成红色色素。菌丝有横隔、多核，呈无规律分枝。菌丝体不产生与营养菌丝有区别的分生孢子梗。分生孢子着生在菌丝及其分枝的顶端，单生或成链。闭囊壳为球形，有柄，内散生 10 多个子囊，子囊为球形，内含 8 个子囊孢子，成熟后子囊壁解体，孢子则留在闭囊壳内。红曲霉嗜酸，喜乳酸，耐高温和乙醇。

红曲霉可用于生产 α-淀粉酶、糖化酶、麦芽糖酶、蛋白酶等。

（4）青霉（*Penicillium*） 青霉属半知菌纲。营养菌丝无色、淡色，有横隔，分生孢子梗也有横隔，顶端形成扫帚状的分枝，小梗顶端串生分生孢子，分生孢子球形、椭圆形或短柱形，光滑或粗糙，大部分在生长时呈蓝绿色。

青霉菌分布广泛，种类很多。其中产黄青霉（*Penicillium chrysogenum*）用于生产葡萄糖氧化酶、苯氧甲基青霉素酰化酶（主要作用于青霉素 V）、果胶酶、纤维素酶等，橘青霉（*Penicillium citrinum*）用于生产 5′-磷酸二酯酶、脂肪酶、葡萄糖氧化酶、凝乳蛋白酶、核酸酶等。

（5）木霉（*Trichoderma*） 木霉属半知菌纲。生长时菌落呈棉絮状或致密丛束状，菌落表面呈不同程度的绿色。菌丝透明，有分隔，分枝繁复，分枝末端为小梗，瓶状，束生、对生、互生或单生，分生孢子由小梗相继生出，靠黏液把它们聚集成球形或近球形的孢子头。分生孢子近球形或椭圆形，透明或亮黄绿色。

木霉是生产纤维素酶的重要菌株，其产生的纤维素酶中包含有 C_1 酶、C_X 酶和纤维二糖酶等。此外，木霉中含有较强的 17α-羟化酶，常用于甾体转化。

（6）根霉（*Rhizopus*） 根霉生长时，由营养菌丝产生匍匐枝。匍匐枝的末端生出假根，在有假根的匍匐枝上生出成群的孢子囊梗，梗的顶端膨大形成孢子囊，囊内生孢子囊孢子，孢子呈球形、卵形或不规则形状。

根霉用于生产糖化酶、α-淀粉酶、转化酶、酸性蛋白酶、核糖核酸酶、脂肪酶、果胶酶、纤维素酶、半纤维素酶等。根霉还含有 11α-羟化酶，是用于甾体转化的重要菌株。

（7）毛霉（*Mucor*） 毛霉的菌丝体在基质上或基质内广泛蔓延，菌丝体上直接生出孢子囊梗，分枝较小或单生，孢子囊梗顶端有膨大成球形的孢子囊，囊壁上常带有针状的草酸钙结晶。

现阶段，我国酶制剂产业链已经基本完善。产业链上游主要为原材料行业，提供维生素、玉米淀粉、葡萄糖、甲醇等原材料；中游主要为酶制剂生产行业，负责酶制剂的生产、制造环节；下游主要为应用领域，酶制剂多应用于食品加工、造纸、洗涤剂、饲料、日化用品、皮革、医药、纺织等领域。

目前酶制剂最大的应用领域在食品及相关加工行业，表 1-1 列出了食品工业中应用的一些主要酶及微生物来源；其次为日化用品行业；第三是饲料行业。

表 1-1　　食品工业中应用的主要酶及微生物来源

酶	微生物来源
α-淀粉酶	*Bacillus subtilis*（枯草芽孢杆菌），*Bacillus amyloliquefaciens*（解淀粉芽孢杆菌），*Bacillus licheniformis*（地衣芽孢杆菌），*Aspergillus oryzae*（米曲霉），*Aspergillus niger*（黑曲霉）
β-淀粉酶	*Aspergillus oryzae*（米曲霉），*Aspergillus niger*（黑曲霉）
葡萄糖淀粉酶	*Rhizopus delemar*（戴尔根霉）
普鲁兰酶	*Klebsiella pneumoniae*（肺炎克雷伯氏菌），*Bacillus acidopullulyticus*（嗜酸普鲁兰芽孢杆菌）
纤维素酶	*Aspergillus niger*（黑曲霉）
半纤维素酶	*Trichoderma longibrachiatum*（长枝木霉）
β-呋喃果糖苷酶	*Aspergillus niger*（黑曲霉），*Penicillium lilacinum*（淡紫青霉）
葡聚糖酶	*Bacillus subtilis*（枯草芽孢杆菌）
柚苷酶	*Aspergillus niger*（黑曲霉），*Penicillium* sp.（青霉）
橙皮苷酶	*Aspergillus niger*（黑曲霉），*Penicillium* sp.（青霉）
花色苷酶	*Aspergillus niger*（黑曲霉），*Aspergillus oryzae*（米曲霉）
果胶酶	*Aspergillus usamil*（宇佐美曲霉），*Aspergillus niger*（黑曲霉），*Bacillus gibsonii*（吉氏芽孢杆菌）
半乳糖苷酶	*Kluyveromyces fragilis*（脆壁克鲁维酵母），*Kluyveromyces lactis*（乳酸克鲁维酵母），*Aspergillus niger*（黑曲霉）
溶菌酶	*Streptomyces globisporus*（球孢链霉菌）
α-葡萄糖苷酶	*Aspergillus niger*（黑曲霉），*Aspergillus oryzae*（米曲霉）
蛋白酶	*Bacillus licheniformis*（地衣芽孢杆菌），*Aspergillus oryzae*（米曲霉），*Aspergillus niger*（黑曲霉），*Aspergillus melleus*（蜂蜜曲霉），*Streptomyces griseus*（灰色链霉菌）
凝乳酶	*Rhizomucor miehei*（米黑根毛霉），*Mucor pusillus*（微小毛霉）
过氧化氢酶	*Aspergillus niger*（黑曲霉），*Micrococcus lysodeikticus*（溶壁微球菌）
葡萄糖氧化酶	*Aspergillus niger*（黑曲霉），*Penicillium amagasakiense*（尼崎青霉），*Rhizopus delemar*（戴尔根霉）
脂肪酶	*Aspergillus niger*（黑曲霉），*Rhizopus delemar*（戴尔根霉），*Candida zeylanoides*（涎沫假丝酵母），*Pseudomonas* sp.（假单胞菌）
磷酸二酯酶	*Penicillium citrinum*（橘青霉）
木糖异构酶	*Streptomyces phaeochromogenes*（产褐色链霉菌），*Bacillus coagulans*（凝结芽孢杆菌）
葡萄糖基转移酶	*Bacillus macerans*（浸麻芽孢杆菌），*Bacillus cirulans*（环状芽孢杆菌），*Bacillus megaterium*（巨大芽孢杆菌）

近几年，我国研发能力不断提升，酶制剂技术水平逐步提高，应用领域逐渐拓宽。在食品安全领域中，酶制剂安全性较高，可以满足消费者对安全、高品质食品的需求，市场渗透率逐渐增长。此外，相较于其他类型的催化剂，酶制剂具有催化效率较高、生产成本低等优势，在造纸、洗涤、纺织等领域获得广泛应用。随着我国环保政策逐渐实施，酶制剂作为一种绿色、高效的生物催化剂，不仅可以降低资源损耗，还能在一定程度上减少环境污染，有望取代传统化学催化剂。整体来看，酶制剂市场需求较大。

【知识链接】

微生物——竟是酿酒过程中“醉”大的功臣！

1. 霉菌

霉菌主要存在于白酒发酵前期，主要包括根霉、曲霉、毛霉和红曲霉等。霉菌在白酒生产中主要起启动因子作用，能够为发酵提供大量的酶系（淀粉酶、糖化酶、蛋白酶、纤维素酶、半纤维素酶、脂肪酶和果胶酶等），是糖化酶和酸性蛋白酶的主要来源。这些酶能够分解原料中大分子营养物质，以供其他微生物生长和代谢。同时，部分霉菌还能产生柠檬酸、琥珀酸及乙酸等有机酸和乙醇。

2. 细菌

常见的细菌有乳酸菌、己酸菌、醋酸菌、丁酸菌等，细菌在白酒发酵中能够产生一些与酯类相对应的酸类物质，是形成风味物质的前体。细菌能够分泌淀粉酶、蛋白酶、纤维素酶和脂肪酶，有些细菌也能产生果胶酶。通过ED途径，部分细菌还能利用葡萄糖发酵生成少量酒精。

3. 酵母菌

酵母菌有酿酒酵母、毕赤酵母、汉逊酵母、球拟酵母和假丝酵母等，为专性或兼性厌氧菌，在白酒发酵中扮演着很重要的角色，起到产酒和生香的作用。酵母菌能产生的酶类有酒化酶、酯化酶、杂醇油酶和脂肪酶。在厌氧条件下，酵母菌通过糖酵解和丙酮酸无氧降解两大途径，将葡萄糖发酵生成酒精和二氧化碳，同时还能产生多种有机酸、高级醇和甘油等物质。最为重要的是，酵母菌的生化反应过程还能形成酯类，为白酒提供重要的香味物质。

4. 放线菌

放线菌虽然在发酵过程中分布相对较少，但也起到重要作用。部分窖泥放线菌可以分解造成窖泥板结和老化的硫化物，从而改善酒质。而有些放线菌菌株能产生纤维素酶、淀粉酶、蛋白酶，有助于发酵原料的分解。放线菌中的甲烷菌还是众多大型浓香工厂鉴定窖池窖泥的重要参考之一。

据相关报道，优质酱香型白酒酿造过程及环境中有1946种微生物参与，其中细菌有1063种，酵母菌和丝状真菌类微生物有883种。酱香型白酒绝佳的口感与其酿造过程利用到的数目庞大的微生物种群及酶系是密切相关的。

知识点二　产酶微生物的选育

一、产酶微生物选育的重要性

菌种选育在酶生产中的地位日益重要，优良菌种不仅提高酶制剂的产量、发酵原料的利用率，而且与增加酶的品种、缩短生产周期、改进发酵和提取工艺条件等密切相关。酶制剂产量和质量的不断提高，是由于菌种选育、发酵和提取等三个方面不断取得进展的结果，但菌种选育的作用是第一位的。发酵培养基成分和发酵条件的改进并不能离开菌种本身固有的遗传特性。提取方法的改进，可以提高酶的回收率，但是理想的最高回收率也只能以达到菌种的潜在产量为极限。因此，酶的产量和质量，主要由菌种特性所决定。

二、产酶微生物选育的方法

自然界中获得的微生物一般都不具有高的生产性能。一方面，通过进一步的菌种选育，获得各种类型的突变株，从而提高现有技术的发酵水平。另一方面通过菌种选育可以研究菌种的分子生物学和分子遗传学，揭示自然现象的规律和机制。目前诱变育种常用的方法有 3 类：一是基因突变，具体包括自然选育和诱变育种；二是基因重组，从最初的杂交到后来的原生质体融合及 20 世纪 70 年代以后发展的基因工程技术；三是基因的定向进化，其是近年来基于基因工程技术基础发展起来的定向基因突变技术。从 3 种技术使用的范围来看，第一种技术仍然是最简单与常用的技术，随着分子生物学技术的发展，基因工程以及在此基础上建立的基因定向进化技术会大大提高菌种选育效率。

1. 自然选育

在生长过程中不经人工处理，利用微生物的自然突变而进行的菌种筛选过程称作自然选育。

所谓自然突变，就是指生物在没有人工参与下所发生的那些突变。称它为自然突变，绝不意味着没有诱因，在自然条件下充满宇宙的短波射线、普遍存在的一些诱变物质以及菌体代谢过程中产生的一些诱变物质（如过氧化氢等）都会使得碱基发生突变。当然这种突变率很低，据统计，碱基对发生自然突变的概率仅为 10^{-9} ~ 10^{-8}。

自然突变有两种情况，一种是生产上我们所希望看到的，或者是生产性能的提高，或者是副产物的减少等，这种突变称为正突变；另一种是我们不希望看到的，例如生产性能的下降，这种突变称为负突变。正突变和负突变仅仅是微生物的个体行为，在群体中我们是观察不到的，我们常常观察到的现象是回复突变。

所谓回复突变，是由负突变引起的。负突变的微生物个体由于生长性能的优势，在连续传代的过程中逐渐在群体中占优势，最终导致高产菌种性能的下降。当菌种发生回复突变后，因突变株在群体中越来越占优势，通过常规分离的方式常常没有机会再获得原先的优良菌种，会给生产造成巨大的损失。

产酶菌种的自然选育与其他发酵产品的生产菌种筛选一样，一般包括采样、富集、菌种分离与纯化和新菌种性能测试等几个流程，如图 1-1 所示。

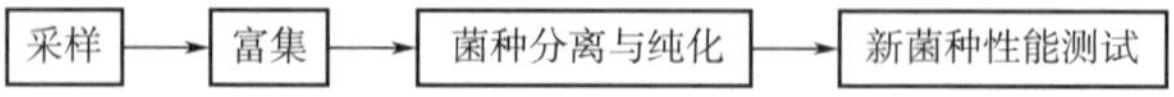

图 1-1　产酶菌种自然选育的一般流程

（1）采样　产酶微生物的主要来源有土壤、水体、空气和极端环境等。一般以采集土壤为主，也可采集植物、腐殖物、某些水体等。采样前应先调查要筛选的产酶微生物可能在哪些地方分布较多，有目的地从自然界中寻找优良菌种。不同的环境条件会得到不同的酶生产菌，这对于菌样采集、筛选菌种非常重要。在有机质较多的肥沃土壤中，微生物的数量最多，中性偏碱的土壤中则以细菌和放线菌为主，酸性红土壤及森林土壤中霉菌较多，果园、菜园和野果生长区等富含碳水化合物的土壤和沼泽中，酵母和霉菌较多。

采样方式是在选好适当采样点后，用无菌刮铲、土样采集器等，采集有代表性的样品，再从样品中分离所需微生物菌种。例如，要分离产生蛋白酶的菌种，可到经常堆放肉、鱼的土壤或食肉动物的粪便中去找寻；分泌纤维素酶和半纤维素酶的微生物，普遍存在于森林的落叶和堆肥中；产生果胶酶的微生物则存在于腐败的水果和蔬菜中；从果皮上可分离酒精酵母；在粮油化工厂周围的土壤中往往容易分离到脂肪酶菌种，因为这些土壤中长期被油脂污染，分解脂肪的微生物大量繁殖；嗜热菌可分泌热稳定的酶，嗜碱菌分泌的酶最适 pH 较高，前者主要分布于温泉水、自发产热的堆肥、沙漠土或类似的滋生地中，后者主要存在于富含石灰的场所。

采样时要充分考虑采样的季节性和时间因素，以温度适中、雨量不多的秋初为好。因为真正的原地菌群的出现可能是短暂的，如在夏季或冬季，土壤中微生物存活量较少，暴雨后的土壤中微生物数量会显著减少。

采集样品时，对森林、旱地、草地而言，可先掘洞，由土壤下层向上层顺次采集；对水田、沼泽等浸水土壤，一般是在不破坏土层结构的情况下用圆筒采集器采集。如果对土壤层次要求不严格，可选取离地面 5~15cm 处的土样。将采集到的土样尽快放入清洁的聚乙烯袋、牛皮纸袋或玻璃瓶中。采好的土样必须准确地标记样本的种类、日期、地点、采集地点的地理和生态参数等。

采集好的样品要及时处理，若暂不能处理的，也应在 4℃ 条件下储存，且储存时间不宜过长。这是因为一旦采样结束，试样中的微生物群体就脱离了原来的生态环境，其内部生态环境就会发生变化，微生物群体之间会出现消长，使样品失去原有特性。如果要分离嗜冷菌，若在室温下保存试样，就会使嗜冷菌数量明显降低。

（2）富集　所谓富集就是对具有理想性能的微生物提供有利其生长的条件，使其在培养物中相对数量增加，一般的菌样含所要分离的微生物量很少时，富集培养有利于某种产酶菌种的筛选。通过添加特殊的营养物质、调整培养基的酸碱性、控制培养温度和热处理、添加抑制剂等方法可达到富集的目的。例如，在培养中以淀粉作为唯一的或主要碳源，那些在所采用的条件下适合于淀粉代谢的微生物最终将占优势，并可在淀粉琼脂平板上分离到产生淀粉酶的菌株。在筛选碱性脂肪酶产生菌时，将增殖培养基的 pH 调至 9，可抑制嗜酸性或嗜中性菌种的生长，提高分离效率。要分离能分解硬脂酸的脂肪酶产生菌（耐热菌）时，可在 50~60℃的温度下进行培养，以除去大量其他杂菌的干扰。在分离放线菌时，可先在土壤样品悬液中加入 10%的酚数滴，以抑制霉菌和细菌的生长。

（3）菌种分离与纯化　产酶菌在自然条件下通常是与其他各种菌混杂在一起的，只有进行分离纯化，才能获得纯种。分离纯化的方法很多，常用的有划线法和稀释法。

划线法是将含菌样品在固体培养基表面做有规则的划线（有扇形划线法、方格划线法和平行划线法等），含菌样品经过多次从点到线的稀释，最后经培养得到单菌落。

稀释法是将含菌样品经过多次充分稀释，使每一个菌株都远离其他菌株而单独生长成为菌落，从而得到纯种。

对于有些微生物如毛霉、根霉等，在分离时，由于其菌丝的蔓延性，极易生长成片，很难挑取单菌落。可在培养基中添加 0.1%去氧胆酸钠或在察氏培养基中添加 0.1%山梨糖及 0.01%蔗糖，有利于单菌落的分离。

为了提高分离的效率，可采用一些快速筛选的技术，还可以选择合适的培养基和酶活测定方法。当用不溶性底物（如以几丁质、由其他微生物提纯到的细胞壁或脱脂乳粉）作为唯一碳/氮源或补充碳/氮源掺入培养基时，经保温培养后，产酶菌落的周围可出现透明圈。但是用可溶性底物时，则需要将多聚物沉淀或染色，才能显示透明圈。另一种方法是将底物与染料偶联，常用的染料为一种蓝色染料亮蓝和天青。

经过分离培养，在平板上出现很多个单菌落，通过菌落特征观察，选出所需菌落，然后挑取菌落的一半进行菌种鉴定，对于符合目标菌特性的菌落，可将其转移到试管斜面纯种培养基。

（4）新菌种性能测试　得到新的分离菌种，这仅是菌种筛选工作的第一步，得到新分离菌种的数量往往有数十株或数百株，需要进一步测定新分离菌种的性能。首先进行初筛工作，即先将新分离菌种活化，进行摇瓶试验或是采用其他技术方法，淘汰大部分性能较差的分离菌种。然后筛选出数株性能优良的菌株，进行生产性能测试，常称复筛工作。经数十次复筛，确定出 1~2 株有实用价值的菌种。如果产物与食品工业、医药工业有关，还需对菌种进行毒性鉴定。

自然选育操作过程看似非常简单，却对发酵生产的稳定起着非常重要的作用。在工业生产中，由于各方面的因素，生产水平的波动很大，经常从高水平批次中取样进行单菌落分离，从中挑选比较稳定的菌株是稳定高产的一种重要措施。

此外，自然分离也是其他诱变育种工作必不可少的一个重要环节。例如，经诱变后筛选的菌种遗传性能很不稳定，会产生多种变化，低水平菌株在传代过程中常常会占优势，因此复筛中会出现产量高低不稳定状态，遇到这种情况必须进行自然分离。

总之，自然选育是一种简单易行的选育方法，它可以达到纯化菌种、防止菌种衰退、稳定生产、提高产量的目的。但是由于自然选育突变率低，很难使生产水平大幅度提高。因此经常把自然选育和其他育种方法交替使用，这样可以达到良好的效果。

2. 诱变育种

诱变育种就是以物理、化学或者生物等手段，使微生物的遗传物质发生突然变化，进而导致菌种的遗传性状改变，然后从群体中选出具有优良性状的菌株。诱变育种技术由于具有操作简便、速度快和收效大的特点，因此至今仍然是获得高产菌株的重要手段。诱变育种技术和原生质体技术结合有时可以消除某些菌种在长期进行诱变后生长特性变差的情况，提高进一步改造的潜力，和自然选育结合可以稳定高产菌种的性能。

诱变育种的一般流程如图 1-2 所示，整个流程包括诱变和筛选两个部分。诱变部分由出发菌株开始，制出新鲜的孢子悬液（或菌悬液）进行诱变处理，然后以一定稀释度涂平板，至平板上长出单菌落等各个步骤。因诱变育种是使用诱变剂促使菌种发生突变，所以诱变效果与出发菌株本身的遗传背景、诱变剂的种类及计量的选择和合理的使用方法都有密切的关系。筛选部分包含单菌落平板固体培养基的设计、挑选单菌落、摇瓶初筛与复筛等。因此可以认为诱变育种的整个过程主要是诱变和筛选的不断重复，直到获得比较理想的高产菌种。最后经考察其稳定性、菌种特性、最适培养条件后，再进一步进行生产性试验。

（1）诱变过程中几个相关问题　诱变是一个随机性的过程，虽然关于诱变剂的作用有一些机制性的解释，但具体操作仍然是一个实践性很强的过程，注意一些相关问题有助于提高诱变的效率。

①诱变处理过程中的安全性：常用的诱变分为物理诱变和化学诱变。物理诱变除紫外线诱变在实验室可以开展外，其他辐射（以^{60}Co、γ 射线应用最多）诱变都需要在专门建造的场所内进行，场所建设必须符合国家规定的防护标准，操作必须严格按照规程，以免对操作人员带来危害。即使对于能在实验室进行的紫外

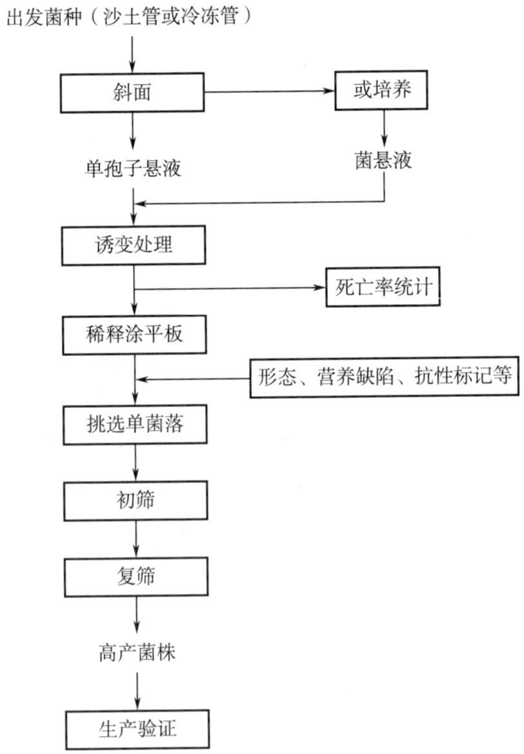

图 1-2　诱变育种的一般流程

线诱变，也要使用专门的诱变箱进行操作。

化学诱变不像辐射源那样需要昂贵投资，具有经济方便的特点，每次用量很少，在一般实验室内只需玻璃器皿和通风橱即可进行。但是使用中要特别注意的是：绝大部分化学诱变剂都能致癌，使用中必须十分谨慎。要避免化学诱变剂与皮肤接触和吸入其蒸气，即使已处理完的废液也需要妥善处理，以避免对他人产生影响。

②诱变剂量的选择：各种诱变因素有其各自的诱变剂量单位，如紫外线剂量单位用焦耳，化学诱变剂量一般用浓度等。同样的诱变剂量下，诱变处理的时间也是重要参数。同样的剂量，处理时间长肯定比处理时间短诱变作用要强。

一般来讲，诱变剂剂量大，死亡率高，变异作用强；剂量小，死亡率低，变异作用也小。剂量小的问题难以定论。例如，菌株不稳定，要求稳定地提高水平，宜用缓和一点的因子和低一点的剂量；如果出发菌株比较稳定，要求变异幅度大，则应考虑大一点的剂量。从目前实践来看，没一个高产菌种是一次诱变处理后获得的，几乎所有的高产菌种都是反复多次诱变后筛选出来的，因此适宜剂量多次诱变是一个常规做法。适宜剂量的选择一般以诱变后的死亡率来确定，目前 90% 死亡率似乎是一个通常做法，但是对于具体的出发菌株，要根据诱变的次数、诱变剂的种类进行统计，确定合适的诱变剂量。

③诱变剂的种类：虽然各种诱变剂有不同的作用机制，但是实践过程中究竟使用哪一种诱变剂，更多的是依据实验室的条件与习惯，因为最终诱变育种仍然是一个随机性的过程。但是如果条件允许，在诱变剂种类上加以考虑，也会增加诱变成功的概率，因为一些诱变剂往往集中于碱基的某些特定位置，而另一些诱变剂会集中于碱基的其他特定位置。而且不同种类的诱变剂对微生物作用的程度也会不一样。

在物理诱变剂中，紫外线相对于其他射线要温和一些。相对于物理处理，化学诱变剂有时作用就显得更强一些。此外，不同诱变剂的复合使用有时也会显著提高突变的效率。例如，青霉菌的选育中，先以氮芥处理很短的时间，使之不足以引起突变，再用紫外线处理，可使诱变频率大为提高。其他如乙烯亚胺和紫外线复合处理，氯化钾和紫外线复合处理都用得比较普遍，而且有一定的成效。

④出发菌株的选择：对于菌种诱变工作，如果是在前人的诱变基础上，出发菌株常常是固定的，这时所要做的工作就是对出发菌株进行评估。如果菌株经强力诱变剂大剂量反复诱变后菌株的生产能力依然很低，以此为出发菌株，获得高产菌株的可能性就相对较小。对生产上经反复诱变已经高产的菌种，虽然进一步诱变有提高的可能性，还不如将其与野生株经原生质体融合，筛选高产稳定的融合株后，再进行诱变。必须对用于诱变的出发菌株的产量、遗传背景有详细的了解。有时如果诱变潜力大，即使菌株产量低一点，也可选择其作为出发菌株。

菌种诱变是一个长期、需要坚持的工作。菌种诱变后，对每一次处理（包括诱变剂、剂量等）都要做详细记录，形成完整的菌种诱变谱系，以便使该菌株的诱变工作做到可持续性。因为你的筛选菌株，就是他人的出发菌株。

（2）筛选方法　诱变与筛选是菌种选育两个不可分割的环节。生物体经物理或化学诱变处理后，可以大大提高变异频率和变异幅度，但即使这样，发生正突变的概率依然很低，从大量变异株中将其挑选出来的难度可想而知。所以设计好的筛选方案是诱变育种成功的一个重要保证。目前大多工业微生物菌种选育者所采用的筛选方案有两种，一是随机筛选，二是半理性化筛选。

①随机筛选：随机筛选是指微生物经诱变处理后，凭经验随机选择一定数量的菌落进行筛选的过程。有经验的人员，在不断积累的过程中可能会发现菌落形态与菌种特性之间的关联，但这种筛选方法的效率很低。目前对遗传特性和代谢途径不很明确的菌种选育，随机筛选的方法仍然在采用。

平板分离→随机单菌落挑选→摇瓶培养是典型的随机筛选步骤。由于菌种发生正突变的概率很低，随机筛选的方法如果不达到一定的量，几乎没有可能获得高产菌株。所以通过上述步骤获得高产菌种需要大量的摇瓶数，工作量大，培养基制备烦琐。改进的方法是用摇管替代摇瓶，这样效率会有所提高，但效果有限。

为了提高随机筛选的效率，一些高通量的筛选方法相继被开发。其中琼脂块法应用最为成功。首先提出和采用这一筛选方法的是日本学者 Yagi 等，他们在春日霉素（又名春雷霉素）产生菌的诱变处理后的筛选过程中利用琼脂块法加快筛选速度，使春日霉素一年的筛选量扩大至 65 万个菌落，提高效率 10 倍以上。琼脂块法的流程一般为：菌体在平板上长成单菌落→用直径 6mm 钻孔器连同琼脂一并取出→将不同的菌落（同一体积琼脂块上）放置在另一个培养皿上继续培养一段时间→分析各个琼脂块中产物的浓度。这样在平板上就可以预先淘汰生产水平较低的菌落。

琼脂块法在抗生素菌种选育中使用较为广泛。虽然琼脂块法一定程度上可以提高筛选幅度，但在处理大量突变株时，需对每一个突变株单独进行处理，仍需耗费大量人力、物力及时间；而且琼脂块法中人为测定抑菌圈大小的步骤不可避免地增大了实验误差；琼脂块式的固体培养条件与液体发酵有很大差别，易造成漏选。因此平板琼脂检测法离标准化的高通量筛选方法仍差距甚远。

高通量筛选（high throughput screening，HTS）技术是 20 世纪 80 年代发展起来的一种用于新化合物开发及目的菌种选育等方面的高新技术。它的基本特点是以微孔板为载体，采用高密度、微量自动化加样的方法，能快速平行地测试大量样本。高通量筛选技术兼具平行化、自动化、微量化及集约化的优点。以微孔板为操作平台的高通量筛选技术最早于 1951 年引入，主要用于分析性试验，目前随着对微孔板体系下各种反应及培养过程控制参数的深入了解，以前在平板、试管或者摇瓶上进行的各种化学反应及菌体培养均可在微孔板上执行，且一块微孔板上提供了大量具有相同形状和流体动力学特性的微型化反应器。同时，与微孔板配套的各种多通道实验装置的出现，为微型化高通量技术的建立奠定了技术基础，如专门设计的微孔板摇床，一次筛选量可达千株以上。目前，各种型号的微孔板在市场上均有销售。标准化的型号有 6 孔、12 孔、24 孔、48 孔、96 孔、384 孔和 1536 孔。根据孔底形状可分为圆底平底、锥型及 U 型底微孔板。根据孔的深浅可分为浅层孔板和深层孔板。其中 96 孔和 384 孔的微孔板是高通量筛选技术的主要操作平台。高通量筛选是育种工作的一个方向，无论是随机筛选还是半理性化筛选，以及基因工程的分子育种要获得高产菌株，都要进行大量的筛选工作。

②半理性化筛选：在基因工程没有被应用于微生物菌种选育之前，人们往往把不同于随机筛选方法的许多半理性化筛选方法称之为理性化筛选。其实把利用基因工程技术进行的菌种筛选称为理性化筛选似乎更为适合，因为基因工程技术是建立在目标微生物的某一生物合成基因、抗性基因、启动子等详细了解的基础上所设计的。而诸如结构类似物抗性（去除代谢物体调节）突变株、营养缺陷型突变株、抗生素酶缺失突变株、形态变异株、膜渗透性变异株、抗次级代谢产物（产物、中间代谢物）突变株等，尽管是建立在对其生化机制的认识基础上所设计的一种筛选方法，但是归根到底对生物合成的代谢调控机制并不完全清楚，所以用半理性化这一术语来描述是恰如其分的。

结构类似物抗性和营养缺陷型是最典型的半理性化筛选方式。所谓结构类似物，就是指在结构上和生物体内的某一代谢产物相似。好的结构类似物要符合两个条件：一是结构相似性，相似到生物体几乎认为它就是该代谢物质，可以起到该物质引起的细胞调节行为；二是不具备营养性，结构类似物不能被微生物利用。所谓营养缺陷型就是指微生物合成某一种代谢产物的能力缺失，而这种代谢产物对微生物的生长又是必需的，必须在基本培养基中加入相应的有机营养成分才能获得变异株。

半理性化筛选是目前工业生产中应用最多的筛选方法，该法定向化程度高，效率也高。除了结构类似物抗性和缺陷型较为常用外，直接用高浓度产物和代谢中产物及副产物筛选也较为常用。

3. 基因的定向进化

随着酶催化应用范围的不断扩大和研究的逐步深入，研究者发现，天然酶催化的精确性和有效性常常不能很好地满足酶学研究和工业化应用的要求，而且天然酶的稳定性差、活性低，使催化效率很低，在有机相中一般活性很低等，也常常缺乏一些有商业价值的催化功能。因此相关的需求加上分子生物学技术的进步催生了基因的定向进化技术。

定向进化技术（directed evolution）又称实验室进化（laboratory evolution）或进化生物技术（evolutionary biotechnology），是一种在生物体体外（试管中）模拟自然进化机制（随机突变、重组和选择）使某一蛋白质的基因发生大量变异，并定向选择出人们所期望得到的具有特定性质的蛋白质，从而在较短时间内完成漫长的自然进化过程。定向进化的思想最早是 1967 年由 Spiegelman 等提出，用于进化的材料是 RNA。1984 年，Eigen 和 Gardiner 提出了定向进化的理论，1993 年 Arnold 首先提出易错 PCR（error-prone PCR，epPCR）用于改进酶的特性，随后又相继建立了 DNA 改组（DNA shuffling）技术、家族改组（family shuffling），进而提出了分子育种（molecular breeding）理论。

正如 Arnold 指出的那样，定向进化的基本策略与自然进化十分相似，关键步骤就是产生分子多样性与定向筛选并鉴定优化的突变株。通常一个典型的蛋白质定向进化技术涉及 3 步：首先是多样化，将目的蛋白的编码基因进行突变或是随机重组产生一个含有多个基因的突变体库；其次是选择，在包含有目标性质的突变体库中进行筛选，筛选可以识别并分离出高性能的突变体，同时选择过程也意味着自动排除所有的非功能性突变；最后是扩增筛选出的突变子，研究其 DNA 序列，分析蛋白质功能与序列的相互关系。将这 3 步综合到一起组成了定向突变的一个循环。在试验当中，用之前循环得到的最优作为下一轮的模板，从而产生更多样化的突变体库。蛋白质定向进化方法的优点在于，研究者不需要了解蛋白质的空间结构以及某种特性的作用机制，就对蛋白质进行改造，这样大大拓宽了蛋白质工程学的研究和应用范围。

应该说蛋白质新功能的引入是目前定向进化研究的主要内容。各种有效的研究策略的涌现不仅是科学家们智慧的结晶，也体现了蛋白质新功能研究的巨大魅力。目前突变库的构建除了常规的突变与重组外（点突变、易错 PCR、DNA 改组、交错延伸 PCR 等），结合计算方法/半理性设计的定向突变策略也开始采用：在高通量筛选方面，除了基于常规平板（微孔板）的高通量筛选方法之外，噬菌体表面展示系统、将靶活力与转录信号相偶联的三杂交体系、细胞表面展示技术以及核糖体、mRNA 展示技术等高通量和超高通量筛选技术相继开发并应用于基因的体外定向进化。目前基因的定向进化技术在许多工业用或基础研究用的蛋白质改性方面均获得了成功。基因的定向进化技术大大加速了基因的进化进程，在农业、石油化工、生物工程、人类基因治疗研究等领域具有广阔的应用开发前景。

【知识链接】

深海微生物酶的发现

近年来，随着人类对深海资源的研究和开发，深海微生物的研究也逐渐成为了关注的焦点。深海微生物生存环境极其恶劣，对于这些微生物而言，为了适应深海的高压、低温、高盐等极端环境，它们的生物体内产生的酶类物质也是非常独特的。近年来，科学家们成功地从深海微生物中发现了一些新型的蛋白酶、纤维素酶、木质素酶等，这些酶可以在较为苛刻的环境下高效地催化反应，具有巨大的应用潜力。

知识点三　菌种的保藏及复壮

一、菌种的退化现象

微生物与其他生物体一样，具有遗传性与变异性。变异是绝对的，而遗传稳定性则是相对的。对于工业生产用的菌种来说，变异可以是有利的，也可以是有害的，在后一种情况下，菌种的生产性能会大大下降，这种生产性能下降的变异又称为菌种退化或衰退。生产菌种的衰退通常表现在以下几个方面：产量降低，目的代谢产物减少，原料转化率下降；生长速度缓慢，从而导致菌体生物量减少，发酵速度缓慢，发酵周期延长；产孢子能力变弱，孢子形成数量减少；抗逆性减弱；形态上出现畸形等。因此，防止菌种退化，保持高产、高活性的菌种，是工业发酵中极为重要的工作。

菌种衰退的主要原因是变异，变异是不可避免的，而减缓变异速度则是可能的。变异速度与菌种所处的环境有密切的关系，不良环境条件能促进变异，频繁或过多传代也是造成衰退变异的一个重要原因。为菌种创造良好条件，减缓菌种衰退，这就是菌种保藏与复壮工作。

二、菌种保藏原理

人为地创造合适的环境条件，使微生物的代谢处于不活跃、生长繁殖受抑制的休眠状态，尽可能地减少其变异率是保藏菌种的原则。因此，需要创造适于微生物休眠的环境，主要是低温、干燥、缺氧、缺乏营养四方面的条件。

三、菌种保藏方法

菌种保藏有很多方法，其共同的目标是把菌株的优良性状保存下来，防止退化、死亡或杂菌污染。保藏一般程序是选取优良的纯菌种，最好是用其分生孢子或芽孢等休眠体，在其休眠和停止生长的条件下保藏。微生物生长要求适宜的温度、水分、空气和营养物质等，如将菌种处于低温、干燥、无氧和缺乏营养的条件下，就可以使菌种暂时处于休眠状态。其中低温是保藏菌种的重要因素，也是常用的一种简单易行的方法。在选择保藏方法时，应尽可能考虑经济简便而又能达到保持菌种优良性状不变的方法。目前常用的菌种保藏方法有以下几种。

1. 定期移植保藏法

定期移植保藏法也称传代培养保藏法，包括斜面培养、穿刺培养、液体培养等，是指将菌种接种于适宜的培养基中，在最适条件下培养，待生长充分后，于4~6℃进行保存并间隔一定时间进行移植培养的菌种保藏方法。

保藏时间依微生物的种类而有所不同，一般保存时间为3~6个月。例如，放线菌于4~6℃保存，每3个月移接1次；酵母菌于4~6℃保存，每4~6个月移接1次；霉菌于4~6℃保存，每6个月移接1次。

此方法为实验室和工厂菌种室常用的保藏法，优点是操作简单，使用方便，不需要特殊设备，能随时检查所保藏的菌株是否死亡、变异及污染杂菌等。缺点是容易变异，因为培养基的物理、化学特性不是严格恒定的，屡次传代会使微生物的代谢改变，而影响微生物的性状，同时，污染杂菌的机会也相应增多。因此，要求最好在基本培养基上传代，目的是能淘汰突变株，同时转接菌量应保持较低水平。

2. 液体石蜡保藏法

液体石蜡保藏法也称矿物油保藏法，是定期传代移植保藏法的辅助方法，是指将菌种接种在适宜的斜面培养基上，在最适宜条件下培养至菌种长出健壮菌落后，注入灭菌的液体石蜡使其覆盖整个斜面，再直立放置于低温（4~6℃）干燥处进行保存的一种菌种保藏方法。操作要点是首先让待保藏菌种在适宜的培养基上生长，然后注入经160℃干热灭菌1~2h或湿热灭菌后120℃烘去水分的矿物油。矿物油的用量以高出培养物1cm为宜，并以橡皮塞代替棉塞封口，这样可使菌种的保藏时间延长至1~2年。从液体石蜡下面取培养物移种后，接种环在火焰上烧灼时，培养物容易与残留的液体石蜡一起飞溅，应特别注意。

此方法简便有效，可用于丝状真菌、酵母、细菌和放线菌的保藏，特别是对难于冷冻干燥的丝状真菌的保藏更为有效。以液体石蜡作为保藏剂时，应对需保藏的菌株预先做试验，因为某些菌株如酵母、霉菌、细菌等能利用石蜡为碳源，还有些菌株对液体石蜡保藏敏感。所以这些菌株都不能用液体石蜡保藏，为了预防不良后果发生，一般保藏菌株 2~3 年后应做 1 次存活试验。

3. 干燥载体保藏法

干燥载体保藏法适用于产孢子或芽孢的微生物菌种保藏。将菌种接种于适当的载体上，如河沙、土壤、硅胶、滤纸及麸皮等，以保藏菌种。以沙土保藏用的较多，制备方法为：将河沙经 24 目过筛后用 10%~20%盐酸浸泡 3~4h，以除去其中所含的有机物，用水漂洗至中性，烘干，然后装入高度约 1cm 的河沙于小试管中，121℃间歇灭菌 3 次。用无菌吸管将孢子悬液滴入沙粒小管中。经真空干燥 8h，于常温或低温下保藏均可，保藏期为 1~10 年。土壤法以土壤代替沙粒，不需酸洗，经风干、粉碎后用同方法过筛、灭菌即可。一般细菌芽孢常用沙管保藏，霉菌的孢子多用麸皮管保藏。

4. 真空冷冻干燥保藏法

真空冷冻干燥保藏法又称低压冻干法和冰冻干燥法，先将液态的样品冻结成固态，在真空条件下使温度下降，通过直接升华抽去水分，从而使物质脱水干燥，简称冻干法。真空冷冻干燥的基本方法是先将菌种培养到最大稳定期，一般培养放线菌和丝状真菌需 7~10d，培养细菌需 24~28h，培养酵母约需 3d。然后混悬于含有保护剂的溶液中，保护剂常选用脱脂乳、蔗糖、动物血清、谷氨酸钠、甘油、二甲亚砜等，菌液浓度为 10^{9}~10^{19}/mL，取 0. 1~0. 2mL 菌悬液置于安瓿管中冷冻，再于减压条件下使冻结的细胞悬液中的水分升华至 1%~5%，使培养物干燥。最后将管口熔封，保存在常温下或普通冰箱中。此方法是微生物菌种长期保藏的最为有效的方法之一。大部分微生物菌种可以在冻干状态下保藏 10 年之久而不丧失活力，而且经冻干后的菌株无须进行冷冻保藏，便于运输，但操作过程复杂，并要求有一定的设备条件。

5. 液氮冷冻保藏法

近年来，大多数微生物如病毒、噬菌体、立克次氏体，各种细菌、放线菌、支原体，各种丝状菌、酵母、藻类和原虫等，特别是一些无法用冻干保存的微生物，都可用此法长期保存。在液氮中保藏的菌种的存活率远比用其他保藏方法保存的存活率高且回复突变的发生率极低。液氮保藏已成为工业微生物菌种保藏的最好方法。

具体保藏方法：把细胞悬浮于一定的分散剂中或是对在琼脂培养基上培养好的菌种直接进行液体冷冻，然后移至液氮（-196℃）或其蒸气相中（-156℃）保藏，进行液氮冷冻保藏时应严格控制制冷速度。液氮冷冻保藏微生物菌种的步骤是先制备冷冻保藏菌种的细胞悬液，分别装入0.5~1mL玻璃安瓿或液氮冷藏专用塑料瓶中，玻璃安瓿用酒精喷灯封口。然后以1~2℃/min的制冷速度降温，直到温度达到相对温度之上几摄氏度的细胞冻结点（通常为-30℃）。待细胞冻结后，将制冷速度降为1℃/min，直到温度达到-50℃，将安瓿迅速移入液氮罐中于液相（-196℃）或气相（-156℃）中保存。如果无控速冷冻机，则一般可用如下方法代替：将安瓿或液氮瓶置于-70℃冰箱中冷冻4h，然后迅速移入液氮罐中保存。在液氮冷冻保藏中，最常用的冷冻保护剂是二甲亚砜和甘油，最终使用的质量分数一般为甘油10%、二甲亚砜5%。所使用的甘油一般用高压蒸汽灭菌，而二甲亚砜最好为过滤灭菌。

以上介绍了几种常用的保藏法，更多有关的方法和技术细节可参阅专门参考书。上述几种常用菌种保藏方法的比较列于表1-2中。

表1-2　几种菌种保藏方法比较

方法名称	主要措施	适宜菌种	保藏期	评价
定期移植保藏法	低温	各大类	3~6个月	操作简便
液体石蜡保藏法	低温、干燥、缺氧	各大类（斜面或半固体穿刺培养物）	1~2年	操作简便
干燥载体保藏法	干燥、缺氧、缺乏营养	产孢子或芽孢的微生物	1~10年	操作简便，效果好
真空冷冻干燥保藏法	干燥、无氧、低温、有保护剂	各大类	5~15年	要有一定设备，高效
液氮冷冻保藏法	-196℃（液相）或-156℃（气相）	从病毒到各类细胞	20年以上	要有一定设备，高效

四、菌种的提纯与复壮

菌种退化会给生产及科研带来意想不到的损失。当发现菌种出现退化时，应及时采取提纯复壮措施，以便重新获得或保持菌种的优良性状。

1. 纯种分离

从已衰退的菌种中，通过分离纯化，将尚未退化的个体分离出来，以恢复和建立具有原来生产性状的群体，继续供科研及生产使用。

进行菌种提纯有两类做法：一是只要求达到菌落纯化的水平，可以通过稀释平板法、平板划线法等常规操作法，这种方法较为粗放，适用于菌种退化不太严重的情况。二是要求可达到“细胞纯”的水平，即采用单胞分离法。也可以二者结合，先用前一种方法获得较纯的菌种后再采用单胞分离法进一步纯化。

2. 通过寄主进行复壮

对于寄生性微生物如苏云金杆菌、白僵菌、多角体病毒等，由于长期使用，其生产活性会下降，导致衰退，可将此类菌株接种到相应寄主体内以提高菌株的活力。

3. 淘汰已衰退的个体

用高剂量的紫外线辐射或低剂量的 DTG 处理菌株（或芽孢），使其大部分死亡（80%以上），存活的菌株多为生长健壮者，可从中选出优良菌种来。

菌种复壮的方法还有很多，应根据不同的微生物，不同的目的，选用合适的方法。

【知识链接】

国内外主要的菌种保藏机构

菌种是人类的共同财富，所以国际上很多国家都设立了菌种保藏机构，如中国普通微生物菌种保藏管理中心（CGMCC）、美国典型菌种保藏中心（ATCC）、日本的大阪发酵研究所（IFO）、法国国家菌种保藏中心（CNCM）、英国的国家典型菌种保藏所（NCTC）等。其任务是在广泛收集生产和科研菌种、菌株的基础上，妥善保藏，使它们达到不死、不衰，便于互相交流和充分利用资源，以及避免混乱。

在各机构保藏的菌种中，一类是标准菌种，一类是用于教学、科研的普通菌种，第三类是生产应用菌种。根据需要可以向有关机构购买。

【思考题】

1. 常用的产酶微生物有哪些?
2. 产酶微生物必须具备哪几个条件?
3. 常用的产酶微生物的选育方法有哪几种?
4. 常用的菌种保藏与复壮方法有哪几种?

任务二 酶制剂发酵工艺

学习目标

知识目标：

1. 掌握影响酶制剂发酵的主要因素及优化措施。
2. 掌握常见酶制剂的发酵工艺。

技能目标：

1. 能进行培养基的制备、接种等操作。
2. 能够根据发酵工艺制备常见酶制剂。
3. 能快速发现并正确处理发酵过程中的工艺问题。

素质目标：

通过学习，能够自行开展常见酶制剂的发酵生产，培养分析问题、解决问题的能力。

知识点一　酶制剂的发酵工艺条件及优化控制

一、影响发酵及产酶的主要因素

酶的生物合成法生产是目前工业化生产酶制剂的主要方法，利用微生物的生命活动获得所需酶的技术过程，称为酶的发酵生产。酶的发酵生产是以获得大量所需的酶为目的。为此，除了选择性能优良的产酶微生物以外，还必须满足细胞生长、繁殖和发酵产酶的各种工艺条件，并要根据发酵过程的变化进行优化控制。

1. 细胞活化和扩大培养

性能优良的产酶微生物选育出来以后，必须尽可能保持其生长和产酶特性不变异、不死亡、不被杂菌污染等。因此必须采取妥善的保藏方法，以备随时应用。

保藏微生物在使用之前必须接种于新鲜的斜面培养基上，在一定条件下进行培养，以恢复微生物的生命活动能力，这就称作细胞活化。

为了保证发酵时有足够数量的优质细胞，活化了的细胞一般要经过一级至数级的扩大培养。用于细胞扩大培养的培养基称为种子培养基。种子培养基中一般氮源要丰富些，碳源可相对少些，种子培养条件，包括温度、pH、溶解氧的供给等，应尽量满足细胞生长的需要，以便细胞生长得既快又好。种子扩大培养的时间不宜太长，一般培养至对数生长期，即可接入下一级扩大培养或接入发酵。但若以孢子接种的则要培养至孢子成熟期，才能接入发酵。接入发酵的种子的量一般为发酵培养基总量的1%~10%。

2. 培养基的优化配制

培养基是指人工配制的用于微生物培养和发酵的各种营养物质的混合物。在设计和配制培养基时，应特别注意各种组分的种类和含量，以满足细胞生长、繁殖和新陈代谢的需要，并要调节至适宜的pH。还必须注意到，有些细胞生长、繁殖阶段和发酵阶段所要求的培养基有所不同，在此情况下，要根据需要配制不同的生长培养基和发酵培养基。

培养基多种多样，千差万别，但培养基的组分一般包括碳源、氮源、无机盐和生长因子等几方面，需要根据微生物的特性调整营养组成。

（1）碳源　碳源是指能够向微生物提供碳素化合物的营养物质。通常碳源同时也是提供能量的来源。碳是构成菌体成分的主要元素，也是各种酶的重要组成元素。当前酶制剂生产上使用的菌种大都是只能利用有机碳的异养型微生物。有机碳的主要来源有二：一是农副产品，如甘薯、麸皮、玉米、米糠等淀粉质的原料；二是野生的产品，如土茯苓、橡子、石蒜等淀粉质原料。此外目前研究的以石油产品中12~16碳的成分来作碳源的方法，如以某些嗜石油微生物生产蛋白酶、脂肪酶，均已获得成功。

目前，在酶发酵生产中，最常用的碳源是淀粉及其水解物，如糊精、麦芽糖、葡萄糖等。

（2）氮源　氮是组成细胞蛋白质和核酸的重要元素之一，也是酶分子的主要组成元素。凡是可以向细胞提供氮元素的营养物质都称为氮源。

氮源可分为有机氮源和无机氮源两种。有机氮源主要是各种蛋白质及其水解产物，如酪蛋白、豆饼粉、花生饼粉、蛋白胨、酵母膏、牛肉膏、多肽、氨基酸等。无机氮源是含氮的各种无机化合物，如硫酸铵、磷酸铵、硝酸铵、硝酸钾、硝酸钠等各种铵盐和硝酸盐等。在使用无机氮源时，铵盐和硝酸盐的比例对细胞的生长和新陈代谢有显著的影响，在使用时应该充分注意。

此外，碳和氮两者的比例，即碳氮比（C/N），对酶的产量有显著影响。所谓碳氮比一般是指培养基中碳元素（C）的总量与氮元素（N）的总量之比，可通过测定和计算培养基中碳素和氮素的含量而得出。有时也采用培养基中所含的碳源总量和氮源总量之比来表示碳氮比。这两种比值是不同的，相差很大，在使用时须注意。

（3）无机盐　无机盐的主要作用是提供细胞生命活动不可缺少的无机元素，并对培养基的pH、氧化还原电位和渗透压起调节作用。

各种无机元素的功能各不相同，有些是细胞的主要组分，如磷、硫等；有些是酶的组分，如磷、硫、锌、钙等；有些是酶的激活剂或抑制剂，如钾、镁、铁、锌、铜、锰、钙、钼、钴、氯、溴、碘等；有些则是对pH、渗透压、氧化还原电位起调节作用的，如钠、钾、钙、氯、磷等。

根据细胞对无机元素需要量的大小，可分为主要元素和微量元素两大类。主要元素有：磷、硫、钾、钠、镁、钙等。微量元素有：铜、锰、锌、钼、钴、碘等。微量元素是细胞生命活动不可缺少的，但需要量很少，过量反而会引起不良效果，必须严加控制。

无机元素是通过添加无机盐来提供的，一般采用水溶性的硫酸盐、磷酸盐或盐酸盐等，有时也使用硝酸盐，在提供无机氮的同时提供其他无机元素。

（4）生长因子　生长因子是指微生物生长繁殖所必不可缺的微量有机化合物，主要包括各种氨基酸、嘌呤、嘧啶、维生素，以及动植物生长激素等。酶制剂生产中所需的生长因子，大多数由天然原料提供，如玉米浆、麦芽汁、豆芽汁、酵母膏等。玉米浆中一般含有生长素 32~128mg/mL。目前广泛采用玉米浆作为生长因子的原料，也可加入某种或某几种提纯的有机化合物，以满足细胞生长、繁殖之需。

3. 温度对产酶的影响与控制

温度是影响菌体生长繁殖和发酵产酶的重要因素之一。不同的菌体其最适生长温度不同，如枯草芽孢杆菌的最适生长温度为 34~37℃，黑曲霉的最适生长温度为 28~32℃。

菌体发酵产酶的最适温度与最适生长温度有所不同，菌体发酵产酶的最适温度常常低于最适生长温度，这是由于在较低的温度下，可提高酶的稳定性，延长菌体产酶时间。例如，用酱油曲霉生产蛋白酶，在 28℃的条件下发酵，其蛋白酶的产量比在 40℃条件下高 2~4 倍；在 20℃温度条件下发酵，其蛋白酶产量会更高。但并不是温度越低越好，若温度过低，生化反应速度很慢，反而会降低酶产量，延长发酵周期。故必须进行试验，以确定最佳产酶温度。同时，要在不同阶段控制不同的温度条件。在生长繁殖阶段，将温度控制在菌体生长最适温度范围内，以利于菌体的生长繁殖；而在产酶阶段，则需控制在产酶的最适温度。

在菌体生长和发酵产酶的过程中，由于细胞的新陈代谢作用，会不断放出热量，使培养基的温度升高。同时，热量不断扩散和散失，又会使培养基温度降低。两者综合，决定了培养基的温度。由于发酵的不同阶段，菌体新陈代谢放出的热量差别很大，扩散和散失的热量受环境温度等因素的影响，使培养基的温度变化明显。因此，必须经常及时地进行温度调节控制，使培养基温度维持在适宜的范围内。温度控制方法一般采用热水升温、冷水降温。所以，在发酵罐中均设计有足够面积的热交换装置，如蛇管、排管、夹套等。

4. pH 的调节

培养基的 pH 与细胞的生长繁殖以及发酵产酶都有密切的关系，必须进行必要的调节控制。

不同微生物生长繁殖的最适 pH 有所不同。一般细菌和放线菌的生长最适 pH 为中性或微碱性（pH 6.5~8.0）；霉菌和酵母菌的生长最适 pH 为偏酸性（pH 4.0~6.0）。酶生产适宜的 pH 通常与酶反应的最适 pH 相接近。但酶反应的最适 pH 对某些酶来说可能是最不稳定的。在这种情况下，酶反应的最适 pH 与酶生产的合适 pH 差距就较大。如黑曲霉 3.350 酸性蛋白酶反应的最适 pH 为 2.5~3.0，而在 pH 6 左右培养时，酸性蛋白酶产量较高。

有些菌种可以同时产生多种酶，通过控制培养基的 pH，往往可以改变各种酶之间的产量比例。例如，黑曲霉既可生产 α-淀粉酶，又可生产糖化酶。当培养基的 pH 偏向中性时，可使 α-淀粉酶产量增加而糖化酶产量减少；反之，当培养基的 pH 偏向酸性时，则糖化酶产量提高而 α-淀粉酶的产量降低。再如，用米曲霉生产蛋白酶，当培养基的 pH 为碱性时，主要生产碱性蛋白酶；降低培养基的 pH，则主要生产中性或酸性蛋白酶。

培养基的pH在菌体生长繁殖和代谢物产生的过程中往往会发生变化。这种变化既与菌体细胞特性有关，也与培养基的组分密切相关。含糖量高的培养基，由于糖代谢产生有机酸，会使培养基的pH向酸性方向移动。含蛋白质、氨基酸较多的培养基，经代谢产生较多的胺类物质，使pH向碱性方向移动。以硫酸铵为氮源时，随着铵离子被细胞利用，使培养基pH下降。以尿素为氮源时，先随着尿素被脲酶水解生成氨，使pH上升，此后，随着氨被细胞同化而使pH下降。磷酸盐的存在，对培养基的pH起一定的缓冲作用。因此，在菌体培养和发酵产酶过程中，必须对培养基的pH进行适当的控制和调节。

pH的调节可通过改变培养基的组分或比例来实现。必要时可使用缓冲溶液，或加入适当的酸、碱溶液，以调节控制培养基中pH的变化。

5. 溶解氧的控制

菌体的生长繁殖及酶的生物合成过程需要大量的能量，这些能量一般由ATP等高能化合物提供。为了获得足够多的能量以满足菌体生长和发酵产酶的需要，培养基中的能源（一般是碳源提供）必须经有氧降解才能产生大量的ATP。因此，必须供给充足的氧气。

在培养基中生长和发酵产酶的菌体，一般只能利用溶解于培养基中的氧气（溶解氧）。由于氧难溶于水，培养基中的溶解氧含量一般较低，且很快会被菌体利用。因此，必须在发酵过程中连续不断地供给无菌空气，使培养基中的溶解氧保持在一定水平，以满足菌体生长和产酶的需要。

菌体对氧的需要量称为耗氧速率，其大小与菌体的呼吸强度及培养基中的细胞浓度有关。一般来说，在发酵初期，虽然幼细胞呼吸强度大，耗氧量大，但由于菌体少，故耗氧速率小；菌体生长繁殖旺盛期时，耗氧量多，耗氧速率高；产酶旺盛时的需氧量因菌种和酶种不同而不同，一般耗氧速率增大；但也有例外，如溶解氧过多会抑制酶的生成。因此，菌种、酶种培养时期、培养基和设备性能都能影响通风量，从而影响酶的产量。

氧气的供给，首先是将无菌的空气通入发酵容器中，然后在一定的条件下使空气中的氧溶解到培养液中。培养液中溶解氧的量取决于一定条件下氧气的溶解速度。

氧的溶解速度又称溶氧速率或溶氧系数，是指单位体积的发酵液在一定的时间内所能溶解的氧的量。溶氧速率与通气量、氧的分压、气液接触时间、气液接触面积及培养液的性质等有关。

当溶氧速率与耗氧速率相等时，培养基中溶解氧的量保持恒定，可满足生产的需要。当耗氧速率改变时，必须相应地调节溶氧速率。调节溶氧速率的方法，主要有以下几种：

（1）调节通气量　通气量是指单位时间内流经培养液的空气量（L/min），通常用培养液体积与每分钟通入的空气体积之比表示。例如 1m^3 培养液，每分钟流过的空气量为 0.5m^3，则通气量为 2∶1；每升培养液，每分钟流过 2L 空气，则通气量为 1∶2。当通气量增大时，可提高溶氧速率，反之，减少通气量，则使溶氧速率降低。

（2）调节氧的分压　增加空气压力，或提高空气中氧的含量都能提高氧的分压，从而提高溶氧速率。反之则使溶氧速率降低。

（3）调节气液接触时间　气液两相接触时间延长，可使更多的氧溶解，从而提高溶氧速率；反之则使溶氧速率降低。可以通过增加液层高度，在反应器中增设挡板等方法以延长气液接触时间。

（4）调节气液接触面积　氧气溶解到培养液是通过气液两相的界面进行的。增加气流接触界面的面积，有利于提高溶气速率。为了增大气液接触面积，应使通过培养液的空气尽量分散。在发酵容器的底部安装空气分配管，使分散的气泡进入液层，是增加气液接触面积的主要方法。装设搅拌装置或增设挡板等可使气泡进一步打碎和分散，也可有效地增加气液两相的接触面积，从而提高溶氧速率。

（5）改变培养液特性　培养液的特性对溶氧速率有明显影响，若培养液的黏度大，产生气泡多，则不利于氧的溶解。通过改变培养液的组分或浓度，可有效地降低培养液黏度，加入适宜的消泡剂或设置消泡装置，以消除泡沫的影响，都可提高溶氧速率。

以上各种方法可根据实际情况选择使用，以便根据耗氧速率的改变有效快捷地调节溶氧速率。若溶氧速率低于耗氧速率，则细胞得不到所需的供氧量，必然影响其生长和产酶；然而溶氧速率过高，对发酵也是不利的，一则造成浪费，二则在高溶氧速率下会抑制某些酶的生成，如青霉素酰化酶等；另外，为获得高溶氧速率而采用的大量通气或快速搅拌等措施会使某些细胞（如霉菌、放线菌、植物细胞和动物细胞、固定化细胞等）受到损伤。所以溶氧速率等于或稍高于耗氧速率即可。

（6）泡沫的影响与消除　发酵中往往产生较多的泡沫，泡沫的存在阻碍了 CO_2 的排除，影响溶氧量，同时泡沫过多会影响添料，也容易使发酵液溢出罐外。因此，生产上必须采用消泡措施。一般除了机械消泡外，还可利用消泡剂消泡。在酶生产中，一般随着菌体生长繁殖旺盛和酶的积累而泡沫上升，因此消泡应视具体情况而定。消泡剂主要是一些天然的矿物油类、醇类、脂肪酸类、胺类、酰胺类、醚类、硫酸酯类、金属皂类、聚硅烷和聚硅酮，其中以聚甲基硅氧烷最好。我国常用聚氧丙烯甘油醚或泡敌（高温硅聚醚、聚醚多元醇的共聚物）。理想的消泡剂，其表面相互作用力应低且应难溶于水，还不能影响氧的传递速率和微生物的正常代谢。

二、提高酶产量的措施

在酶的发酵生产过程中，为提高酶的产量，除首先选育优良的产酶菌种、保证发酵工艺条件和及时调节控制外，添加诱导物，控制阻遏物浓度，添加表面活性剂或其他产酶促进剂等对提高酶的产量也有明显效果。

1. 添加诱导物

许多酶如淀粉酶、蛋白酶、纤维素酶、葡萄糖异构酶、β-半乳糖苷酶等都属于诱导酶。对于诱导酶的发酵生产，如果在发酵培养基中添加适当的诱导物可使产酶量显著提高。例如乳糖诱导β-半乳糖苷酶、纤维二糖诱导纤维素酶等。一般不同的酶有各自不同的诱导物。然而，有时一种诱导物可诱导生成同一酶系的若干种酶，如β-半乳糖苷可同时诱导β-半乳糖苷酶、透过酶和β-半乳糖乙酰化酶3种酶。

同一种酶常常有多种诱导物，实际应用时可根据酶的特性、诱导效果和诱导物的来源等进行选择，诱导物一般分3类。

（1）酶的作用底物　许多诱导酶都可由其作用底物诱导产生。例如，大肠杆菌生长在以葡萄糖为单一碳源的培养基中，每个细胞平均只含有1分子β-半乳糖苷酶。但是，如果将该细胞转移到含有乳糖而不含葡萄糖的培养基中，2min后就开始大量产生β-半乳糖苷酶，每个细胞平均能产生3000分子β-半乳糖苷酶。此外，纤维素酶、果胶酶、青霉素酶、右旋糖酐酶、淀粉酶、蛋白酶等均可由各自的作用底物诱导产生。

（2）酶的反应产物　有些酶可由其催化反应的产物诱导产生。例如，半乳糖醛酸是果胶酶催化果胶水解的产物，但它也可以作为诱导物，诱导果胶酶的产生。此外，纤维二糖诱导纤维素酶，没食子酸诱导单宁酶等。

（3）酶的底物类似物　通常来说，酶的最有效的诱导物，不是酶的作用底物，也不是其反应产物，而是不能被酶作用或很少作用的底物类似物。例如，异丙基-β-D-巯基半乳糖不宜被半乳糖苷酶所利用，却是β-半乳糖苷酶极好的诱导物，能使该酶产量提高1000倍。

诱导物的前体也可以作为诱导物添加。如犬尿酸能诱导犬尿氨酸酶，而它的前体色氨酸也具有同样的诱导作用。

添加诱导物对提高酶产量有着非常显著的效果，进一步研究和开发高效廉价的诱导物有着重要的应用前景。

2. 降低阻遏物浓度

有些酶的生物合成受到阻遏物的阻遏作用。为了提高酶产量，必须设法解除阻遏作用。引起阻遏作用的原因有两种，即代谢途径末端产物阻遏和分解代谢物阻遏，阻遏物可以是酶催化反应产物，代谢途径的末端产物以及分解代谢物（葡萄糖等容易利用的碳源）。

控制阻遏物浓度是解除阻遏、提高酶产量的有效措施。例如，研究表明枯草芽孢杆菌碱性磷酸酶受其反应产物无机磷酸的阻遏，当培养基中无机磷含量在1.0μmol/mL以上时，该酶的合成会完全受阻遏。当培养基中无机磷含量在

0.01μmol/mL 以下时，该酶大量产生。所以，为了提高碱性磷酸酶的产量，必须限制培养基中无机磷的含量。

再如，β-半乳糖苷酶受葡萄糖引起的分解代谢物阻遏作用。在培养基中有葡萄糖存在时，即使有诱导物存在，β-半乳糖苷酶也无法大量产生。只有在不含葡萄糖的培养基中，或在葡萄糖被细胞利用完以后，诱导物的存在才能诱导该酶的大量生成。类似情况在不少酶的生产中均可发生。为了减少或解除分解代谢物阻遏作用，应控制培养基中葡萄糖等容易利用碳源的浓度。可采用其他较难利用的碳源（如淀粉等），或采用补料，分次流加碳源等方法，以利于提高产酶量。此外，在分解代谢物存在的情况下，添加一定量的环腺苷酸（cAMP），可以解除分解代谢物阻遏作用，若同时有诱导物存在，则可迅速产酶。

对于受代谢途径末端产物阻遏的酶，可以通过控制末端产物的浓度使阻遏解除。例如，在硫胺素营养缺陷型突变株发酵中，限制培养基中硫胺素的添加量，可使硫胺素合成所需的 4 种酶解除末端产物阻遏，使其中硫胺素磷酸焦磷酸化酶的量提高 1000 多倍。对于非营养缺陷型的细胞，由于会不断地产生末端产物，则可以通过添加末端产物类似物的方法，以解除末端产物的阻遏作用。例如，组氨酸合成途径中的 10 种酶的生物合成受到组氨酸的反馈阻遏，若在培养基中添加 2-噻唑丙氨酸（组氨酸类似物），即可解除阻遏，使这 10 种酶的产量增加 30 倍。

3. 添加表面活性剂

添加诱导物或降低阻遏物浓度的方法存在成本问题和操作问题，所以有时采用添加表面活性剂等方法来促进酶的分泌。

表面活性剂可分为离子型和非离子型两大类。离子型表面活性剂又有阳离子型、阴离子型和两性离子型之别。

由于有些离子型表面活性剂对细胞有毒害作用，特别是季胺型离子表面活性剂（如“新洁尔灭”等）是消毒剂，不能用于酶的发酵生产。常用的表面活性剂有非离子型的吐温（Tween）-80、特里顿（Triton）X-100 等无毒性表面活性剂，它们可积聚在细胞膜上，增加细胞的通透性，有利于酶的分泌，所以可增加酶的产量。例如，在霉菌发酵生产纤维素酶的培养基中，添加 1%的 Tween，可使产量提高 1~20 倍。在使用时，要注意表面活性剂添加量，过多或过少效果都不好，应控制在最佳浓度范围内。此外，添加表面活性剂有利于提高某些酶的稳定性和催化能力。

4. 添加产酶促进剂

产酶促进剂是指可以促进产酶但作用机理并未阐明清楚的物质。它可能是酶的激活剂或稳定剂，也可能是产酶微生物的生长因子，或有害金属的螯合剂。添加产酶促进剂往往对提高酶产量有显著效果。例如，添加植酸钙镁可使霉菌蛋白酶和橘青霉磷酸二酯酶的产量提高 1~20 倍。添加聚乙烯醇可提高糖化酶的产量。聚乙烯醇、醋酸钠等对提高纤维素酶的产量也有较好的效果。产酶促进剂对不同细胞、不同酶的作用效果各不相同，需通过试验选用适当的产酶促进剂并确定一个最适浓度。

【知识链接】

酶制剂发酵的主要生产方式

酶制剂发酵的主要生产方式有三种，分别为：固定化细胞发酵法、液态发酵法和固态发酵法。

1. 固定化细胞发酵法

把微生物固定在水不溶性的载体上，进行多批次连续或间歇发酵。这种发酵方式的细胞密度大，产酶能力高，且发酵稳定性好，可反复使用。因细胞固定在载体上，流失较少，可在高稀释率条件下连续发酵。最终得到的发酵液含菌体少，利于产品分离。

2. 液态发酵法

采用液体培养基，在生物反应器中，经灭菌、冷却后，接种产酶细胞，在一定条件下进行发酵生产，得到所需酶。酶的产率高，质量稳定，产品回收率高，是目前酶制剂发酵生产的主要方式。

3. 固态发酵法

该法以麸皮和米糠等为主要原料，添加一些氮源和金属离子等，加适量水制成湿的固态培养基，灭菌后用作微生物生长繁殖和产酶。目前我国仍在使用固态发酵法生产糖化酶、蛋白酶、纤维素酶等饲用酶制剂，尤其在白酒、食醋生产上所用到的大曲等仍是通过固态发酵法生产的。在固态发酵中，微生物附着于培养基颗粒的表面生长或菌丝体穿透固体颗粒基质，进入颗粒深层生长，尤其是在接近于自然条件的状况下生长的，有可能产生通常在液体培养中不产生的酶和其他代谢产物。

知识点二　常见酶制剂的发酵工艺

一、α-淀粉酶的发酵工艺

α-淀粉酶可由微生物发酵产生，也可从植物和动物中提取。目前，工业生产上都以微生物发酵法进行大规模生产。主要的α-淀粉酶生产菌种有细菌和曲霉，尤其是枯草芽孢杆菌为大多数工厂所采用。生产上有实用价值的产α-淀粉酶菌有枯草芽孢杆菌、地衣芽孢杆菌、嗜热脂肪芽孢杆菌、凝结芽孢杆菌、嗜碱芽孢杆菌、米曲霉、黑曲霉、拟内孢霉等。不同菌株所产α-淀粉酶在耐热，耐酸碱、耐盐等方面各有差别。对于最适反应温度在60℃以上的命名为中温型α-淀粉酶；最适反应温度在90℃以上的命名为高温型α-淀粉酶。最适反应pH为5的为酸性α-淀粉酶；最适反应pH为9的为碱性α-淀粉酶。

几种不同微生物来源α-淀粉酶的性质如表1-3所示。

表1-3　不同来源的α-淀粉酶的性质

来源	作用机制		耐热性/℃（15min）	pH稳定性（30℃，24h）	最适pH	Ca^{2+}的保护作用
	淀粉水解度/%	主要水解产物				
枯草芽孢杆菌液化型	35	葡萄糖、麦芽糖、糊精	65~80	4.8~10.6	5.4~6.0	+
枯草芽孢杆菌糖化型	70	葡萄糖、麦芽糖、麦芽三糖、糊精	55~70	4.0~9.0	4.8~5.2	-
枯草芽孢杆菌耐热型	35	葡萄糖、麦芽糖、糊精	75~90	5.0	-	+
米曲霉	48	麦芽糖	55~70	4.7~9.5	4.9~5.2	+
黑曲霉（耐酸型）	48	麦芽糖	55~70	1.8~6.5	4.0	+
根霉	48	麦芽糖	50~60	5.4~7.0	3.6	-

下面以枯草芽孢杆菌JD32和BF7658诱变菌株BS796为例，介绍α-淀粉酶的发酵工艺。

1. 枯草芽孢杆菌JD32固态培养法生产α-淀粉酶

（1）斜面菌种培养　斜面培养基配方为：豆饼3%，麸皮5%，蛋白胨0.25%，琼脂2%，调pH 7.1。取保藏菌种接种于斜面培养基上，35℃培养48h后贮藏于4℃冰箱备用。

（2）种子培养　三角瓶培养，培养基配方为：豆饼1%，蛋白胨0.4%，酵母膏0.4%，NaCl 0.05%，调pH至7.1~7.2，121℃灭菌20min。冷却后将斜面种子接入三角瓶中，35℃振荡培养一定时间后，用发酵罐扩大培养。

（3）发酵培养　发酵培养基配方为：麸皮70%，米糠20%，木薯粉或豆饼粉10%，NaOH 0.5%，加水使含水量达60%左右，常压蒸汽蒸煮1h。培养基冷却到38~40℃后，接入0.5%种子，在厚层通风培养室内38~41℃培养20h左右，出曲风干。

2. BF7658诱变菌株BS796液态深层培养法生产α-淀粉酶

（1）斜面菌种培养　斜面培养基配方为：牛肉膏1%，蛋白胨1%，NaCl 0.5%，琼脂2%，调pH 7.2~7.5。取保藏菌种接种于斜面培养基上，37℃培养24h后贮藏于4℃冰箱备用。

（2）种子培养

①一级种子培养：三角瓶培养，培养基配方为：麦芽糖6%，豆粕水解液6%，

$Na_2HPO_4 \cdot 12H_2O$ 0.8%，$(NH_4)_2SO_4$ 0.4%，$CaCl_2$ 0.2%，NH_4Cl 0.15%，调 pH 至 6.5~7.0，121℃灭菌 20~30min。冷却后将斜面种子接入三角瓶中，37℃摇瓶培养 28h。

②二级种子培养：种子罐培养，培养基组成与一级种子培养基保持一致。以 500L 培养罐为例，装料 250L，121℃灭菌 20~30min。冷却后接入一级种子液，在 37℃下，通风比为 1∶(1.3~1.4)，360 r/min 下培养 12~14h。

(3) 发酵培养　麦芽糖液的制备：取玉米粉或甘薯粉 1 份加水 2~2.5 份，调 pH 6.2，加 $CaCl_2$ 0.1%，升温至 80℃，添加 α-淀粉酶 5~10U/g 原料，液化后 110~120℃下糊化 30min，冷却至 55~60℃，pH 5.0 时添加异淀粉酶 20~50U/g 原料和 β-淀粉酶 100~200U/g 原料，糖化 4~6h，加热至 90℃，趁热过滤即为麦芽糖液。

豆粕水解液的制备：取豆粕粉 1 份加水 10 份浸泡 2h，然后在 110~120℃下保持 30min，冷却至 55℃，调 pH 7.5，加蛋白酶 50~100 U/g 原料，作用 2 h，过滤后浓缩至蛋白质含量为 50%，即得豆粕水解液。

发酵培养基配方为：用上述麦芽糖液配制含麦芽糖 6%，豆粕水解液 6%，$Na_2HPO_4 \cdot 12H_2O$ 0.8%，$(NH_4)_2SO_4$ 0.4%，$CaCl_2$ 0.2%，NH_4Cl 0.15%，消泡剂适量，调 pH 至 6.5~7.0。

以 10t 发酵罐为例，发酵培养基经灭菌冷却后，接入 3%~5%种子培养成熟液。在 37℃下，罐压 0.05MPa，通风比 0~20h 为 1∶0.48，20h 后 1∶0.67，培养时间 28~36h。发酵前期为细菌生长繁殖阶段，采用调节空气流量的方法使 pH 7.0~7.5，有利于细胞大量繁殖。发酵产酶期 pH 以控制在 6.0~6.5 为宜，有利于 α-淀粉酶的形成。在发酵罐搅拌转速不能改变的情况下，操作时采用调节风量的办法来控制菌体的生长、pH 范围、糖氮消耗幅度等因素，使产酶速度按每小时 15~25U/mL 稳定增长，当 pH 升至 7.5 以上，温度不再上升，细菌多为空胞，酶活性二次测定不再上升，一般可认为发酵结束。

二、葡萄糖淀粉酶的发酵工艺

最初的糖化酶生产是利用根霉进行固体培养和液体培养方式，也有用拟内孢霉的液体培养，但以上菌种培养液里所产酶单位均较低，不宜于工业生产。现在工业上主要采用黑曲霉的液体深层发酵法，这也是我国糖化酶主要的生产方法，所产的糖化酶耐酸、耐热，产量也高。但是黑曲霉在产糖化酶的同时，也会产生一种葡萄糖基转移酶，影响葡萄糖的得率。所产的葡萄糖基转移酶，工业上称转苷酶。它作用于麦芽糖和麦芽低聚糖，使一个葡萄糖基转移到另一个糖分子上，经由 α-1,6 糖苷键结合，生成具有 α-1,6 糖苷键的低聚糖。例如作用于麦芽糖，使其中一个葡萄糖基转移到另一个麦芽糖分子上，经 α-1,6 糖苷键结合生成潘糖，反应的结果是两个分子的麦芽糖生成一分子潘糖和一分子葡萄糖。含有 α-1,6 糖苷键的低聚糖被葡萄糖淀粉酶水解的速度很慢，所以在淀粉的糖化反应中影响最终葡萄糖值和葡萄糖的产率。因此工业上的糖化酶需要经过处理除去转苷酶的活性或降低其活性，除去转苷酶可采用膨润土、酸性白土、纤维素、胶体氧化铝吸附，也可调节到低 pH 使其失活等。另外还可以通过菌种选育，筛选到转苷酶活性很低或不产转苷酶的菌种作为工业生产用菌种。

糖化酶是一种糖蛋白，相对分子质量 69000 左右。不同来源的糖化酶等电点各不相同，氨基酸组成也有差异。黑曲霉的两种糖化酶几乎无区别，血清反应也无差异，分子中分别含有 14%和 23%的碳水化合物，主要的糖类为甘露糖、葡萄糖、半乳糖。糖化酶糖化反应的最适温度和 pH 由于酶源不同而存在差别。曲霉糖化酶为 55~60℃，pH 为 3.5~5.0；根霉糖化酶为 50~55℃，pH 为 4.5~5.5；拟内孢霉糖化酶为 50℃，pH 为 4.8~5.0。糖化酶的一般性质如表 1-4 所示。

表 1-4　　糖化酶的一般性质

项目	一般性质
相对分子质量	50000~112000
碳水化合物含量	3.2%~20%
等电点	3.4~7.0
最适 pH	4.0~5.0
最适温度	40~60℃
pH 稳定性	3.0~7.0
热稳定性	≤60℃
对金属离子要求	无
底物	直链淀粉、支链淀粉、糊精、糖原、麦芽糖
催化剂化学键	α-1,3 糖苷键、α-1,4 糖苷键、α-1,6 糖苷键
切开机制	外切
来源	根霉、曲霉等

下面以河内根霉 3.042 和黑曲霉 AS.3.4309 变种 UV-11 为例，介绍葡萄糖淀粉酶的发酵工艺。

1. 河内根霉 3.042 固体培养法生产葡萄糖淀粉酶

（1）斜面菌种培养　斜面培养基配方为：麦芽汁琼脂培养基，自然 pH，121℃灭菌 20min，取保藏菌种接种于斜面培养基上，30℃培养 5~7d，当菌丝布满，并形成灰黑色孢子即可使用，也可置于 5℃左右的冰箱保藏。2~3 个月移植一次。

（2）种子培养　三角瓶培养，培养基配方为：麸皮 40%，米糠 10%，水 50%，以500mL三角瓶为例，装料40g，121℃灭菌20min，冷却后将斜面种子接入三角瓶中，30℃培养3d，待菌丝长满，生成孢子后即可用或置冰箱保存待用。

（3）发酵培养　麸皮（或加米10%）中加$(NH_4)_2SO_4$2.5%，加总干料的1~1.4倍的水，要求入池水分控制在60%~63%。先将麸皮与米混匀，将$(NH_4)_2SO_4$溶解后放入拌料水中，混匀后焖1h，然后装甑，常压蒸50min，再焖20min后，扬凉，待料温降至38℃左右便可接种，接种量为0.4%~0.5%。接种后，装入通风曲箱，料厚17~25cm，在30℃保温6~8h，品温超过36℃，要进行间歇通风降温，风温约32℃。当品温降至30℃停风。曲房干湿球温差不宜超过1℃，一般经过24h左右，孢子布满麸曲，酶活达到高峰时立即出曲，出曲后打碎团块，用40℃热空气吹干，在水分低于15%以下，可以长期保藏。

2. 黑曲霉As.3.4309变种UV-11液体深层培养法生产葡萄糖淀粉酶

（1）斜面菌种培养　斜面培养基配方为：麦芽汁琼脂培养基，自然pH，121℃灭菌20min，取保藏菌种接种于斜面培养基上，31℃培养4~5d，形成孢子后贮藏于4℃冰箱备用。

（2）种子培养

①一级种子培养：三角瓶培养，培养基配方为麸皮：水=1：1.2，以500mL三角瓶为例，装料25g，121℃灭菌30min，冷却后将斜面种子接入三角瓶中，31℃培养6~7d即可用或置冰箱保存待用。

②二级种子培养：种子罐培养，培养基配方为：玉米粉6%，黄豆饼粉2%，麸皮2%，在31℃下通风培养32h，转速60r/min，通风比为1：0.5。当pH降至3.8，酶活在500U/mL左右，镜检菌丝粗壮，无杂菌污染时即可接入发酵罐。

（3）发酵培养　发酵培养基配方为：玉米粉12%，黄豆饼4%，麸皮1%，α-淀粉酶添加量为100U/g（淀粉），pH调至4.0~4.5。30~32℃下通风培养90~110h。通风比1~12h为1：0.5，12~14h为1：0.8，24~28h为1：1，84h后为1：0.8。培养84h后每隔8h测定pH、还原糖、酶活，并镜检菌体形态。当pH降至3.4，还原糖降至1.8%以下，酶活性上升至13600U/mL以上时，一般可认为发酵结束。

三、纤维素酶的发酵工艺

纤维素酶的生产通常采用固态发酵和液体深层发酵两种工艺。无论采用何种工艺，我国纤维素酶生产菌种大多都采用经诱变或经基因改性的里氏木霉菌株，只有少数企业采用康氏木霉、黑曲霉或者青霉作为生产菌种。下面以里氏木霉为例，介绍纤维素酶的发酵工艺。

1. 固态发酵法生产纤维素酶

（1）斜面菌种培养　斜面培养基配方为：PDA培养基，自然pH，121℃灭菌20min，取保藏菌种接种于斜面培养基上，33℃培养3~5d，形成孢子后贮藏于4℃冰箱备用。

（2）种子培养　三角瓶培养，培养基配方为：麸皮 80%、米糠 20%、$(NH_4)_2SO_4$ 2%、$NaNO_3$ 0.15%、$MgSO_4 \cdot 7H_2O$ 0.05%、K_2HPO_4 0.05%，自然 pH，加水 2~3 倍原料重，以拌好后可捏成团但又挤不出水滴为宜。每个 500mL 三角瓶装麸料 40g 培养基料，121℃ 灭菌 30min。将培养好的菌种自斜面培养基上挑取一块（约为种子培养基的 0.2%的量），接入上述种子培养基中，拌匀，置于 28~30℃的恒温培养箱中培养 72h，长好后取出，在 40℃下干燥后备用。

（3）发酵培养　发酵培养基配方与制备方法同种子培养基，将三角瓶中的种子培养物拌入，接种量为 0.2%~0.3%，混匀，装入底部有筛孔的曲箱中，厚度以 20~30cm 为宜（最高可达 30~60cm），物料应装得均匀疏松，防止干燥或吹风时龟裂引起通入的无菌空气短路。保持培养室温度 30~35℃，室内相对湿度 90%~100%，通过合理使用室内循环风和新鲜风的比例，维持室内相对湿度，当旺盛发酵过程中产热，品温升高，超过规定温度时，必须大量通风以散热，这样间歇通风直至发酵结束，一般 64~72h 即可发酵结束。成品曲出箱后，打碎晾干。

2. 液态深层发酵法生产纤维素酶

（1）种子培养　种子培养基配方为：玉米秸秆粉 1%，麸皮 0.5%，葡萄糖 1%，$(NH_4)_2SO_4$ 0.2%，KH_2PO_4 0.1%，$CaCO_3$ 0.1%，Tween－80 0.02%，pH 5.5~6.0。121℃下灭菌 30min，冷却后，接入三角瓶摇瓶种子或茄子瓶孢子悬液，28~30℃下培养 24~36h，取出备用。

（2）发酵培养

①发酵培养基配方：玉米秸秆粉 5%，麸皮 0.5%，蛋白胨 0.3%，$(NH_4)_2SO_4$ 1%，KH_2PO_4 0.4%，$CaCl_2 \cdot 2H_2O$ 0.2%，$MgSO_4 \cdot 7H_2O$ 0.03%，Tween－80 0.02%，pH 5.5~6.0。121℃下灭菌 30min，冷却后，接入种子罐培养物，于 28~30℃下培养 96~120h。

②温度的控制：发酵前期，培养温度应稍高些，以利于菌体的生长，里氏木霉一般控制前期培养温度为 30℃。进入产酶期后，应适当降低培养温度，一般为 28℃，较低的温度有利于提高酶的稳定性，延长细胞产酶时间。

③pH 的控制：随着发酵的进行，体系的 pH 逐渐下降，此时不予控制，当 pH 降至 3.0 以下时，可通过加入 2mol/L 的氨水来控制发酵液的 pH 维持在 3.0±0.1，有利于产酶。发酵后期，随着培养基成分的逐渐耗尽，pH 开始有所回升，此时不再加氨水，让 pH 自然上升，直至发酵结束。

④通气量的控制：里氏木霉是好氧菌，氧的不足将影响其生长和纤维素酶的产生，所以应保证发酵液中合适的溶氧量。发酵早期，菌体刚刚萌发，菌丝体数量较少，耗氧速率较低，应控制通风比为 1∶(0.2~0.3)；进入对数生长期以后，菌体代谢旺盛，细胞大量分裂，菌丝体大量形成，此时耗氧速率加快，应控制通风比为 1∶1；产酶时期，菌丝体数量最多，产生大量的酶蛋白，也消耗大量的氧气，应保持通风比为 1∶1。

⑤发酵结束期的判断：以发酵液 pH 不再下降或回升，纤维素酶活性不再升高，并伴随发酵液黏稠度明显降低作为依据。一般发酵周期在 96~120h，发酵结束时，发酵液的滤纸酶活性一般可达 5~10U/mL，酶活性可达 60~100U/mL。

四、蛋白酶的发酵工艺

蛋白酶按作用温度分为三类，即嗜冷蛋白酶、中温蛋白酶及嗜热蛋白酶。三类酶作用的温度不同，嗜冷蛋白酶作用最适温度在 5~10℃，温度达到 30℃时酶极易失活；中温蛋白酶作用最适温度为 30~40℃，温度达到 50℃时酶极易失活；嗜热蛋白酶作用最适温度为 60~80℃。

蛋白酶按作用 pH 也可分为三类，即酸性蛋白酶、中性蛋白酶及碱性蛋白酶。它们作用最适 pH 分别为酸性、中性及碱性。三类酶的活性中心有着明显的不同：酸性蛋白酶含有两个羧基，能被 DAN（重氮乙酰正亮氨酸甲酯）失活，不受螯合剂、巯基试剂或丝氨酸蛋白酶抑制剂的影响；中性蛋白酶的活性中心含金属离子，常常是 Zn^{2+}，可受到金属螯合剂 EDTA 的可逆抑制；碱性蛋白酶的活性中心为丝氨酸，能被二异丙基氟磷酸及苯甲基磺酸氯所抑制。常见的蛋白酶生产菌种如表 1-5 所示。

表 1-5　常见的蛋白酶生产菌种

酸性蛋白酶生产菌种	亮白曲霉（*Asp. candidus*） 斋藤曲霉（*Asp. saitoi*） 黑曲霉大孢子变种（*Asp. niger* var. *macrosporu*） 泡盛曲霉（*Asp. awamori*） 米曲霉（*Asp. oryzae*） 微紫曲霉（*P. janthinellum*） 常规曲霉（*P. frequentes*） 杜邦曲霉（*P. duponti*） 宛氏拟青霉（*Paecilomyces varioti*） 微小毛霉（*M. pusillus*）	栗疫菌（*Endothia parasitica*） 黏红酵母（*Rhodotorula glutinis*） 血红栓菌（*Trametes sanguinea*） 芽枝霉（*Clados porium cladosporioides*） 栖土曲霉（*Asp. terricola*） 冻土毛霉（*M. hiemalis*） 米黑毛霉（*M. miehei*） 乳白耙霉（*Irpex lacteus*） 单孢根霉（*Rh. oliosporus*） 中华根霉（*Rh. chinesis*）
中性蛋白酶生产菌种	赭曲霉（*A. ochraceus*） 枯草芽孢杆菌（*B. subtilis*） 枯草芽孢杆菌淀粉糖化变种（*B. subtilis* var. *amylosacchariticus*） 耐热性解蛋白芽孢杆菌（*B. thermoproteloyticus*） 蛋白水解气单胞菌（*Aeromonasproteolytica*） 溶组织梭状芽孢杆菌（*Cl. ohistolyticum*） 溶酪蛋白小球菌（*Macrococcus caseolyticus*） 解淀粉芽孢杆菌（*B. amyloliquefaciens*） 巨大芽孢杆菌（*B. megaterium*） 铜绿假单胞菌（*P. aeruginosa*） 嗜热脂肪芽孢杆菌（*B. stearothermophilus*）	酱油曲霉（*A. sojae*） 栖土曲霉（*A. terricola*） 奈良链霉菌（*Str. naraensis*） 灰色链霉菌（*Str. griseus*） 米曲霉（*A. oryzae*） 黄曲霉（*A. flavus*） 奇异变形杆菌（*Proteus mirabilis*） 寄生曲霉（*A. parasiticus*） 蜡状芽孢杆菌（*B. cereus*）

续表

碱性蛋白酶生产菌种	枯草芽孢杆菌（*B. subtilis*） 嗜碱性芽孢杆菌（*B. alcalophilus*） 芽孢杆菌（*Bacillus katasensis*） 短小芽孢杆菌（*B. pumilus*） 地衣芽孢杆菌（*B. licheniformis*） 黏质沙雷氏菌（*Serratia marcescens*） 马铃薯杆菌（*B. mesentericus*） 纳豆芽孢杆菌（*Bacillus natto*） 假单胞菌（*Pseudomonas* sp.） 节杆菌（*Arthrobacter* sp.） 小球菌（*Micrococcus soclonensis*） 萨氏曲霉（*Aspergillus sydovi*） 嗜热圆酵母（*Torla thermophila*） 解脂假丝酵母（*Candida lipolytica*） 细极链格孢（*Alternaria tenutssiuma*）	鬼伞菌（*Coprinus-maerohizus*） 坚强芽孢杆菌（*Bacillus firmus*） 灰色链霉菌（*S. griseus*） 立德链霉菌（*S. rectus*） 弗氏链霉菌（*S. fradiae*） 头孢霉（*Cephalosporium* sp.） 蓝棕青霉（*Rcyaneo fulvum*） 蜂蜜曲霉（*Aspergillus melleus*） 硫曲霉（*Aspergillus sylphureus*） 酱油曲霉（*A. sojae*） 栖土曲霉（*A. terricola*） 黄曲霉（*A. flavus*） 赭曲霉（*A. ochraceus*） 米曲霉（*A. oryzae*） 镰刀菌（*Fusarium* sp.）

下面分别以宇佐美曲霉 537、栖土曲霉 3.492 及地衣芽孢杆菌 2709 为例，依次介绍酸性蛋白酶、中性蛋白酶以及碱性蛋白酶的发酵工艺。

1. 利用宇佐美曲霉 537 生产酸性蛋白酶

（1）种子培养　种子罐 1000L，装培养基 500L，种子培养基配方为：豆饼粉 4%，玉米粉 2%，NH_4Cl 1%，$CaCl_2$ 0.5%，Na_2HPO_4 0.4%，pH 5.2 左右。种子在 31℃、通风比为 1∶0.35 条件下培养 27~30h。

（2）发酵培养　按 5%接种量在发酵罐中接入种子液，发酵培养基与种子培养基相同，控制条件为：（31±1）℃，通风比 0~20h 为 1∶0.3，20~25h 为 1∶0.5，35h 至发酵结束为 1∶0.8。转速 160r/min，培养 76h，发酵液中酶活性 4000U/mL 左右即发酵结束。

2. 利用栖土曲霉 3.492 生产中性蛋白酶

（1）种子培养　种子培养基配方为：麦芽汁琼脂培养基，斜面培养 3~4d（33~35℃），待孢子布满斜面后使用（5~10℃短时间保存）。三角瓶扩大培养，三角瓶孢子悬液接入 500L 发酵罐制作发酵用种子，培养条件：30℃，通风比为 1∶0.3，300 r/min 培养 24~26h。

（2）发酵培养　发酵培养基配方为：葡萄糖 40%，玉米粉 20%，$(NH_4)_2SO_4$ 5%，Na_2HPO_4 4%，K_2HPO_4 0.5%，调 pH 7.0，121℃灭菌 30min。冷却后接入培养好的种子，接种量 10%。以 5t 发酵罐为例，装料 2.5t，培养温度 30℃，通风比 24h 前为 1∶0.1，24h 后为 1∶0.25，180r/min 培养 48~50h 结束，酶活性 3000U/mL，最高 4000U/mL。

3. 利用地衣芽孢杆菌 2709 生产碱性蛋白酶

（1）斜面菌种培养　斜面培养基配方为：牛肉膏 1%，蛋白胨 1%，NaCl

0.5%，琼脂 2%，调 pH 7.2～7.5。取保藏菌种接种于斜面培养基上，37℃培养 24h 后贮藏于 4℃冰箱备用。

（2）种子培养　种子扩大培养可采用逐级扩大的办法，先在三角瓶培养基中进行培养，当菌体生长旺盛时转入较大容器中培养。根据发酵规模确定采用几级培养来扩大种子。

①一级种子培养：三角瓶培养，培养基配方为：牛肉膏 1%，蛋白胨 1%，NaCl 0.5%，琼脂 2%，调 pH 7.2～7.5，121℃灭菌 25min，冷却后将斜面种子接入三角瓶中，37℃培养 36h 制成悬液。

②二级种子培养：种子罐培养，以 1t 种子罐为例，装料 500L。种子罐培养基配方为：黄豆饼粉 3%，玉米粉 2%，Na_2HPO_4 0.4%，NaH_2PO_4 0.1%，Na_3PO_4 0.1%，自然 pH，121℃灭菌 25min。冷却后接入三角瓶一级种子液，在 36℃下，通风比为 1∶0.7，250r/min 下培养 18～20h。

③三级种子培养：以 5t 发酵罐为例，装料 2.5t。培养基配方为：黄豆饼粉 3%，玉米粉 3%，麸皮 2%，Na_2HPO_4 0.3%，pH 9.0～9.3（灭菌前），121℃灭菌 25min，冷却到 37℃，接种上一级种子液，在 37℃、罐压 0.1MPa 下，通风比为 1∶（0.3～0.4），230r/min 下培养 10～14 h。

（3）发酵培养　以 25t 发酵罐为例，装料 16t。培养基配方为：豆饼粉 2.5%，山芋粉 4%，麸皮 5%，Na_2HPO_4 0.2%，pH 6.5，121℃灭菌 30min，冷却到 37℃，将三级种子液泵入发酵罐，在罐压 0.05MPa 下，通风比为 1∶（0.2～0.4），145r/min 下发酵 32h，酶活性达到高峰（12000U/mL）时停止发酵。

五、脂肪酶的发酵工艺

脂肪酶能催化长链脂肪酸三酰甘油水解为甘油、游离脂肪酸和单酰甘油、二酰甘油，在脂质代谢中发挥重要的作用。除此之外，脂肪酶还有多种酶活性，如催化多种酯的水解、合成及外消旋混合物的拆分等。脂肪酶的一个重要特征是只作用于异相系统，即在油（或脂）-水界面上作用，对于均匀分散的或水溶性底物无作用，即使有作用也极缓慢，因此脂肪酶也可以说是专门在异相系统或水不溶性系统的油（或脂）-水界面上水解酯的酶。

下面就以解脂假丝酵母 AS.2.1203 和圆弧青霉白色变种 PG37 为例，简要介绍脂肪酶的发酵工艺。

1. 利用解脂假丝酵母 AS.2.1203 生产脂肪酶

（1）斜面菌种培养　斜面培养基为：麦芽汁培养基。取保藏菌种接种于斜面培养基上，28℃培养 24～36h 后贮藏于 4℃冰箱备用。

（2）种子培养

①一级种子培养：三角瓶培养，培养基配方为：豆饼粉 4%，米糠 2%，$(NH_4)_2SO_4$ 0.2%，豆油 0.5%，KH_2PO_4 0.1%，$MgSO_4$ 0.05，121℃灭菌 25min。冷

却后将斜面种子接入三角瓶中，28℃振荡培养18~24h（酶活性达30~50U/mL）作一级种子液。

②二级种子培养：种子罐培养，培养基配方与一级种子培养基一致，121℃灭菌25min。冷却后接种一级种子液至种子罐中，通风比为1∶0.7，28℃培养18~22h，pH下降至4.5左右，酶活性达到60~100U/mL即可转入发酵罐。

（3）发酵培养　发酵培养基与上述种子培养基相同，豆饼粉和米糠的浓度可分别增至5%和3%。发酵罐中种子液的接种量为2.5%~5%，28℃，发酵培养20~28h，当pH由最低的4.5左右回升至5.4左右，发酵酶活性达到最高峰，发酵液变稠，细胞空胞变大时应停止发酵，此时酶活性一般为1200~1500U/mL。

2. 利用圆弧青霉白色变种PG37生产碱性脂肪酶

（1）斜面菌种培养　斜面培养基为PDA培养基。取保藏的细胞于斜面培养基上，28~30℃培养3~5d后贮藏于4℃冰箱备用。

（2）种子培养

①一级种子培养：三角瓶培养，3L三角瓶中装150g麦麸和150mL水，拌匀后121℃灭菌20min。冷却后将斜面种子接入三角瓶中，摇匀，28~30℃培养3~5d，待麸皮上布满白色的孢子即为成熟。

②二级种子培养：种子罐培养，培养基配方为：豆饼粉3.0%，玉米浆3.0%，大豆磷脂0.5%，K_2HPO_4 0.5%、$MgSO_4$ 0.3%，豆油1.0%，自然pH，121℃灭菌30min。种子罐中装入种子培养基，装液量不得高于2/3，121℃灭菌30min，冷至28℃接入一瓶麸皮孢子，搅拌转速300 r/min，通风比为1∶0.4，(29±1)℃培养20~24h。

（3）发酵培养　培养基配方为：豆饼粉3.0%，玉米浆3.0%，K_2HPO_4 1.0%，$MgSO_4$ 0.1%，大豆磷脂0.5%，柠檬酸钠0.05%，花生油0.2%，调节pH 8.0，121℃灭菌30min。将1.5t发酵培养基装入30t发酵罐中，灭菌后冷至28℃接种液体种子，培养温度（29±1）℃，搅拌转速140r/min，通风比为1∶0.6，发酵周期72h，其间于30h、42h、54h分别各流加0.4%花生油。在上述条件下，圆弧青霉白色变种PG37发酵酶活性达2000U/mL。

【素质拓展】

张树政院士：一生寄情微生物

张树政教授（1922—2016年）是我国第一位生物化学女院士，她一生情系微生物，在艰苦的条件下，克服各种困难，努力解决生产实际问题，为国家和社会创造了巨大的经济效益。20世纪50年代，张树政教授与同事们筛选出了产糖化酶更优良的曲霉菌种，应用于酿酒和酒精行业，节约了大量粮食；20世纪60年代末期，张树政带领的团队研制出我国第一个糖化酶酶制剂，使淀粉降解为葡萄糖的比率大幅度提高，解决了我国当时紧缺并受外国控制的原料问题；张树政教授再接再厉，寻找到糖化酶产量更高的黑曲霉，以此黑曲霉菌种生产的糖化酶制剂在20世纪80年代每年为国家节约资金1.9亿元以上，节约粮食22万t。

【思考题】

1. 影响发酵产酶的主要因素有哪些？
2. 提高酶产量的措施有哪些？
3. 酶制剂发酵过程中，调节溶氧速率的方法有哪些？

实训一　土壤中产淀粉酶微生物（芽孢杆菌）的分离

实训一　土壤中产淀粉酶微生物（芽孢杆菌）的分离

【实训目的】

1. 掌握从环境中分离筛选淀粉酶产生菌的原理和方法。
2. 理解选择培养基的应用原理和方法。
3. 熟练掌握通过平板稀释及平板划线得到微生物纯种的方法。

【实训原理】

从土壤中筛选目的微生物的基本步骤包括：采集土样、富集培养、分离培养、目的微生物筛选等。采集土样，即采集富含微生物营养物的土壤。富集培养是在适合于待分离微生物的生长条件（如营养、酸碱度、温度与氧等）下培养微生物，或加入某种抑制剂造成只利于待分离微生物的生长，而抑制其他微生物生长的环境，从而淘汰一些不需要的微生物。分离培养是通过采用分离纯化的方法获得纯种的菌株。目的微生物的筛选是指从大量分离得到的微生物中将具有合成目的代谢产物的菌株筛选出来。在实际工业生产中包括初筛和复筛两步，初筛在分离培养阶段就予以应用，本实训以获得初筛菌株为内容。

微生物在固体培养基上生长形成的单个菌落可以是由一个细胞繁殖而成的集合体。因此，可通过挑取单菌落而获得纯培养。获得单菌落的方法可通过稀释涂布平板或平板划线等方法完成。但是从微生物群体中经分离生长在平板上的单个菌落并不一定保证是纯培养。因此，纯培养的确定除观察其菌落的特征外，还要结合显微镜检测个体形态特征后才能确定。有的微生物的纯培养要经过一系列分离与纯化过程和多种特征鉴定才能得到。

通过形成单菌落获得纯种的方法较多，对于好氧菌及兼性厌氧菌可采用平板划线法、平板表面涂片法、浇注平板法等，其中最简便的是平板划线分离法。

平板划线是指把混杂在一起的微生物或同一微生物群体中的不同细胞，通过在分区的平板上作多次划线稀释而得到较多独立分布的单个细胞，培养后生长繁殖成单菌落，通常把这种单菌落当作待分离微生物的纯种。有时这种单菌落并非都由单个细胞繁殖而来，故必须反复分离多次才能得到纯种。划线的形式有多种，根据实践经验，提出了平板分区划线法，即将一个平板分成4个不同面积的小区进行划线，第一区（A区）面积最小，作为待分离菌的菌源区，第二和第三区（B区、C区）是逐级稀释的过渡区，第四区（D区），则是关键区，使该区出现大量的单菌落以供挑选纯种用。为了得到较多的典型单菌落，平板上四区面积的分配应是 D>C>B>A。

稀释平板法又可分为浇注平板法和平板表面涂布法两种。浇注平板法是将待分离的样品用合适的稀释液作一系列稀释后，从适当的稀释液中，取一定量的菌液加至无菌培养皿中，立即倒入熔化的固体培养基，迅速摇动，使培养基与菌液充分混匀，置合适的温度下培养一段时间，在平板培养基的表面和内层就会出现若干分散的单菌落，然后把典型的单菌落分别挑到斜面上就成为纯种。平板表面涂布法是指取一定量的稀释菌液，于适合该菌生长的平板培养基表面上，然后用无菌的涂布玻璃棒，把菌液均匀地涂布在整个平板上。经培养后，在平板培养基表面便形成了若干分散的单菌落，然后分别挑取典型的单菌落于斜面培养基上，经培养后即成为纯化菌种。若长出的菌落不典型或还混有杂菌，可重复分离几次即可达到纯化的目的。

【仪器设备】

高压蒸汽灭菌锅、普通光学显微镜、超净工作台、恒温培养箱、电子天平、磁力搅拌器、pH 计、电磁炉、移液枪。

【试材准备】

1. 土样采集

土样的采集要选择富含淀粉的环境，这是因为在淀粉含量丰富的环境，通常会聚集较多的分解淀粉的微生物。如果找不到合适的环境，可以将滤纸埋在土壤中（地下10cm左右），过一个月左右也会有能分解淀粉的微生物生长。土样的采集要选择富含淀粉的环境，如淀粉厂附近。这是因为在淀粉含量丰富的环境中，通常会聚集较多的分解淀粉的微生物（如芽孢杆菌）。

2. 枪头和枪头盒

将1mL（蓝色）、100μL（黄色）、20μL（白色）枪头装入枪头盒，外包一到两层报纸，高压灭菌20min，60℃烘箱中烘干，取出冷却至室温后待用。经高压蒸汽灭菌的无菌枪头、枪头盒未打开报纸包装时，无菌状态的有效期以1个月为宜，开包装之后不超过1周（下同）。

3. 其他

无菌水、培养皿（90mm×15mm）、试管（15mm×150mm）、载玻片、盖玻片、量筒、滴管、吸水纸、烧杯、三角瓶（250mL）、玻璃棒、玻璃珠、接种环、镊子、搪瓷杯、酒精灯、涂布器、标签纸。

【试剂配制】

1. 牛肉膏蛋白胨琼脂培养基

牛肉膏 1.5g，蛋白胨 5g，NaCl 2.5g，琼脂 10g，水 500mL，pH7.0~7.2。将培养基倒入锥形瓶和装 10 支试管斜面，包扎，121℃灭菌 20min。

2. 淀粉培养基

牛肉膏 0.5g，蛋白胨 1g，NaCl 0.5g，可溶性淀粉 0.2g，琼脂 2g，水 100mL，pH7.0~7.2。将培养基放入三角瓶中，包扎，121℃灭菌 20min。

3. 无菌水制备

将 90mL 蒸馏水放入带有玻璃珠的干净锥形瓶中，包扎，121℃灭菌 20min。取 4 支干净试管，分别装入 9mL 蒸馏水后包扎，121℃灭菌 20min。

4. 卢戈氏碘液

碘片 1g，碘化钾 2g，蒸馏水 300mL。

【操作步骤】

1. 平板稀释分离法

①采集土样于 40~60℃烘干研细。

②称取土样 10g，放入盛有 90mL 无菌水的带有玻璃珠的三角瓶中，振荡摇匀 10min，使土和水充分混合，然后用移液枪从三角瓶中吸取 1mL（此操作要求无菌操作），加入另一盛有 9mL 无菌水的试管中，混合均匀，以此类推分别制成 10^{-2}、10^{-3}、10^{-4} 不同稀释度的土壤溶液。

③准备无菌培养皿 6 套（10^{-2}、10^{-3}、10^{-4} 各两个重复），贴标签。

④熔化淀粉培养基，冷却至 50℃待用。

⑤取 0.2mL 土样稀释液放入相应编号的培养皿内。

⑥倒培养基于培养皿内，轻轻摇匀后平放待凝。

⑦于 37℃倒置培养 24~48h。

⑧检查：在每皿中加鲁氏碘液数滴，观察，如在菌落周围有无色圈者，即可能有产淀粉酶的芽孢杆菌。

⑨挑单菌落接种于牛肉膏蛋白胨斜面培养基上培养。

⑩划线分离得到纯种，镜检观察。

2. 平板涂布分离法

①同上述步骤①~④。

②倒培养基于培养皿内，轻轻摇匀后平放待凝。

③取 0.2mL 土样稀释液放入相应编号的培养皿内，无菌涂布器涂匀，室温静置 5~10min。

④同上述步骤⑦~⑩。

3. 平板划线分离纯化法

①熔化牛肉膏培养基冷却至 50℃，倒平板冷凝，然后倒扣于温箱中，烘

30min，除去平板表面水分。

②取分离出的斜面菌或污染的菌种或待分离的菌悬液，进行平板划线分离。

③具体划线要求：

a. A<B<C<D（面积比较）；b. 两区划线间夹角是120°；c. 划完A区后，烧接种环，冷却后，通过A区再划B区、C区、D区（即烧一次）；d. 环体与平板平行呈30°夹角，线条要流利均匀，不要划破培养基。

④于37℃倒置培养24~48h。

⑤挑单菌落接种于牛肉膏蛋白胨斜面培养基上培养。

【注意事项】

①样品稀释后可先煮沸5min，杀死无芽孢菌和芽孢菌的营养体。

②划线用的接种环，环柄宜稍长，环口宜圆滑，划线时环与平板间的夹角宜小，动作要轻，防划破平板。

③为了取得好结果，应先在纸上练习划线动作，再用空白培养皿作模拟操作，待掌握划线要领后再正式划线，以提高成功率。

④平板不能浇得太薄，有条件的情况下，平板应在使用前一天倒成，而且培养基不宜太烫，以防平板表面冷凝水太多，影响分离效果。

【实验后分析】

1. 讨论本实验中鲁氏碘液的作用。
2. 讨论实验过程中烘干研细土样的作用。
3. 比较两套实验方法的异同。
4. 试分析实验流程中哪些操作是可以改变的，哪些地方则不能改变？
5. 是否能够缩减步骤，更快得到实验结果？
6. 讨论单菌落就是纯种吗？
7. 如果显色后出现透明圈的菌落一定是产淀粉酶的芽孢杆菌吗？
8. 倒置培养的意义是什么？
9. 如果你是实验指导老师，你觉得哪些环节相对重要？学习本实验之后，对你进入一个陌生的实验室开展同类工作有何指导意义？

项目二

酶制剂提取与分离

在生物组织中，除了我们所需要的某一种酶之外，往往还有许多其他酶和一般蛋白质以及其他杂质，因此在制取某酶制剂时，必须经过分离纯化的过程。酶是具有催化活性的蛋白质，蛋白质很容易变性，所以在酶的提纯过程中应避免用强酸强碱，保持在较低的温度下操作。在提纯的过程中通过测定酶的催化活性可以比较容易跟踪酶在分离提纯过程中的去向。酶的催化活性又可以作为选择分离纯化方法和操作条件的指标，在整个酶的分离纯化过程中的每一步骤，始终要测定酶的总活性和比活性，这样才能知道经过某一步骤回收到多少酶，纯度提高了多少，从而决定这一步骤的取舍。酶的分离纯化一般包括三个基本步骤：即提取、纯化、结晶或制剂。首先将所需的酶从原料中引入溶液，此时不可避免地夹带着一些杂质，然后再将此酶从溶液中选择性地分离出来，或者从此溶液中选择性地除去杂质，然后制成纯化的酶制剂。酶的提取与分离纯化是指将酶从细胞或其他含酶原料中提取出来，再与杂质分开，而获得所要求的酶制品的过程。主要内容包括细胞破碎、酶的提取、离心分离、过滤与膜分离、沉淀分离、层析分离、电泳分离、萃取分离、浓缩、干燥、结晶等。

任务一 预处理

学习目标

知识目标：

1. 了解凝聚和絮凝作用。
2. 熟悉固液分离方法。
3. 掌握杂蛋白质的去除方法。
4. 掌握高价无机离子的去除方法。

技能目标：

能够采用正确方法对发酵液进行预处理。

素质目标：

了解未来酶制剂行业的发展方向，积极学习先进技术，培养求真务实、吃苦耐劳、一丝不苟的工作作风；培养分析、归纳、总结能力。

知识点一　发酵液的预处理

从微生物发酵液或细胞培养液中提取生化物质的第一个必要步骤就是预处理和固液分离。从悬浮液中分离固形物的速度，取决于该液体的物理性质，常采用预处理的办法改变其物理性质而促其分离。

细菌及某些放线菌菌体细小，发酵液黏度大，不能直接过滤。由于菌体自溶，核酸、蛋白质及其他有机黏性物质的存在会造成滤液浑浊，滤速极慢。因此，在预处理中应采用絮凝或凝聚的方法，设法增大悬浮液中固体粒子的大小，提高其沉降速度，或采用稀释、加热等方法降低黏度，以利于过滤。

发酵液中杂质很多，其中对提炼影响最大的是无机离子（Ca^{2+}、Mg^{2+}、Fe^{2+}）和杂蛋白质等。高价无机离子的存在，会影响树脂对生化物质的交换容量。杂蛋白质的存在，不仅在采用离子交换法和大网格树脂吸附法提炼时会降低其吸附能力，而且在采用有机溶剂或两水相萃取时，容易产生乳化，使两相分离不清，在预处理时，应尽量除去这些物质。

一、高价无机离子的去除方法

为去除钙离子，宜加入草酸，可用其可溶性盐，如草酸钠。反应生成的草酸钙还能促使蛋白质凝固，提高滤液（也称为原液）质量。但草酸价格较贵，加入硫酸铅，在60℃下反应生成草酸铅。后者在90~95℃下用硫酸分解，经过滤、冷却、结晶后可以回收草酸。

草酸镁的溶解度较大，故加入草酸不能除尽镁离子，要除去镁离子，可以加入三聚磷酸钠，它和镁离子形成可溶性络合物；用磷酸盐处理，也能大大降低钙离子和镁离子的浓度。要除去铁离子，可加入黄血盐，使形成普鲁士蓝沉淀。

二、杂蛋白质的去除方法

蛋白质一般以胶体状态存在于发酵液中。胶体粒子的稳定性和其所带电荷有关。

蛋白质在某一 pH 下，净电荷为零，溶解度最小，称为等电点。因为羧基的电离度比氨基大，故蛋白质的酸性性质通常强于碱性，因而很多蛋白质的等电点都在酸性范围内（pH 4.0~5.5）。但单靠调节 pH 至等电点的办法不能将大部分蛋白质除去。

在酸性溶液中，蛋白质能与一些阴离子如三氯乙酸盐、水杨酸盐、钨酸盐、苦味酸盐、鞣酸盐、过氯酸盐等形成沉淀；在碱性溶液中，能与一些阳离子，如 Ag^{+}、Cu^{2+}、Zn^{2+}、Fe^{2+}和 Pb^{2+}等形成沉淀。

变性蛋白质溶解度较小。最常用的使蛋白质变性的方法是加热，加热还能使液体黏度降低，加快过滤速度，该法只适用于对热较稳定的生化物质。使蛋白质变性的其他办法还有：大幅度改变 pH，加酒精、丙酮等有机溶剂或表面活性剂等。在抗生素生产中，常将发酵液 pH 调至偏酸性范围（pH 2~3）或较碱性范围（pH 8~9）使蛋白质凝固，一般以酸性下除去的蛋白质较多。

加有机溶剂使蛋白质变性的方法通常只适用于所处理的液体数量较少的场合。此外，还可以利用吸附作用除去蛋白质。在枯草杆菌发酵液中，常加入氯化钙和磷酸氢二钠，这两者本身生成庞大的凝胶，把蛋白质、菌体及其他不溶性粒子吸附并包裹在其中而除去，从而加快了过滤速度。

三、凝聚和絮凝技术

凝聚和絮凝技术能有效地改变细胞、菌体和蛋白质等胶体粒子的分散状态，使其聚集起来，增大体积，以便于过滤，常用于菌体细小而且黏度大的发酵液的预处理中。

凝聚是在中性盐作用下，由于双电层排斥电位的降低，而使胶体体系不稳定的现象。絮凝是指在某些高分子絮凝剂存在下，基于架桥作用，使胶粒形成粗大的絮凝团的过程，是一种以物理的集合为主的过程。

发酵液中的细胞、菌体或蛋白质等胶体粒子的表面，一般都带有电荷，主要是吸附溶液中的离子或自身基团的电离。通常发酵液中细胞或菌体带有负电荷，由于静电引力的作用使溶液中带相反电荷的粒子（即正离子）被吸附在其周围，在界面上形成了双电层。但是这些正离子还受到使它们均匀分布开去的热运动的影响，具有离开胶粒表面的趋势，在这两种相反作用的影响下，双电层就分裂成两部分。

在相距胶核表面约一个离子半径的 Stern（斯特恩双电层，Stern double layer）平面以内，正离子被紧密束缚在胶核表面，称为吸附层或紧密层。在 stern 平面以外，剩余的正离子则在溶液中扩散开去，距离越远，浓度越小，最后达到主体溶液的平均浓度，称为扩散层。这样就形成了扩散双电层的结构模型（图 2-1）。

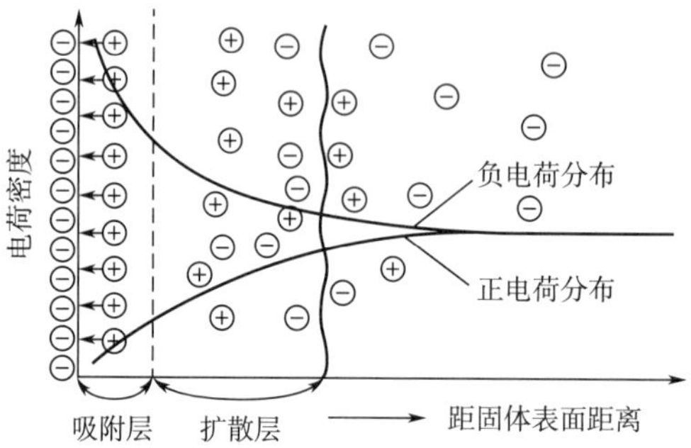

图 2-1　胶体双电层结构

在发酵液中加入具有高价阳离子的电解质，能降低了 ζ 电位和脱除胶粒表面的水化膜，就能导致胶粒间的凝聚作用。常用的凝聚剂电解质有：$Al_2(SO_4)_3 \cdot 18H_2O$（明矾）；$AlCl_3 \cdot 6H_2O$，$FeCl_3$，$ZnSO_4$，$MgCO_3$ 等。

有机高分子聚合物絮凝剂具有长链线状的结构，是一种水溶性的聚合物，相对分子质量可高达数万至一千万以上，在长的链节上含有相当多的活性功能团，可以带有多价电荷（如阴离子或阳离子），也可以不带电性（如非离子型）。它们通过静电引力、范德华分子引力或氢键的作用，强烈地吸附在胶粒的表面，一个高分子聚合物的许多链节分别吸附在不同颗粒的表面上，产生了架桥联接，生成粗大的絮团，这就是絮凝作用。

如果胶粒相互间的排斥电位不太高，只要高分子聚合物的链节足够长，跨越的距离超过颗粒间的有效排斥距离，也能把多个胶粒拉在一起，导致架桥絮凝。目前最常见的高分子聚合物絮凝剂是有机合成的聚丙烯酰胺类衍生物。根据活性基团在水中解离情况不同，可分为非离子型、阴离子型（含有羧基）和阳离子型（含有胺基）三类。

聚丙烯酰胺类絮凝剂具有用量少，絮凝体粗大，分离效果好，絮凝速度快以及种类多等优点，所以适用范围广。它们的主要缺点是存在一定的毒性，特别是阳离子型聚丙烯酰胺，要考虑这些物质最终能否从产品中去除。

近年来还发展了聚丙烯酸类阴离子絮凝剂，它们无毒，可用于食品和医药工业中。另外，还有聚苯乙烯类衍生物及无机高分子聚合物絮凝剂，如聚合铝盐和聚合铁盐等。除此以外，也可采用天然有机高分子絮凝剂。如多聚糖类胶黏物、海藻酸钠、明胶、骨胶、壳多糖和脱乙酰壳多糖等。对于带负电性菌体或蛋白质来说，阳离子型高分子絮凝剂同时具有降低粒子排斥电位和产生吸附架桥的双重机理，所以可以单独使用。

对于非离子型和阴离子型高分子絮凝剂，则主要通过分子间引力和氢键作用产生吸附架桥，它们常与无机电解质凝聚剂搭配使用。首先加入无机电解质，使悬浮粒子间的相互排斥能降低，脱稳而凝聚成微粒，然后，再加入絮凝剂。无机电解质的凝聚作用为高分子絮凝剂的架桥创造了良好的条件，从而，提高了絮凝效果。这种包括凝聚和絮凝机理的过程，常称为混凝。

絮凝剂浓度增加有助于架桥充分，但是，过多的加量反而会引起吸附饱和，在每个胶粒上形成覆盖层而使胶粒产生再次稳定现象，适宜的加量通常由实验得出。虽然高分子絮凝剂分子质量提高，链增长，可使架桥效果明显，但是，分子质量不能超过一定的限度，因为随分子质量提高，高分子絮凝剂的水溶性降低。

溶液 pH 的变化常会影响离子型絮凝剂中功能团的电离度，从而影响分子链的伸展形态。电离度增大，由于链节上相邻离子基团间的电排斥作用，而使分子链从卷曲状态变为伸展状态，所以架桥能力提高。

知识点二　发酵液的过滤

微生物发酵液中含有大量菌体、细胞或细胞碎片以及残余的固体培养基成分。过滤就是将悬浮在发酵液中的固体颗粒与液体进行分离的过程。

一、发酵液的过滤特性和滤饼的重量比阻

微生物的发酵液大多数属于非牛顿型液体，滤渣为可压缩性的。衡量过滤特性的主要指标是滤饼的重量比阻 r_B，它表示单位滤饼厚度的阻力系数，与滤饼的结构特性有关。对于不可压缩性滤饼，比阻值为常数，但对于可压缩性滤饼，比阻 r_B 是操作压力差的函数，一般可用式（2-1）表示：

$$r_B = r(\Delta p)m \tag{2-1}$$

式中　r——不可压缩滤渣的比阻，对于一定的料液，其值为常数；

m——压缩性指数，一般取 0.5~0.8，对不可压缩性滤饼，m 为 0。

可见，滤饼的比阻值是随操作压力差的提高而增大的。因此，开始过滤时应注意不能很快提高压差，通常靠液柱的自然压差进料，并应缓慢地、逐步地升高压力，一般在相当长的时间内，压力差不要超过 0.05MPa，最后的压差也不超过 0.3~0.4MPa。如果操作压力控制过高，由于比阻值的急剧增加，会使过滤速度很快下降，以至达到不能继续过滤的程度。

二、影响过滤速度的因素

过滤速度和菌种、发酵条件（培养基的组成，未用完培养基的数量，消沫油，

发酵周期）等有关。菌种对过滤速度影响很大。一般，真菌的菌丝比较粗大，发酵液容易过滤，常不需特殊处理。其滤渣呈紧密饼状物，很容易从滤布上刮下来，故可采用鼓式真空过滤机过滤。放线菌发酵液菌丝细而分枝，交织成网络状，还含有较多多糖类的物质，黏性强，过滤较困难，一般需经预处理，以凝固蛋白质等胶体。细菌发酵液的菌体更细小，因此，过滤十分困难，如不用絮凝等方法预处理发酵液，往往难以采用常规过滤的设备来完成过滤操作。培养基的组成对过滤速度影响也很大。用黄豆粉、花生粉作氮源，淀粉作碳源都会使过滤困难。此外，发酵后期加消沫油或剩余大量未用完的培养基，都会使过滤困难。

正确选择发酵终了时间对过滤影响很大。在菌丝自溶前必须放罐，因为细胞自溶后的分解产物一般很难过滤。有时延长发酵周期虽能使发酵单位有所提高，但严重影响发酵液质量，使色素和胶状杂质增多过滤困难，最终造成成品质量降低。

三、改善过滤性能的方法

采用等电点，蛋白质变性、吸附以及凝聚和絮凝等方法预处理发酵液，以改变发酵液的性状和过滤性能，除此以外，改善过滤性能的方法还有：加入助滤剂直接在发酵液中形成填充-凝固剂、媒介作用等。

助滤剂是一种不可压缩的多孔微粒，它能使滤饼疏松，滤速增大。助滤剂必须不吸附或很少吸附生化物质。助滤剂的加入有两种方法：一种是在滤布上预先铺一层助滤剂（1~2mm）；另一种是直接加入发酵液中。根据参考数据可知，助滤剂用量若等于悬浮液中固体含量时滤速最快。

改善过滤性能较好的方法是加入一些反应剂，它们能相互作用，或和某些溶解性盐类发生反应生成不溶解的沉淀。生成的沉淀能防止菌丝体粘结，使菌丝具有块状结构，沉淀本身即可作为助滤剂，并且还能使胶状物和悬浮物凝固。如发酵液中有不溶解的多糖存在，则最好用酶将它转化为单糖，以提高过滤速度。加入淀粉酶后，能使过滤速度加快。发酵液染菌后，会含有很多细菌菌体，杂质也增多，给过滤造成很大困难。处理方法有：升高温度、增加纯化剂用量、加助滤剂等。

四、固-液分离设备的选择

不同性状的发酵液应选择不同的固-液分离设备。常用分离设备：板框压滤机、鼓式真空过滤机和离心沉降分离机等。

【思考题】

1. 名词解释：凝聚、过滤。
2. 简述影响过滤速度的因素。

任务二 细胞破碎

学习目标

知识目标：

1. 了解细胞破碎方法的分类。
2. 熟悉细胞破碎方法的作用机理。
3. 掌握细胞破碎方法。

技能目标：

能够进行几种常用的细胞破碎操作。

素质目标：

深刻理解生物酶制剂技术水平快速提高，持续向各行业渗透，并逐步实现对传统化学加工方式的替代，培养创新意识。

知识点一 细胞破碎方法概述

许多酶存在于细胞内，为了提取这些胞内酶，首先需要对细胞进行破碎处理。

一、细胞破碎的方法

细胞破碎方法可以分为机械破碎法、非机械破碎法等。

1. 机械破碎法

机械破碎法是指利用捣碎机、研磨器或匀浆器等机械的运动所产生的剪切力的作用，使细胞破碎的方法称为机械破碎法。常用的破碎机械有组织捣碎机、细胞研磨器、匀浆器等。机械破碎法分为4种：珠磨法、高压匀浆法、超声波破碎法、X-press法。

（1）珠磨法　进入珠磨机的细胞悬浮液与极细的玻璃小珠、石英砂、氧化铝等研磨剂（直径小于1mm）一起快速搅拌或研磨，研磨剂、珠子与细胞之间的互相剪切、碰撞，使细胞破碎，释放出内含物。在珠液分离器的协助下，珠子被滞留在破碎室内，浆液流出从而实现连续操作。破碎中产生的热量一般采用夹套冷却的方式带走。

（2）高压匀浆法　通过压力的突然变化，使细胞破碎的方法称为压力差破碎法。常用的有高压冲击法、突然降压法及渗透压变化法等。适用于酵母和绝大多数细菌，不适于团状、丝状菌。处理能力可达到0.1～100m^3/h。高压匀浆机（图2-2）经过喷出-碰撞-释放到低压，过程中压力可达50～100MPa，高压造成升温（2~3℃/10MPa），需注意冷却料液。影响主要因素：压力、循环次数、温度。

（3）超声波破碎法　利用超声波发生器（图 2-3）所发出的声波或超声波的作用，使细胞膜产生空穴作用而使细胞破碎的方法称为超声波破碎法。

图 2-2　高压匀浆机

图 2-3　超声波细胞破碎仪

超声设备有槽式、探头式两种。超声波作用机理：空化作用。超声波发生器具有操作简单，液量损失少的优点；使用过程中也会出现易失活，有噪声，大容量时声能不易传递、不易散热等问题，需要进行间歇处理，冰浴冷却，多在实验室规模使用。超声波的声强、频率、处理时间、液体的温度等都会对破碎作用产生影响。

（4）X-press 法　一种改进的高压方法是将浓缩的菌体悬浮液冷却-25~-30℃形成冰晶体，利用 500MPa 以上的高压冲击，冷冻细胞从高压阀小孔中挤出。细胞破碎是由于冰晶体的磨损，包埋在冰中的微生物的变形所引起的。该法的优点是适用的范围广，破碎率高，细胞碎片的粉碎程度低以及活性的保留率高，该法对冷冻—融解敏感的生化物质不适用。

2. 非机械破碎法

常用的非机械破碎法有：酶促破碎法、化学渗透法、渗透压法、冻结融化法、干燥法、化学破碎法等。

（1）酶促破碎法　通过细胞本身的酶系或外加酶制剂的催化作用，使细胞外层结构受到破坏，而达到细胞破碎的方法称为酶促破碎法，或称为酶学破碎法。

将细胞在一定的 pH 和温度条件下保温一段时间，利用细胞本身酶系的作用，使细胞破坏，而使细胞内物质释出的方法，称为自溶法。

自溶法效果的好坏取决于温度、pH、离子强度等自溶条件的选择与控制。为了防止其他微生物在自溶细胞液中生长，必要时可以添加少量的甲苯、氯仿、叠氮钠等防腐剂。根据细胞外层结构的特点，还可以外加适当的酶作用于细胞，使细胞壁破坏，并在低渗透压的溶液中，使细胞破裂。

(2) 化学渗透法　用某些化学试剂溶解细胞壁或抽提细胞中某些组分的方法称为化学渗透法。

使用的化学试剂有机溶剂（如苯、甲苯）、抗生素、表面活性剂［十二烷基硫酸钠（Sodium Dodecyl Sulfate，SDS）、Triton X-100］、金属螯合剂（EDTA）、变性剂（盐酸胍、脲）等，这些化学药品可以改变细胞壁或膜的通透性（渗透性），从而使胞内物质有选择地渗透出来。

该法取决于化学试剂的类型以及细胞壁膜的结构与组成。

操作步骤：用缓冲盐液（TBS：10 mmol/L，pH7.5，Tris-HCl、150 mmol/L NaCl）4℃，洗细胞几次；离心除去缓冲盐液，在含 0.1%~0.3% Triton X-100 的缓冲盐液（TBS）中混悬细胞（10^7~10^8 细胞/mL 或总蛋白 3~4mg/mL）；混旋或颠倒试管几次后，冰浴中孵育 10~60 min。

注意事项：低浓度表面活性剂处理，如能充分溶解细胞，则它是很温和的方法；若目的蛋白不稳定，冰浴中孵育时间可以减少甚至取消；裂解液内加入 0.2 倍体积 50%甘油也可以稳定目的蛋白；Triton X-100 以外的表面活性剂也可以用；此法主要用于溶解培养的动物细胞。

(3) 渗透压法　渗透压法是一种比较温和的细胞破碎法。将细胞放在高渗透压的介质中，达到平衡后，转入到低渗透压的缓冲液或纯水中，由于渗透压的突然变化，水迅速进入细胞内，引起细胞溶胀，甚至破碎，从而使细胞内含物释放出来。

(4) 冻结融化法　是将细胞放在低温下突然冷冻，然后在室温下缓慢融化，反复多次，可以达到破壁的作用。

(5) 干燥法　干燥法是通过干燥使细胞壁的结合水丧失，从而改变细胞的渗透性。干燥法具体可分为热空气干燥（也称气流干燥）、真空干燥、冷冻干燥 3 种。

(6) 化学破碎法　通过各种化学试剂对细胞膜的作用，而使细胞破碎的方法称为化学破碎法。

常用的化学试剂有甲苯、丙酮、丁醇、氯仿等有机溶剂，以及曲拉通（Triton）、吐温（Tween）等表面活性剂。有机溶剂可以使细胞膜的磷脂结构破坏，从而改变细胞膜的透过性，使胞内酶等细胞内物质释放到细胞外。表面活性剂可以和细胞膜中的磷脂以及脂蛋白相互作用，使细胞膜结构破坏，从而增加细胞膜的透过性。

二、常用细胞破碎方法的适应性

常用细胞破碎方法的适应性见表 2-1。

表 2-1 常用细胞破碎方法的适应性

分类		作用机理	适应性
机械破碎法	珠磨法	固体剪切作用	可达较高破碎率，可较大规模操作，大分子目的产物易失活，浆液分离困难
	高压匀浆法	液体剪切作用	可达较高破碎率，可大规模操作，不适合丝状菌和革兰氏阳性菌
	超声波破碎法	超声破碎法	液体剪切作用对酵母菌效果较差，破碎过程升温剧烈，不适合大规模操作
	X-press 法	固体剪切作用	破碎率高，活性保留率高，对冷冻敏感目的产物不适合
非机械破碎法	酶促破碎法	酶分解作用	具有高度专一性，条件温和，浆液易分离，溶酶价格高，通用性差
	化学渗透法	改变细胞膜的渗透性	具一定选择性，浆液易分离，但释放率较低，通用性差
	渗透压法	渗透压剧烈改变	破碎率较低，常与其他方法结合使用
	冻结融化法	反复冻结-融化	破碎率较低，不适合对冷冻敏感目的产物
	干燥法	改变细胞膜渗透性	条件变化剧烈，易引起大分子物质失活

三、细胞破碎方法的选择

1. 选择的一般原则

（1）提取产物在细胞质内，用机械法破碎。

（2）提取产物在细胞膜附近，用化学法。

（3）提取产物与细胞膜或细胞壁结合，可采用化学法和机械法结合的方法。

2. 破碎过程中应注意的问题

（1）多种破碎方法相结合可产生很大优势。

（2）对下游分离技术的影响：破碎颗粒清除，产物分离纯化。

（3）在上游发酵阶段，考虑到发酵过程和环境对破碎难易程度影响。

（4）菌种的培育及改造，胞内产物到胞外产物。

知识点二 细胞破碎率

细胞破碎率是指被破碎细胞的数量占原始细胞数量的百分比，计算见式（2-2）。

$$Y = (N_0 - N) \times 100\% \tag{2-2}$$

式中　N_0——原始细胞的数量；

　　N——经细胞破碎处理后余下的完整细胞数。

细胞数的计算方法有直接计数法；血球计数板间接计数法；细胞破碎后，测定细胞悬浮液中特定细胞释出物的浓度三种方法。

【思考题】

1. 名词解释：细胞破碎。
2. 简述细胞破碎的方法。

任务三　酶的提取

学习目标

知识目标：

掌握酶提取的主要方法。

技能目标：

能够进行盐溶液提取、酸溶液提取、碱溶液提取、有机溶剂提取操作。

素质目标：

了解到国内酶制剂产业还存在人员投入不足，研发能力差等问题，需要强化分析、归纳、总结能力，培养新型技能型人才。

知识点　酶的提取

酶的提取是指在一定的条件下，用适当的溶剂或溶液处理含酶原料，使酶充分溶解到溶剂或溶液中的过程，也称为酶的抽提。

酶都能溶解于水，通常可用水或稀酸、稀碱、稀盐溶液等进行提取，有些酶与脂质结合或含有较多的非极性基团，则可用有机溶剂提取。

一、酶提取的主要方法

酶的提取方法有盐溶液提取法、酸溶液提取法、碱溶液提取法和有机溶剂提取法等（表 2-2）。为了提高酶的提取率和防止酶提取后变性失活，提取过程中必须注意保持适宜的温度和 pH，并且添加适量的保护剂。

表 2-2　　酶的主要提取方法

提取方法	使用的溶剂或溶液	提取对象
盐溶液提取	0.02~0.5mol/L 的盐溶液	用于提取在低浓度盐溶液中溶解度较大的酶
酸溶液提取	pH2~6 的水溶液	用于提取在稀酸溶液中溶解度大，且稳定性较好的酶
碱溶液提取	pH8~12 的水溶液	用于提取在稀碱溶液中溶解度大且稳定性较好的酶
有机溶剂提取	可与水混溶的有机溶剂	用于提取那些与脂质结合牢固或含有较多非极性基团的酶

二、影响酶提取的主要因素

酶在所使用的溶剂中的溶解度以及酶向溶剂相中扩散的速度是酶提取主要影响因素。此外，还受到温度、pH、提取液体积等提取条件的影响。

温度：提取时的温度对酶的提取效果有明显影响。一般说来，适当提高温度，可以提高酶的溶解度，也可以增大酶分子的扩散速度。

pH：溶液的 pH 对酶的溶解度和稳定性有显著影响。为了提高酶的溶解度，提取时 pH 应该避开酶的等电点。

提取液的体积：增加提取液的用量，可以提高酶的提取率。但是过量的提取液，会使酶的浓度降低，对进一步的分离纯化不利。所以提取液的总量一般为原料体积的 3~5 倍，最好分几次提取。

此外，在酶的提取过程中，含酶原料的颗粒体积越小，则扩散面积越大，有利于提高扩散速度；适当的搅拌可以使提取液中的酶分子迅速离开原料颗粒表面，从而增大两相界面的浓度差，有利于提高扩散速率；适当延长提取时间，可以使更多的酶溶解出来，直至达到平衡。

在提取过程中，为了提高酶的稳定性，避免引起酶的变性失活，可适当加入某些保护剂。如酶作用的底物、辅酶、某些抗氧化剂等。

【知识链接】

酶的发现

【思考题】

1. 名词解释：酶的提取。
2. 简述影响酶提取的主要因素。

任务四 酶的分离纯化

学习目标

知识目标：

1. 掌握酶的分离纯化的基本原理。
2. 掌握酶活性测定原理及常用的方法。

技能目标：

1. 能够根据亲和作用建立纯化方法。
2. 能够根据稳定性的差异建立分离纯化方法。

素质目标：

国内对生物酶研究的兴起、酶制剂生产技术的提高，国内酶制剂企业需要提高自主研发能力，实现部分基础技术的突破。培养努力实践、实事求是、科学严谨的学风和创新意识、创新精神。

知识点一 沉淀分离

酶的分离的主要方法包括：沉淀分离、离心分离、过滤与膜分离、层析分离、电泳分离、萃取分离。

沉淀分离是通过改变某些条件或添加某种物质，使酶的溶解度降低，而从溶液中沉淀析出，与其他溶质分离的技术过程。

沉淀分离是酶的分离纯化过程中经常采用的方法，主要有盐析沉淀法、等电点沉淀法、有机溶剂沉淀法、复合沉淀法等（表 2-3）。

表 2-3 沉淀分离方法及原理

沉淀分离方法	分离原理
盐析沉淀法	利用不同蛋白质在不同的盐浓度条件下溶解度不同的特性，通过在酶液中添加一定浓度的中性盐，使酶或杂质从溶液中析出沉淀，从而使酶与杂质分离

续表

沉淀分离方法	分离原理
等电点沉淀法	利用两性电解质在等电点时溶解度最低，以及不同的两性电解质有不同的等电点这一特性，通过调节溶液的 pH，使酶或杂质沉淀析出，从而使酶与杂质分离
有机溶剂沉淀法	利用酶与其他杂质在有机溶剂中的溶解度不同，通过添加一定量的某种有机溶剂，使酶或杂质沉淀析出，从而使酶与杂质分离
复合沉淀法	在酶液中加入某些物质，使它与酶形成复合物而沉淀下来，从而使酶与杂质分离
选择性变性沉淀法	选择一定的条件使酶液中存在的某些杂质变性沉淀，而不影响所需的酶，从而使酶与杂质分离

一、盐析沉淀法

蛋白质盐析沉淀

盐析沉淀法简称盐析法，是利用不同蛋白质在不同的盐浓度条件下溶解度不同的特性，通过在酶液中添加一定浓度的中性盐，使酶或杂质从溶液中析出沉淀，从而使酶与杂质分离的过程。盐蛋白质在水中的溶解度受到溶液中盐浓度的影响。

一般在低盐浓度的情况下，蛋白质的溶解度随盐浓度的升高而增加，这种现象称为盐溶。而在盐浓度升高到一定浓度后，蛋白质的溶解度又随盐浓度的升高而降低，结果使蛋白质沉淀析出，这种现象称为盐析。盐之所以会改变蛋白质的溶解度，是由于盐在溶液中离解为正离子和负离子。由于反离子作用，使蛋白质分子表面的电荷改变，同时由于离子的存在改变了溶液中水的活度，使分子表面的水化膜改变。

酶在溶液中的溶解度与溶液的离子强度关系密切，它们之间的关系可用式（2-3）表示：

$$\lg \frac{S}{S_0} = -K_s I \qquad (2-3)$$

式中　S——酶或蛋白质在离子强度为 I 时的溶解度，g/L；

S_0——酶或蛋白质在离子强度为 0 时（即在纯溶剂中）的溶解度，g/L；

K_s——盐析系数；

I——离子强度。

在温度和 pH 一定的条件下，S_0 为一常数。所以上式可以改写为式（2-4）：

$$\lg S = \lg S_0 - K_s I = \beta - K_s I \qquad (2-4)$$

式中　$\beta = \lg S_0$，主要决定于酶或蛋白质的性质，也与温度和 pH 有关。当温度和 pH 一定时，β 为一常数。

K_s 为盐析系数，主要决定于盐的性质。K_s 的大小与离子价数呈正比、与离子半径和溶液的介电常数呈反比，也与酶或蛋白质的结构有关。

离子强度 I 是指溶液中离子强弱的程度，与离子浓度和离子价数有关。即式（2-5）：

$$I = \frac{1}{2}\sum m_i Z_i \tag{2-5}$$

式中　m_i——离子强度，mol/L；

　　　Z_i——离子价数。

对于含有多种酶或蛋白质的混合液，可以采用分段盐析的方法进行分离纯化。

在一定的温度和 pH 条件下（β 为常数），通过改变离子强度使不同的酶或蛋白质分离的方法称为 K_s 分段盐析；

而在一定的盐和离子强度的条件下（K_sI 为常数），通过改变温度和 pH，使不同的酶或蛋白质分离的方法，称为 β 分段盐析。

在蛋白质的盐析中，通常采用的中性盐有硫酸铵、硫酸钠、硫酸钾、硫酸镁、氯化钠和磷酸钠等，其中以硫酸铵最为常用。在盐析时，溶液中硫酸铵的浓度通常以饱和度表示。饱和度是指溶液中加入的饱和硫酸铵的体积与混合溶液总体积之比值。

二、等电点沉淀法

利用两性电解质在等电点时溶解度最低，以及不同的两性电解质有不同的等电点这一特性，通过调节溶液的 pH，使酶或杂质沉淀析出，从而使酶与杂质分离的方法称为等电点沉淀法。

由于在等电点时两性电解质分子表面的水化膜仍然存在，在实际使用时，等电点沉淀法往往与其他方法一起使用。

在加酸或加碱调节 pH 的过程中，要一边搅拌一边慢慢加入，以防止因局部过酸或过碱而引起的酶变性失活。

三、有机溶剂沉淀法

利用酶与其他杂质在有机溶剂中的溶解度不同，通过添加一定量的某种有机溶剂，使酶或杂质沉淀析出，从而使酶与杂质分离的方法称为有机溶剂沉淀法。

有机溶剂之所以能使酶沉淀析出是由于有机溶剂的存在会使溶液的介电常数降低。常用于酶的沉淀分离的有机溶剂有乙醇、丙酮、异丙醇、甲醇等。有机溶剂的用量一般为酶液体积 2 倍左右，不同的酶和使用不同的有机溶剂时，有机溶剂的使用浓度也有所不同。

有机溶剂沉淀法的分离效果受到溶液 pH 的影响，一般应将酶液的 pH 调节到欲分离酶的等电点附近。

四、复合沉淀法

在酶液中加入某些物质，使它与酶形成复合物而沉淀下来，从而使酶与杂质分离的方法称为复合沉淀法。

常用的复合沉淀剂有单宁、聚乙二醇、聚丙烯酸等高分子聚合物。

五、选择性变性沉淀法

选择一定的条件使酶液中存在的某些杂蛋白等杂质变性沉淀，而不影响所需的酶，这种分离方法称为选择性变性沉淀法。

根据酶和所含杂质的特性，通过加热或改变 pH 或加进某些金属离子等使杂蛋白变性沉淀而除去。在应用该法之前，必须对欲分离的酶以及酶液中的杂蛋白等杂质的种类，含量及其物理、化学性质有比较全面的了解。

知识点二　离心分离

离心分离是借助于离心机旋转所产生的离心力，使不同大小、不同密度的物质分离的技术过程。在离心分离时，要根据欲分离物质以及杂质的颗粒大小、密度和特性的不同，选择适当的离心机、离心方法和离心条件。

一、离心机的选择

离心机通常按照最大转速的不同进行分类，可以分为常速（低速）离心机、高速离心机和超速离心机 3 种。

1. 常速离心机（低速离心机）

最大转速在 8000r/min 以内，相对离心力（RCF）在 $1\times10^4\times g$ 以下。主要用于细胞、细胞碎片和培养基残渣等固形物的分离，也用于酶的结晶等较大颗粒的分离。

2. 高速离心机（设有冷冻装置）

最大转速为（1~2.5）$\times10^4$r/min，相对离心力达到（$1\times10^4\sim1\times10^5$）$\times g$。主要用于沉淀、细胞碎片和细胞器等的分离。

3. 超速离心机

最大转速达（2.5~12）$\times10^4$r/min，相对离心力可以高达 $5\times10^5\times g$，甚至更高。主要用于 DNA、RNA、蛋白质等生物大分子以及细胞器、病毒等的分离纯化；样品纯度的检测；沉降系数和相对分子质量的测定等。

二、离心方法的选用

对于常速离心机和高速离心机，由于所分离的颗粒大小和密度相差较大，只要选择好离心速度和离心时间，就能达到分离效果。

如果希望从样品液中分离出 2 种以上大小和密度不同的颗粒，需要采用差速离心方法。而对于超速离心，则可以根据需要采用差速离心、密度梯度离心或等密度梯度离心等方法。

1. 差速离心

差速离心是指采用不同的离心速度和离心时间，使不同沉降速度的颗粒分批分离的方法。

2. 密度梯度离心

密度梯度离心是样品在密度梯度介质中进行离心，使沉降系数比较接近的物质分离的一种区带分离方法。

为了使沉降系数比较接近的颗粒得以分离，必须配制好适宜的密度梯度系统。密度梯度系统是在溶剂中加入一定的溶质制成的，这种溶质称为梯度介质。

常用的梯度介质有蔗糖、甘油等。使用最多的是蔗糖密度梯度系统，其适用范围是：蔗糖浓度 5%~60%，密度范围 1.02~1.30g/cm^2。

密度梯度一般采用密度梯度混合器进行制备。制备得到的密度梯度可以分为线性梯度、凸形梯度和凹形梯度等（图 2-4）。

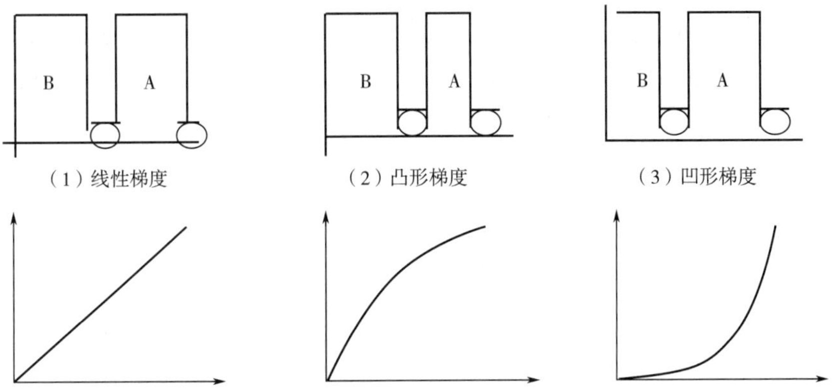

图 2-4　三种梯度形式示意图

A—混合室　B—贮液室

密度梯度混合器由贮液室、混合室、电磁搅拌器和阀门等组成，如图 2-5 所示。

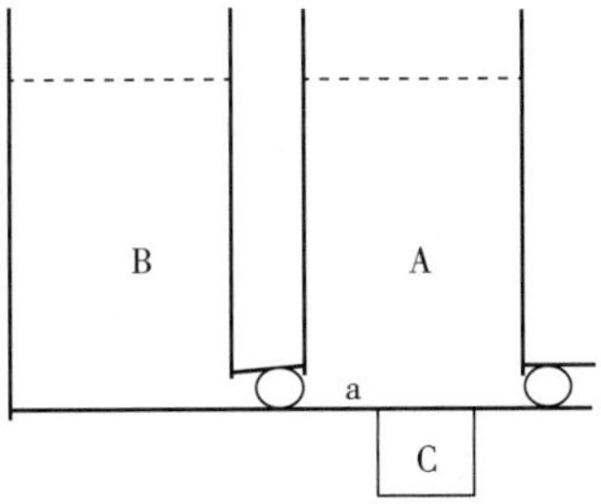

图 2-5　密度梯度混合器示意图

A—混合室　B—贮液室　C—电磁搅拌器阀门

离心后形成不同大小不同形状、具有一定沉降系数差异的颗粒在密度梯度溶液中形成若干条界面清楚的不连续区带。

3. 等密度梯度离心

当欲分离的不同颗粒的密度范围处于离心介质的密度范围内时，在离心力的作用下，不同浮力密度的颗粒或向下沉降，或向上飘浮，只要时间足够长，就可以一直移动到与它们各自的浮力密度恰好相等的位置（等密度点），形成区带，这种方法称为等密度梯度离心，或称为平衡等密度离心。

等密度梯度离心常用的离心介质是铯盐，如氯化铯（CsCl）、硫酸铯（Cs_2SO_4）、溴化铯（CsBr）等。有时也可以采用三碘苯的衍生物作为离心介质。

三、离心条件的确定

选择好离心力（或离心速度）、离心时间。离心温度和 pH。

1. 离心力

低速离心一般可以用离心速度，即转子每分钟的转数表示。如 5000r/min 等。在高速离心，特别是超速离心时，往往以相对离心力（RCF）表示。如 60000×g 等。

相对离心力是指颗粒所受到的离心力与地心引力之比值，即式（2-6）：

$$RCF = \frac{F_c}{F_g} = 1.12 \times 10^{-5} \times n^2 \times r \tag{2-6}$$

式中 RCF——相对离心力，×g；

F_c——离心力，N；

F_g——地心引力，N；

n——转子每分钟转数，r/min；

r——旋转半径，cm。

2. 离心时间

对于常速离心、高速离心和差速离心来说，离心时间是指颗粒从离心管中样品液的液面完全沉降到离心管底的时间，称为沉降时间或澄清时间；对于密度梯度离心而言，离心时间是指形成界限分明的区带的时间，称为区带形成时间；等密度梯度离心所需的离心时间是指颗粒完全达到等密度点的平衡时间，称为平衡时间。其中，最常用到的是沉降时间。沉降时间决定于颗粒的沉降速度和沉降距离。

对于已经知道沉降系数的颗粒，其沉降时间可以用式（2-7）计算：

$$t = \frac{1}{S}\left(\frac{\ln r_2 - \ln r_1}{\omega^2}\right) \tag{2-7}$$

式中 t——沉降时间，s；

S——颗粒的沉降系数，s；

ω——转子角速度，rad/s；

r_1，r_2——分别为旋转轴中心到样品液面和离心管底的距离，cm。

式（4-6）中括号中部分可以用转子因子 K 表示。即式（2-8）：

$$K = \left(\frac{\ln r_2 - \ln r_1}{\omega^2}\right) = St \tag{2-8}$$

转子的效率因子 K 与转子的半径和转速有关。生产厂家已经在转子出厂时表示出了最大转速时的 K 值。据此，可以根据公式 $\omega_1{}^2K_1 = \omega_2{}^2K_2$ 计算出其他转速时的 K 值。对于某一具体的颗粒来说，沉降系数 S 为定值，所以 K 值越小，其沉降时间就越短，转子的使用效率就越高。

3. 离心温度和 pH

离心温度一般控制在 4℃左右，对于某些耐热性较好的酶，也可以在室温条件下进行离心分离。

离心介质的 pH 必须是处于酶稳定的 pH 范围内，必要时可以采用缓冲溶液。

知识点三　过滤与膜分离

过滤是借助于过滤介质将不同大小、不同形状的物质分离的技术过程。

过滤介质常用的有滤纸、滤布、纤维、多孔陶瓷、烧结金属和各种高分子膜等。根据过滤介质的不同，过滤可以分为膜过滤和非膜过滤两大类。根据过滤介质截留的物质颗粒大小不同，过滤可以分为粗滤、微滤、超滤和反渗透等 4 大类，它们的主要特性如表 2-4 所示。

表 2-4　　过滤的分类及其特性

类别	截留的颗粒大小	截留的主要物质	过滤介质
粗滤	>2μm	酵母、霉菌、动物细胞、植物细胞、固形物等	滤纸、滤布、纤维多孔陶瓷、烧结金属等
微滤	0.2～2μm	细菌、灰尘等	微滤膜、微孔陶瓷
超滤	2nm～0.2μm	病毒、生物大分子等	超滤膜
反渗透	<2nm	生物小分子、盐、离子	反渗透膜

一、非膜过滤

采用高分子膜以外的材料，如滤纸、滤布、纤维、多孔陶瓷、烧结金属等作为过滤介质的分离技术称为非膜过滤，包括粗滤和部分微滤。

1. 粗滤

借助于过滤介质截留悬浮液中直径大于 2μm 的大颗粒，使固形物与液体分离的技术称为粗滤。通常所说的过滤就是指粗滤。粗滤主要用于分离酵母、霉菌、动物细胞、植物细胞、培养基残渣及其他大颗粒固形物。粗滤所使用的过滤介质主要有滤纸、滤布、纤维、多孔陶瓷、烧结金属等。

为了加快过滤速度，提高分离效果，经常需要添加助滤剂。常用的助滤剂有硅藻土、活性炭、纸粕等。根据推动力的产生条件不同，过滤有常压过滤、加压过滤、减压过滤等 3 种。

（1）常压过滤　以液位差为推动力的过滤。实验室常用的滤纸过滤以及生产中使用的吊篮或吊袋过滤都属于常压过滤。

（2）加压过滤　以压力泵或压缩空气产生的压力为推动力。生产中常用各式压滤机进行加压过滤。添加助滤剂、降低悬浮液黏度、适当提高温度等措施，均有利于加快过滤速度和提高分离效果。

（3）减压过滤　又称为真空过滤或抽滤，是通过在过滤介质的下方抽真空的方法，以增加过滤介质上下方之间的压力差，推动液体通过过滤介质，而把大颗粒截留的过滤方法。实验室常用的抽滤瓶和生产中使用的各种真空抽滤机均属于此类。减压过滤需要配备有抽真空系统。由于压力差最高不超过 0.1MPa，多用于黏性不大的物料的过滤。

2. 微滤

微滤又称为微孔过滤。微滤介质截留的物质颗粒直径为 0.2~2μm，主要用于细菌、灰尘等光学显微镜可以看到的物质颗粒的分离。

非膜微滤一般采用微孔陶瓷、烧结金属等作为过滤介质，也可采用微滤膜为过滤介质进行膜分离。

二、膜分离技术

借助于一定孔径的高分子薄膜，将不同大小、不同形状和不同特性的物质颗粒或分子进行分离的技术称为膜分离技术。

膜分离所使用的薄膜主要是由丙烯腈、醋酸纤维素、赛璐玢以及尼龙等高分子聚合物制成的高分子膜，有时也可以采用动物膜等。

根据物质颗粒或分子通过薄膜的原理和推动力的不同，膜分离可以分为 3 大类。

1. 加压膜分离

以薄膜两边的流体静压差为推动力的膜分离技术称为加压膜分离。在静压差的作用下，小于孔径的物质颗粒穿过膜孔，而大于孔径的颗粒被截留。

根据所截留的物质颗粒的大小不同，加压膜分离可分为微滤、超滤和反渗透等 3 种。

（1）微滤　以微滤膜（也可以用非膜材料）作为过滤介质的膜分离技术。微滤膜所截留的颗粒直径为 0.2~2μm，使用的操作压力一般在 0.1MPa 以下。在实验室和生产中通常利用微滤技术除去细菌等微生物，达到无菌的目的。

（2）超滤　超滤又称超过滤，是借助于超滤膜将不同大小的物质颗粒或分子分离的技术。超滤膜截留的颗粒直径为 2nm~0.2μm，相当于分子质量为 1×10^3~

5×10^5u。

超滤主要用于分离病毒和各种生物大分子。膜的透过性一般以流率表示。流率是指每平方厘米的膜每分钟透过的流体的量。超滤时流率一般为0.01~5.0mL/(cm^2·min)。膜的孔径越大，流率也越大。影响流率的主要因素是膜孔径的大小。此外，颗粒的形状与大小、溶液浓度、操作压力、温度和搅拌等条件对超滤流率也有显著影响。在酶的超滤分离过程中，压力一般由压缩气体来维持，操作压力一般控制在0.1~0.7MPa。

(3) 反渗透　反渗透膜的孔径小于2nm，被截留的物质分子质量小于1000u。操作压力为0.7~13MPa。主要用于分离各种离子和小分子物质。

2. 电场膜分离

电场膜分离是在半透膜的两侧分别装上正、负电极。在电场作用下，小分子的带电物质或离子向着与其本身所带电荷相反的电极移动，透过半透膜，而达到分离的目的。

电渗析和离子交换膜电渗析即属于此类。

(1) 电渗析　电渗析时要控制好电压和电流强度，电渗析开始的一段时间，由于中心室溶液的离子浓度较高，电压可低些。当中心室的离子浓度较低时，要适当提高电压。

电渗析主要用于酶液或其他溶液的脱盐、海水淡化、纯水制备以及其他带电荷小分子的分离。也可以将凝胶电泳后的含有蛋白质或核酸等的凝胶切开，置于中心室，经过电渗析，使带电荷的大分子从凝胶中分离出来。

(2) 离子交换膜电渗析　离子交换膜电渗析的装置与一般电渗析相同，只是以离子交换膜代替一般的半透膜而组成。离子交换膜的选择透过性比一般半透膜强。离子交换电渗析用于酶液脱盐、海水淡化及从发酵液中分离柠檬酸、谷氨酸等带有电荷的小分子发酵产物等。

3. 扩散膜分离

扩散膜分离是利用小分子物质的扩散作用，不断透过半透膜扩散到膜外。而大分子被截留，从而达到分离效果。常见的透析就属于扩散膜分离。

透析膜可用动物膜、羊皮纸、火棉胶或赛璐玢等制成。透析主要用于酶等生物大分子的分离纯化，从中除去无机盐等小分子物质。

【知识链接】

超滤膜技术在酶制剂分离纯化中的应用

透析脱盐

知识点四　层析分离

层析分离是利用混合液中各组分的物理化学性质（分子的大小和形状、分子极性、吸附力、分子亲和力、分配系数等）的不同，使各组分以不同比例分布在两相中。其中一个相是固定的称为固定相，另一个相是流动的称为流动相。

一、常用层析方法

当流动相流经固定相时，各组分以不同的速度移动，从而使不同的组分分离纯化。分离纯化酶采用的层析方法常用的有吸附层析、分配层析、离子交换层析、凝胶层析和亲和层析等（表 2-5）。

表 2-5　　层析分离方法

层析方法	分离依据
吸附层析	利用吸附剂对不同物质的吸附力不同，而使混合物中各组分分离
分配层析	利用各组分在两相中的分配系数不同，而使各组分分离
离子交换层析	利用离子交换剂上的可解离基团（活性基团）对各种离子的亲和力不同而达到分离目的
凝胶层析	以各种多孔凝胶为固定相，利用流动相中所含各种组分的相对分子质量不同而达到物质分离
亲和层析	利用生物分子与配基之间所具有的专一而又可逆的亲和力，使生物分子分离纯化
层析聚焦	将酶等两性物质的等电点特性与离子交换层析的特性结合在一起，实现组分分离

二、吸附层析

1. 吸附层析原理

任何两个相之间都可以形成一个界面，其中一个相中的物质在两相界面上的密集现象称为吸附。

凡是能够将其他物质聚集到自己表面上的物质称为吸附剂。吸附剂一般是固体或者液体，在吸附层析中通常应用的是固体吸附剂。固体物质之所以具有吸附作用，是由于固体表面的分子（原子或离子）与固体内部的分子所受到的作用力不相同。

能聚集于吸附剂表面的物质称为被吸附物。吸附剂与被吸附物之间的相互作用力主要是范德华力。其特点是可逆的，即在一定条件下，被吸附物被吸附到吸附剂的表面上；而在另外的某种条件下，被吸附物可以离开吸附剂表面，这称之为解吸作用。

吸附层析通常采用柱型装置，将吸附剂装在吸附柱中，装置成吸附层析柱。层析时，欲分离的混合溶液自柱顶加入，当样品液全部进入吸附层析柱后，再加入洗脱剂解吸洗脱。在洗脱时，层析柱内不断发生解吸、吸附、再解吸、再吸附的过程。移动距离的长短与吸附剂对该物质的吸附力以及洗脱剂对该物质的洗脱能力有关。

2. 洗脱方法

主要的洗脱方法有溶剂洗脱法、置换洗脱法和前缘洗脱法等。

（1）溶剂洗脱法　采用单一或者混合的溶剂进行洗脱的方法，是目前应用最广泛的方法。洗脱曲线如图 2-6 所示。

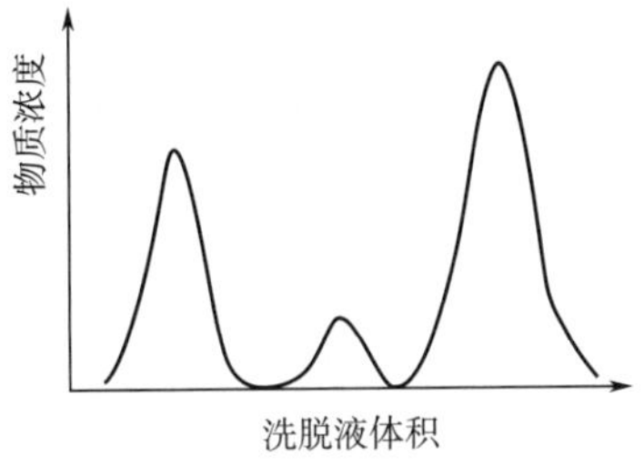

图 2-6　溶剂洗脱法的洗脱曲线

（2）置换洗脱法：又称为置换法或取代法，所用的洗脱剂是置换洗脱液。阶梯式的洗脱曲线如图 2-7 所示。

（3）前缘洗脱法　又称为前缘分析法，是连续向吸附层析柱内加入欲分离的混合溶液，即所用的洗脱液为含有各组分的混合溶液本身（图 2-8）。

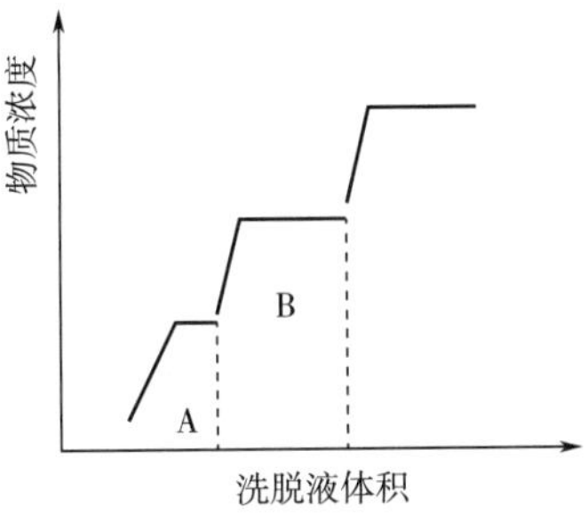

图 2-7　置换洗脱法洗脱曲线

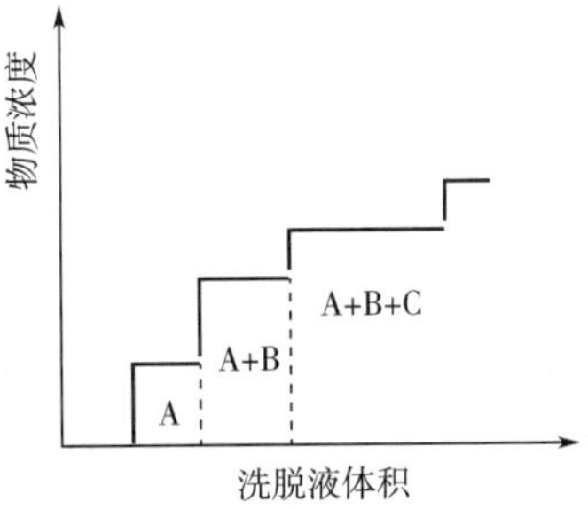

图 2-8　前缘洗脱法洗脱曲线

3. 吸附剂与洗脱剂的选择

（1）吸附剂的选择　是吸附层析的关键因素。目前尚无固定的法则可循，在实际应用过程中，可以根据前人的经验或者通过小样试验来确定。极性物质容易被极性表面吸附；非极性物质容易被非极性表面吸附；溶液中溶解度越大的物质越难被吸附。吸附剂通常由一些化学性质不活泼的多孔材料制成，比表面积很大。

常用吸附剂包括：硅胶、活性炭、磷酸钙、碳酸盐、氧化铝、硅藻土、泡沸石、陶土、聚丙烯酰胺凝胶、葡聚糖、琼脂糖、菊糖、纤维素等。此外，还可以在吸附剂上连接亲和基团而制成亲和吸附剂。通常用于酶的分离纯化的吸附剂有硅藻土、氧化铝、磷酸钙、羟基磷灰石和活性炭等。

（2）洗脱剂的选择　将目的物从吸附剂上洗脱下来，要根据吸附剂的性质和被吸附物的特点来选择合适的洗脱剂。对于极性组分，用极性大的溶剂洗脱效果较好；而对于非极性组分，则用非极性溶剂洗脱效果较佳。

洗脱剂的种类有：饱和烃、醇、酮、酚、醚、卤代烷、水等。

洗脱剂的选择要注意以下三点：洗脱剂不会与吸附剂起化学反应，也不会使吸附剂溶解；洗脱剂对混合液中的各组分的溶解度大，黏度小，流动性好，容易与被洗脱的组分分离；洗脱剂要求一定的纯度，以免杂质对分离带来不利影响。

三、分配层析

分配层析是利用各组分在两相中的分配系数不同，而使各组分分离的方法。

分配系数是指一种溶质在两种互不相溶的溶剂中溶解达到平衡时，该溶质在两种溶剂中的浓度的比值。在层析条件确定后，层析系数是一常数，以 K 表示。

在分配层析中，通常采用一种多孔性固体支持物（如滤纸、硅藻土、纤维素等）吸着一种溶剂为固定相，这种溶剂在层析过程中始终固定在多孔支持物上。另一种与固定相溶剂互不相溶的溶剂可沿着固定相流动，称为流动相。当某溶质在流动相的带动下流经固定相时，该溶质在两相之间进行连续的动态分配，其分配系数见式（2-9）：

$$K = \frac{\text{固定相中溶质的浓度}}{\text{流动相中溶质的浓度}} \tag{2-9}$$

由于不同的溶质有不同的分配系数，移动速度不同，从而达到分离。分配层析主要有纸上层析、分配薄层层析、分配气相层析等方法。

四、离子交换层析

离子交换层析是利用离子交换剂上的可解离基团（活性基团）对各种离子的亲和力不同而达到分离目的的一种层析分离方法。

离子交换剂是含有若干活性基团的不溶性高分子物质。通过在不溶性高分子物质（母体）上引入若干可解离基团（活性基团）而制成。

按活性基团的性质不同，离子交换剂可以分为阳离子交换剂和阴离子交换剂。由于酶分子具有两性性质，所以可用阳离子交换剂，也可用阴离子交换剂进行酶的分离纯化。在溶液的 pH 大于酶的等电点时，酶分子带负电荷，可用阴离子交换剂进行层析分离；当溶液 pH 小于酶的等电点时，酶分子带正电荷，则要采用阳离子交换剂进行分离。按母体物质种类的不同、离子交换剂有离子交换树脂、离子交换纤维素、离子交换凝胶等。其中某些大孔径的离子交换树脂、离子交换纤维素和离子交换凝胶可用于酶的分离纯化。

在一定条件下，某种组分离子在离子交换剂上的浓度与在溶液中的浓度达到平衡时，两者浓度的比值 K 称为平衡常数（也称分配系数）。即如式（2-10）所示：

$$K=\frac{\text{组分离子在离子交换剂上的浓度(mol/g)}}{\text{组分离子在溶液中的浓度(mol/mL)}} \tag{2-10}$$

平衡常数 K 是离子交换剂上的活性基团与组分离子之间亲和力大小的指标。

离子交换层析的操作过程：装柱、上柱、洗脱和收集、再生。

五、凝胶层析

凝胶层析又称为凝胶过滤、分子排阻层析、分子筛层析等，是指以各种多孔凝胶为固定相，利用流动相中所含各种组分的相对分子质量不同而达到物质分离的一种层析技术。

1. 凝胶层析的基本原理

凝胶层析柱中装有多孔凝胶，当含有各种组分的混合溶液流经凝胶层析柱时，各组分在层析柱内同时进行两种不同的运动。一种是随着溶液流动而进行的垂直向下的移动，另一种是无定向的分子扩散运动（布朗运动）。

大分子物质由于分子直径大，不能进入凝胶的微孔，只能分布于凝胶颗粒的间隙中，以较快的速度流过凝胶柱；较小的分子能进入凝胶的微孔内，不断地进出于一个个颗粒的微孔内外，这就使小分子物质向下移动的速度比大分子的速度慢，从而使混合溶液中各组分按照相对分子质量由大到小的顺序先后流出层析柱，而达到分离的目的。

为了定量地衡量混合液中各组分的流出顺序，常常采用分配系数 K_a 来量度，计算见式（2-11）：

$$K_a=\frac{V_e-V_o}{V_I} \tag{2-11}$$

式中 V_e——洗脱体积，表示某一组分从加进层析柱到最高峰出现时，所需的洗脱液体积，mL；

V_o——外体积，即为层析柱内凝胶颗粒空隙之间的体积，mL；

V_I——内体积，即为层析柱内凝胶颗粒内部微孔的体积，mL。

如果某组分的分配系数 $K_a=0$，即 $V_e=V_o$，说明该组分完全不能进入凝胶微孔，洗脱是最先流出；如果某组分的分配系数 $K_a=1$，即 $V_e=V_o+V_I$，说明该组分可以自由地扩散进入到凝胶颗粒内部的所有微孔，洗脱是最后流出；如果某组分的分配系数 K_a 在 0~1，说明该组分分子大小介乎大分子和小分子之间，可以进入凝胶的微孔，但是扩散速度较慢，洗脱时按照 K_a 值由小到大的顺序先后流出。酶、右旋糖酐、球蛋白等，都有其各自特定的选择曲线（图 2-9）。

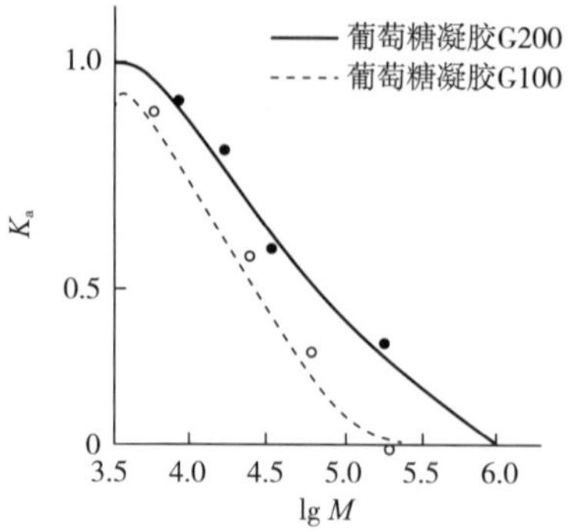

图 2-9 球蛋白的选择曲线

2. 凝胶的选择与处理

凝胶材料主要有葡聚糖、琼脂糖、聚丙烯酰胺等。层析用的微孔凝胶是由凝胶材料与交联剂交联聚合而成。交联剂加得越多，载体颗粒的孔径就越小，所使用的交联剂有环氧氯丙烷等。

（1）葡聚糖凝胶　一般由相对分子质量 $4\times10^4\sim2\times10^5$ 的葡聚糖为单体，以 1,2-环氧氯丙烷为交联剂，交联聚合而成。商品名有多种。如 Sephadex 等。葡聚糖凝胶具有良好的化学稳定性，在碱性条件下非常稳定，在 0.01mol/L 的盐酸中放置半年不受影响，可以耐受 120℃ 甚至更高的温度，广泛应用于各种物质的分离纯化。

（2）琼脂凝胶与琼脂糖凝胶　琼脂凝胶是一种天然多孔凝胶，其内部孔径较大，允许较大的分子进出，因此其用作凝胶层析时的工作范围大于聚丙烯酰胺凝胶和葡聚糖凝胶。

（3）聚丙烯酰胺凝胶　是一种人工合成的凝胶，由丙烯酰胺（$CH_2=CH—CONH_2$）与甲叉双丙烯酰胺（$CH_2=CH—CONH—CH_2—NHCO—CH=CH_2$）共聚而成。商品名称有多种，如生物胶-P（Bio-gel P）等。聚丙烯酰胺是一种惰性凝胶，适合于各种酶、蛋白质、核酸等的分离纯化。缺点是遇强酸时，会使其中的酰胺键水解而使结构破坏，一般在 pH2～11 的范围内使用。选择凝胶主要是依据欲分离组分的分子质量的大小。

3. 凝胶层析操作过程

凝胶层析的操作一般包括装柱、上柱、洗脱等过程。

六、亲和层析

亲和层析是利用生物分子与配基之间所具有的专一而又可逆的亲和力，而使生物分子分离纯化的技术。

酶与底物，酶与竞争性抑制剂，酶与辅助因子，抗原与抗体，酶 RNA 与互补的 RNA 分子或片段，RNA 与互补的 DNA 分子或片段等之间，都是具有专一而又可逆亲和力的生物分子对。

由于生物大分子和配基之间的结合是专一性的，故选择性非常好。亲和层析技术的特点是可减少提纯步骤。

1. 亲和层析母体和配基

在亲和层析中，作为固定相的一方称为配基（ligand）。配基必须偶联于不溶性母体（matrix）上，母体又称为载体或担体．

在亲和层析中，一般采用琼脂糖凝胶、葡聚糖凝胶、聚丙烯酰胺凝胶或纤维素等作为母体。当小分子物质（金属离子等无机辅助因子、有机辅助因子等）作为配基时，由于空间位阻作用，难以与配对的大分子亲和吻合，需要在母体与配基之间引入适当长度的连接臂（space arm）。

要使不溶性母体与配基偶联或通过连接臂与配基偶联，都必须进行母体活化。即通过某种方法，如溴化氰法、叠氮法、高碘酸氧化法、环氧化法、甲苯磺酰氯法、双功能试剂法等，使母体引入某种活泼基团，才能以共价键与配基偶联。

2. 亲和层析方法

根据欲分离组分与配基的结合特性，亲和层析可以分为共价亲和层析、疏水层析、金属离子亲和层析、免疫亲和层析、染料亲和层析、凝集素亲和层析等。

七、层析聚焦

层析聚焦（chromato focusing）是将酶等两性物质的等电点特性与离子交换层析的特性结合在一起，实现组分分离的技术。

在层析系统中，柱内装上多缓冲离子交换剂，当加进两性电解质载体的多缓冲溶液流过层析柱时，在层析柱内形成稳定的 pH 梯度。欲分离酶液中的各个组分在此系统中会移动到（聚焦于）与其等电点相当的 pH 位置上，从而使不同等电点的组分得以分离。

知识点五　电泳分离

带电粒子在电场中向着与其本身所带电荷相反的电极移动的过程称为电泳。按其使用的支持体的不同，可以分为纸电泳、薄层电泳、薄膜电泳、凝胶电泳、自由电泳和等电聚焦电泳等。

颗粒在电场中的移动速度主要决定于其本身所带的净电荷量，同时受颗粒形状和颗粒大小的影响。此外，还受到电场强度、溶液 pH、离子强度及支持体的特性等外界条件的影响。

一、电场强度

电场强度是指每厘米距离的电压降，又称为电位梯度或电势梯度。电场强度对颗粒的泳动速度起着十分重要的作用。

根据电场强度的大小可将电泳分为高压电泳和常压电泳。常压电泳的电场强度一般为2~10V/cm，电压为100~500V，电泳时间从几十分钟到几十小时，多用于带电荷的大分子物质的分离；高压电泳的电场强度为20~200V/cm，电压大于500V，电泳时间从几分钟到几小时，多用于带电荷的小分子物质的分离。

二、溶液的pH

溶液的pH决定了溶液中颗粒分子的解离程度，也就是决定了颗粒分子所带净电荷的多少。对于两性电解质而言，溶液的pH不仅决定颗粒分子所带电荷的种类，而且决定净电荷的数量。电泳时，溶液的pH应该选择在适当的数值，并需采用缓冲液，使pH维持恒定。

三、溶液的离子强度

溶液的离子强度越高，颗粒的泳动速度越慢。一般电泳溶液的离子强度为0.02~0.2较为适宜。

四、电渗

在电场中，溶液对于固体支持物的相对移动称为电渗。

在酶学研究中，电泳技术主要用于酶的纯度鉴定、酶分子质量测定、酶等电点测定以及少量酶的分离纯化。主要采用的电泳技术有纸电泳、薄层电泳、薄膜电泳、凝胶电泳和等电聚焦电泳等。

知识点六　萃取分离

萃取分离是利用物质在两相中的溶解度不同而使其分离的技术。

萃取分离中的两相一般为互不相溶的两个液相。按照两相的组成不同，萃取可以分为有机溶剂萃取、双水相萃取、超临界萃取和反胶束萃取等。

一、有机溶剂萃取

用于萃取的有机溶剂主要有乙醇、丙酮、丁醇、苯酚等。例如，用丁醇萃取微粒体或线粒体中的酶；用苯酚萃取RNA等。由于有机溶剂容易引起酶蛋白和酶RNA的变性失活，所以在酶的萃取过程中，应在0~10℃的低温条件下进行，并要尽量缩短酶与有机溶剂接触的时间。

二、双水相萃取

双水相萃取的两相分别为互不相溶的两个水相。双水相萃取中使用的双水相一般由按一定百分比组成的互不相溶的盐溶液和高分子溶液或者两种互不相溶的高分子溶液组成。在双水相系统中，蛋白质、RNA 等在两相中的溶解度不一样，分配系数不同，从而达到分离（表 2-6）。

表 2-6　各种双水相系统

聚合物 P	聚合物 Q 或盐
聚丙二醇	甲基聚丙二醇，聚乙二醇，聚乙烯醇，聚乙烯吡咯烷酮，羟丙基葡聚糖，葡聚糖
聚乙二醇	聚乙烯醇，葡聚糖，聚蔗糖
甲基纤维素	羟甲基葡聚糖，葡聚糖
乙基羟乙基纤维素	葡聚糖
羟丙基葡聚糖	葡聚糖
聚蔗糖	葡聚糖
聚乙二醇	硫酸镁，硫酸铵，硫酸钠，甲酸钠，酒石酸钾钠

双水相形成的条件和定量关系可用相图表示，对于两种聚合物和水相组成的系统，其相图如图 2-10 所示。

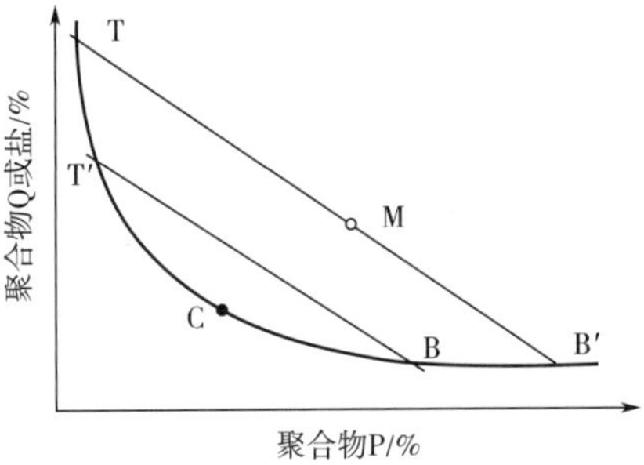

图 2-10　双水相系统相图

C—临界点　M—初始混合物组成情况　T—上相组成情况　B—下相组成情况

从图中可以看到，只有当聚合物 P 和 Q 的浓度达到一定时才能形成两相，影响酶在两相中分配系数的主要因素有：

（1）两相的组成。

（2）高分子聚合物的分子质量、浓度、极性。

（3）两相溶液的比例。

（4）酶的分子质量、电荷、极性等。

（5）温度、pH 等。对于酶在两相中的分配系数，目前尚无成熟的理论可作为依据，需通过试验而确定。

三、超临界萃取

超临界萃取又称为超临界流体萃取，是利用欲分离物质与杂质在超临界流体中的溶解度不同而达到分离的一种萃取技术。

不同的温度和压力条件下，可以以不同的形态存在，如固体（S）、液体（L）、气体（G）、超临界流体（SCF）等（图2-11）。

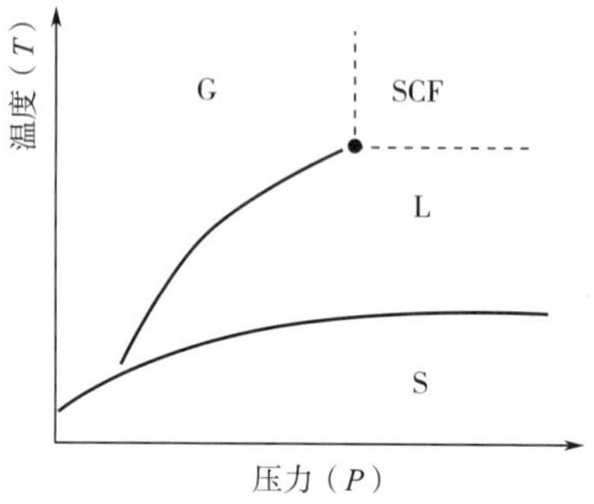

图2-11　超临界系统相图

目前在超临界萃取中最常用的超临界流体是CO_2。CO_2超临界点的温度为31.1℃，超临界压力为7.3MPa，超临界密度为0.47g/mL，特别适用于生物活性物质的提取分离。

CO_2超临界萃取的工艺过程由萃取和分离两个步骤组成。

萃取在萃取罐中进行，将原料装入萃取罐，通入一定温度和压力的超临界CO_2，将欲分离的组分萃取出来；分离在分离罐中进行，是将目的物与超临界CO_2分离的过程。根据分离方法的不同，分离工艺过程可以分为3种：等压分离、等温分离、吸附分离。

四、反胶束萃取

反胶束萃取是利用反胶束，将酶或其他蛋白质从混合液中萃取出来的一种分离纯化技术。反胶束，又称为反胶团，是表面活性剂分散于连续有机相中形成的纳米尺度的一种聚集体。反胶束溶液是透明的，热力学稳定的系统。胶束与反胶束的形成：将表面活性剂溶于水中，并使其浓度超过临界胶束浓度（即胶束形成时所需表面活性剂的最低浓度），表面活性剂就会在水溶液中聚集在一起而形成聚集体。

通常将在水溶液中形成的聚集体胶束，称为正胶束。如果将表面活性剂溶于非极性溶剂中，并使其浓度超过临界胶束浓度，便会在有机溶剂内形成聚集体，这种聚集体称为反胶束。

反胶束系统作为液-液萃取方法，更具有选择性。其基本过程是：首先在酶蛋白相转移最佳的条件下，将酶从水相中萃取到反胶束相中。第二步，在最佳条件下，将酶蛋白从反胶束转移到第二种水相中，即将酶从有机相中提取出来。

反胶束萃取中常用的表面活性剂及其相应的有机溶剂见表2-7。最常用的是阴离子表面活性剂。如AOT（Aeroso10T），其化学名为双（2-乙基己基）琥珀酸酯磺酸钠。水相pH决定了蛋白质表面带电基团的离子化状态。水相中的离子强度决定带电表面所赋予的静电屏蔽程度，在反胶束萃取中静电屏蔽程度会产生两个重要的效应。

表2-7　　反胶束萃取中常用的表面活性剂及其相应的有机溶剂

表面活性剂	有机溶剂
AOT	正烷烃（C_6~C_{10}）、异辛烷、环己烷、四氯化碳、苯
CTAB	乙醇/异辛烷、己醇/辛烷、三氯甲烷/辛烷
TOMAC	环己烷
Brij60	辛烷
Triton X	己醇/环己烷
磷脂酰胆碱	苯、庚烷
磷脂酰乙醇胺	苯、庚烷

【思考题】

1. 名词解释：沉淀分离、层析分离、凝胶层析、亲和层析、离心分离、萃取、双水相萃取、超临界萃取、膜分离技术。
2. 简述酶沉淀分离的主要方法及其原理。
3. 何谓膜分离技术？在酶的生产中有何应用？
4. 简述双水相萃取的概念与特点。
5. 简述超临界萃取的概念与特点。
6. 试述凝胶层析的原理与操作要点。

任务五　酶的浓缩、干燥与结晶

学习目标

知识目标：

1. 了解酶浓缩的目的。
2. 掌握常用的浓缩方法和操作。

3. 掌握酶结晶的原理。

技能目标：

1. 能够进行超滤浓缩。

2. 能够进行高速离心喷雾干燥机的操作。

素质目标：

深刻理解酶制剂属于知识、技术密集型产业，重视酶制剂的研发工作，遵循科学的思维方式和实验规律，探索科学事物的本质和规律，从而培养科学精神。

知识点一　酶的浓缩

浓缩与干燥都是酶与溶剂（通常是水）分离的过程，在酶的分离纯化过程中是一个重要的环节。

浓缩是从低浓度酶液中除去部分水或其他溶剂而成为高浓度酶液的过程。微生物酶发酵液的滤液是极稀的水溶液，寻找一种操作可行且能耗较低的酶液浓缩工艺，对于简化生产流程、降低生产成本至关重要。酶的浓缩影响着产品的质量和生产成本。由于酶是一种具有高度催化活性的特殊蛋白质，因此在浓缩操作中必须控制酶的变性失活，最大限度地提高产品收率。

浓缩的方法有超滤浓缩、蒸发浓缩、冷冻浓缩、吸附浓缩、离子液体法、水合物法等，它们都能起到浓缩作用。用各种吸水剂，如硅胶、聚乙二醇、干燥凝胶等吸去水分，也可以达到浓缩效果。

一、超滤浓缩

早在 1965 年，Blatt 首先用超过滤膜对微生物进行了浓缩试验。近年来，随着超滤膜材料的发展，超滤技术在酶液浓缩中应用越来越广泛。2001 年 Ding 等开发出了超滤平面膜组件，并应用于碱性果胶酶浓缩工艺，在浓缩率为 20 倍的条件下，取得了 98.3%的高回收率。2006 年刘宏波等开发出了中空纤维超滤膜和微滤膜耦合装置，进行了纯化、浓缩葡聚糖酶的试验研究，取得了宝贵的经验。膜分离技术应用于酶液浓缩生产具有分离过程无相变、高效、设备简单、节能、常温操作、无污染等优点，包括超滤、纳滤、微滤、反渗透技术等。其中应用广泛的超滤膜酶液浓缩技术具有分离的酶制剂纯度高、收率高、工艺成熟等优点。

超滤法酶液浓缩技术适用于大分子酶制剂的生产，与其他生物产品分离技术相比工业应用优势明显。但是，膜材料价格较高、再生率低、膜污染以及浓差极化依然是制约该技术大规模产业化应用的主要障碍。近年来，该领域内的新进展主要有纳滤、微滤、反渗透耦合超滤膜浓缩酶液技术，但是仍然没有能较好地克服膜污染和膜浓差极化问题。

二、蒸发浓缩

蒸发浓缩最早应用于食品酶制剂工业，后来逐渐应用于茶汁、药物、废水处理等酶制剂工业。蒸发浓缩通过加热或减压方法使溶剂蒸发，达到浓缩目的，其工艺简单、技术成熟、应用范围广、应用历史长。酶在高温下不稳定，易变性失活，因此，粗酶液浓缩工艺常在温度低于 60℃、真空度低于 90kPa 下的真空环境下进行，可有效减少酶的变性和失活。在不影响酶活性的前提下，适当提高温度、降低压力、增大蒸发面积都可提高蒸发速率。

粗酶液蒸发浓缩的关键是高效低能耗蒸发装置的开发，真空蒸发器和薄膜蒸发器是酶液浓缩工艺中较常见的单元设备。我国酶制剂工业中常采用三效降膜蒸发工艺，以保持酶的活性，料液通过三次逐级降膜蒸发可达到较高的浓缩倍率。增加蒸发装置的传热面积和操作真空度是保证酶生物活性成分的热敏性和产品纯度的必然要求。

虽然已经开发出了高效的升膜、降膜、刮膜和板式蒸发浓缩设备，但是同时也增加了设备的复杂性和体积，并且需要消耗大量的能源。因此开发高效、低能耗、设备简单、操作更加温和的蒸发浓缩技术以及蒸发与其他工艺耦合的浓缩技术，如膜蒸馏技术、微波蒸馏技术等将会有巨大的研究与应用前景。

三、冷冻浓缩

冷冻浓缩工艺诞生于 20 世纪 50 年代。20 世纪 70 年代，荷兰埃因霍芬理工大学的 Thijssen 等成功地利用奥斯特瓦尔德成熟效应考察了造大冰晶的再结晶过程机理，并建立了冰晶生长速度与种晶粒度及添加量的数学模型，开启了冷冻浓缩技术的工业化应用进程，并成功用于果汁、葡萄酒、乳制品和酶制剂浓缩生产工艺。

冷冻浓缩利用固液相平衡原理，将水以固态方式从溶液中去除，其过程包括如下三步：结晶（冰晶的形成）、重结晶（冰晶的成长）、分离（冰晶与液相分开）。当水溶液中所含溶质浓度低于共溶浓度时，溶液被冷却后，水（溶剂）便部分成冰晶析出，剩余溶液的溶质浓度则由于冰晶数量和冷冻次数的增加而大大提高。

虽然冷冻浓缩能够保持被浓缩物的品质，但浓缩过程需要较低的温度，相比于膜浓缩明显地增加了能耗，因此限制了在相关工业生产中的大规模推广应用。目前主要应用于一些质量要求高、附加值高的溶液的浓缩。最重要的是，结晶过程受到固液平衡关系的制约，浓缩倍数受到限制。因此，探寻影响固液平衡关系的新因素、发展更加节能环保的冷冻浓缩工艺将会是这一领域的发展方向。

四、吸附浓缩

吸附浓缩法是一种利用吸附剂直接吸附和除去溶液中的溶剂而使溶液浓缩的方法。1960 年，Flodin 等首次提出用凝胶离心分离技术浓缩高分子溶液的方法。

1986年，Cussler等较系统地阐述了凝胶萃取的概念，并设计了使凝胶可重复再生使用的凝胶萃取初步流程。2006年黄健等用复合交联剂和分散剂，在较低的温度（20℃）下采用反相悬浮法合成了表面强化交联型珠状凝胶粒子，结果表明表面强化交联技术在温敏性凝胶浓缩分离领域很有应用前景。

常用的吸附剂有聚乙二醇、蔗糖和凝胶等，其中凝胶浓缩法研究的较多。凝胶作为吸附剂，通过溶胀作用，使溶剂及小分子物质被吸附在凝胶内，生物大分子等溶质则留在剩余的溶液中，然后离心或者过滤除去凝胶，获得浓缩的溶液。而使用聚乙二醇或者蔗糖等其他吸附剂时，需要先将待浓缩液装入透析袋中，外部用吸附剂包裹，溶剂从透析袋渗出后即被吸附剂吸去。

吸附浓缩具有能耗低、不破坏热敏性物质、对物料不存在剪切效应、设备与操作简单等特点。但是由于吸附剂的价格昂贵，可重复利用性差，目前主要仍是在实验室中使用，在工业上还未得到规模化的应用。因此，开发出更加高效、廉价和适用于工业化生产的吸附剂和新工艺将会是未来的研究方向。

五、 离子液体法

离子液体是一种含氮杂环的有机阳离子和一种无机阴离子组成的盐，具有很多独特的性质，如蒸气压低、不可燃、物质溶解性好、萃取能力高、相稳定性好、热稳定性好、水稳定性好、酸碱稳定性高等。2004年，Zhang等证明了离子液体对燃料中脱硫有很大的应用潜力。

由于离子液体双水相萃取能够保留酶的活性，易于放大、可连续操作、可调节离子强度等特点，越来越受到人们在生物制品方面应用的关注。与传统双水相萃取技术相比，离子液体双水相萃取不仅在保持生物物质的活性及构象等方面有明显的技术优势，而且体系黏度低、分相时间短，可更好地控制乳化现象，已发展的离子液体与膜的耦合分离技术开创了离子液体应用的新领域，并且已广泛应用于生物活性物质的分离和纯化，如大多数酶和蛋白质等。

六、水合物法

Lund等研究了一些气体水合物以及水合物形成气体对转化酶活性的影响，发现在水合物形成以及溶液浓缩、$CC_{13}F$水合物以及丙烷水合物的存在对转化酶活性没有明显影响；而暴露在液体$CC_{13}F$中转化酶的活性明显下降并且是不可逆的。

水合物分离技术的基本原理是基于水合物晶体中仅包含水和水合物形成物。水合物提浓技术是水合物分离技术的一个重要分支，水合物法提浓过程和冷冻结晶过程类似，但由于水合物可以在水的冰点以上形成，因此比冷冻结晶更加经济。根据水合物的生成原理及特性，将稀酶液注入水合物生成釜，在合适的温度以及压力条件下使稀酶液中的水形成水合物，然后将水合物与溶液分离，即可得到浓缩后的酶溶液。

由于在低温下操作，此法能够较好地保持酶活性。随着气体水合物研究与应用的发展，采用水合物法浓缩酶溶液将会是环境友好型和能源节约型的方法。考虑到水合物巨大的应用前景以及潜在的经济价值，将水合物法应用于酶溶液的浓缩，浓缩温度在2~10℃，能够较好地保持酶液的活性，且能耗较低，但对于浓缩的最佳条件，仍需进一步研究。

【知识链接】

管式超滤膜技术在植酸酶浓缩中的应用

知识点二　酶的干燥

干燥是将固体、半固体或浓缩液中的水分或其他溶剂除去一部分，以获得含水分较少的固体物质的过程。

干燥过程中，溶剂首先从物料的表面蒸发，随后物料内部的水分子扩散到物料表面继续蒸发。因此，干燥速率与蒸发表面积成正比。增大蒸发面积，可以显著提高蒸发速率。在固体酶制剂的生产过程中常用的干燥方法有：真空干燥、冷冻干燥、喷雾干燥、气流干燥和吸附干燥等。

一、真空干燥

真空，并不是完全没有空气，而是指系统的气态分子数量较少。真空干燥是在真空条件下加热物料，使其水分内部扩散，内部蒸发，表面蒸发，从而进行低温低压干燥的工艺。真空干燥是在与真空系统相连接的密闭干燥器中，一边抽真空一边加热，使酶液在较低的温度条件下蒸发干燥的过程。在真空泵之前需要设置水蒸气凝结收集器，以免汽化产生的水蒸气进入真空泵。酶液真空干燥的温度一般控制在60℃以下。

二、冷冻干燥

冷冻干燥是先将酶液降温到冰点以下，使之冻结成固态，然后在低温下抽真空，使冰直接升华为气体，而得到干燥的酶制剂。

冻干的固体物质由于微小的冰晶体的升华而呈现多孔结构，并保持原先冻结时的体积，加水后极易溶解而复原，制品在升华过程中温度保持在较低温度状态下

（一般低于-25℃），因而对于那些不耐热的物质，诸如酶、激素、核酸、血液和免疫制品等的干燥尤为适宜，干燥的结果能排出95%~99%以上的水分，有利于制品的长期保存，制品干燥过程是在真空条件下进行的，故不易氧化，针对部分生化药物的化学、物理、生物的不稳定性。冷冻干燥得到的酶质量较高，结构保持完整，活性损失少，但是成本较高。特别适用于对热非常敏感而价值较高的酶类的干燥。

三、喷雾干燥

喷雾干燥是通过喷雾装置将酶液喷成直径仅为几十微米的雾滴，分散于热气流中，水分迅速蒸发而得到粉末状的干燥酶制剂。

喷雾干燥由于酶液分散成为雾滴，直径小，表面积大，水分迅速蒸发，只需几秒钟就可以达到干燥。在干燥过程中，由于水分迅速蒸发，吸收大量热量，使雾滴及其周围的空气温度比气流进口处的温度低，只要控制好气流进口温度，就可以减少酶在干燥过程中的变性失活。

四、气流干燥

气流干燥是在常压条件下，利用热气流直接与固体或半固体的物料接触，使物料的水分蒸发而得到干燥制品的过程。

气流干燥设备简单，操作方便，但是干燥时间较长，酶活性损失较大。需要控制好气流温度、气流速度和气流流向，同时要经常翻动物料，使之干燥均匀。

五、吸附干燥

吸附干燥是在密闭的容器中用各种干燥剂吸收物料中的水分，达到干燥的目的。

常用的吸附剂有硅胶、无水氯化钙、氧化钙、无水硫酸钙、五氧化二磷以及各种铝硅酸盐的结晶等，可以根据需要选择使用。

知识点三　酶的结晶

结晶是溶质以晶体形式从溶液中析出的过程。酶在结晶之前，酶液必须经过纯化达到一定的纯度。酶在结晶时，酶液应达到一定的浓度。结晶时酶液浓度应当控制在介稳区，即酶浓度处于稍微过饱和的状态。结晶过程中还要控制好温度、pH、离子强度等结晶条件。

酶结晶的一般方法包括：盐析结晶法、有机溶剂结晶法、透析平衡结晶法、等电点结晶法。

一、盐析结晶法

盐析结晶是指在适当的温度和 pH 等条件下，于接近饱和的酶液中缓慢增加某种中性盐的浓度，使酶的溶解度慢慢降低，达到稍微过饱和状态，而析出酶晶体的过程。

盐析结晶通常采用的中性盐是硫酸铵，有时也采用硫酸钠等其他中性盐。

二、有机溶剂结晶法

有机溶剂结晶是在接近饱和的酶液中慢慢加入某种有机溶剂，使酶的溶解度降低，而析出酶晶体的过程。

在有机溶剂结晶的过程中，首先要将经过纯化的酶液浓缩至接近饱和状态，将酶液的 pH 调节到酶稳定性较好的范围，用冰浴降温至 0℃左右。然后一边搅拌一边慢慢加入有机溶剂，当酶液稍微出现浑浊时，将其在冰箱中放置 1~2h，离心除去沉淀。在将上清液置于冰箱中，让其慢慢析出结晶。

常用的有机溶剂有乙醇、丙酮、丁醇、甲醇、异丙醇、甲基戊二醇、二甲亚砜等。如 L-天门冬酰胺酶可以采用加入甲基戊二醇的方法进行结晶。

三、透析平衡结晶法

透析平衡结晶是将酶液装进透析袋，对一定浓度的盐溶液进行透析，使酶液逐步达到过饱和状态而析出结晶的过程。透析平衡结晶之前，酶液需要经过纯化达到一定的纯度。并要浓缩到一定浓度，以减少透析时间。

四、等电点结晶法

等电点结晶是通过缓慢改变浓酶液的 pH，使之逐渐达到酶的等电点，而使酶析出结晶的过程。在结晶过程中，调节酶液的 pH 一定要缓慢而且均匀，以免引起局部过酸或者过碱而影响结晶。

为了取得较好的结晶效果，可以采用透析平衡等电点结晶法或气相扩散等电点结晶法，使酶液的 pH 慢慢接近其等电点，而得到酶的结晶。

透析平衡等电点结晶是将浓酶液装在透析袋中，对一定 pH 的缓冲溶液进行透析，使酶液的 pH 慢慢改变，逐渐接近酶的等电点，而使酶结晶析出。

气相扩散等电点结晶是将酶液装在容器中，与装有挥发性酸或挥发性碱的容器一起置于一个较大的密闭容器中，挥发性酸（如乙酸、干冰等）或挥发性碱（如氨水等）先挥发到气相中，再慢慢溶解到酶液中，使酶液的 pH 慢慢接近酶的等电点而结晶析出。

【素质拓展】

阎锡蕴：从纳米的世界探寻酶的奥秘

酶是一类极为重要的生物催化剂。在酶的发现、应用、研究发展过程中，随着科学技术的飞速进步，目前已经发现并鉴定的酶有8000多种。我国阎锡蕴院士在探索肿瘤诊断的新方法过程中，发现了纳米酶。纳米酶的发现是一个始于生命科学的跨界探索，也是第一次从酶学视角探究无机纳米材料的酶学特性，开创了一个新的学科交叉领域，并广泛应用于生物、农业、医学、环境治理和国防安全等多个领域。阎院士还曾对进行科学实验的师生提了两点建议：一是做任何实验都要把对照组做好，三思而后行，对照要全面，这样才能成功；二是要做到实事求是，面对预期外的实验结果，不要马虎搪塞，说不定会是意料外的新发现。

【思考题】

1. 名词解释：结晶。
2. 简述酶结晶的一般方法。

实训二　枯草芽孢杆菌发酵液中 α-淀粉酶粗产物的提取

【实训目的】

1. 掌握利用枯草芽孢杆菌发酵培养 α-淀粉酶的方法。
2. 了解 α-淀粉酶粗产物的提取过程。
3. 掌握微生物胞外发酵产物的一般流程。

【实训原理】

枯草芽孢杆菌具有非常发达的分泌系统，能够将自身合成多种酶类（α-淀粉酶、蛋白酶、脂肪酶等）和各种抗真菌蛋白、抗菌肽类物质（枯草菌素、制霉菌素、短杆菌肽等）分泌到胞外。

α-淀粉酶分解淀粉时可从分子内部切开 α-1,4 键而生成糊精和还原糖，产物末端残基碳原子构型为 α 构型，故称为 α-淀粉酶。α-淀粉酶可由微生物发酵产生，也可从动植物中提取。工业上，利用微生物数量多、繁殖快的特点，主要采用微生物发酵来生产 α-淀粉酶。微生物胞外发酵产物的提取包括离心取出菌体、提取分离目的产物、纯化精制目的产物、干燥等几个阶段。本实验以制备枯草芽孢杆菌发酵液中胞外发酵产物 α-淀粉酶的盐析液为内容。

盐析沉淀法是利用不同蛋白质在不同的盐浓度条件下溶解度不同的特性，通过在酶液中添加一定浓度的中性盐，使酶或杂质从溶液中析出，从而使酶与杂质分离的过程。对于某一具体的酶或蛋白，在温度和 pH 等演习条件确定（即盐析系数 K_s 确定）之后，酶或蛋白在盐溶液中的溶解度取决于溶液中的离子强度 I（离子强度值溶液中的离子强弱的程度，与离子浓度和离子价数有关，$I=1/2\sum m_i z_i^2$，m——离子浓度，z——离子价数），如 0.2mol/L $(NH_4)_2SO_4$ 溶液中，其离子强度为 $I=1/2\ (2*0.2*1^2+0.2*2^2)=0.6$。对于含有多种酶或蛋白质的混合液，可以采用分段盐析的方法进行分离纯化。蛋白质盐析中，常用中性盐为 $(NH_4)_2SO_4$

固体盐析沉淀获得酶泥，干燥即可。

【试材准备】

1. 菌种

枯草芽孢杆菌（*Bacillus subtilis*）。

2. 培养基

（1）种子培养基（g/100mL） 牛肉膏 0.5g，蛋白胨 1g，NaCl 0.5g，可溶性淀粉 0.5g，蒸馏水 100mL，pH7.0。

（2）发酵培养基（g/100mL） 玉米粉 2g，黄豆饼粉 1.5g，$CaCl_2$ 0.02g，$MgSO_4$ 0.02g，NaCl 0.25g，K_2HPO_4 0.2g，柠檬酸钠 0.2g，$(NH_4)_2SO_4$ 0.075g，Na_2HPO_4 0.2g，蒸馏水 100mL，pH7.0。

【试剂配制】

1. 2%淀粉溶液

称取 1g 可溶性淀粉溶于 50mL 蒸馏水中，加热溶解，当天配制。

2. DNS 试剂

（1）配方 1 取 DNS 6.5g 溶于少量水中，移入 1000mL 容量瓶中，加入 2mol/L 的 NaOH 325mL，加入甘油 45g，摇匀，冷却，定容至 1000mL。

（2）配方 2 取 1.60gNaOH 溶于 70mL 水中，再加入 1.0g 3,5-二硝基水杨酸、30g 酒石酸钾钠，用蒸馏水定容至 100mL。

3. 0.1mol/L pH5.6 柠檬酸缓冲液

（1）A 液（0.1mol/L 柠檬酸） 称取柠檬酸 21.01g，用蒸馏水溶解并定容至 1L。

（2）B 液（0.1mol/L 柠檬酸钠） 称取柠檬酸钠 29.41g，用蒸馏水溶解并定容至 1L。取 A 液 55mL 与 B 液 145mL 混匀，即为 0.1mol/L pH5.6 的柠檬酸缓冲液。

【操作步骤】

1. 接种

取枯草芽孢杆菌斜面菌种 1 支，从中挑取 2 环加入种子培养基中，37℃ 下 160r/min 摇床培养 24h。然后以 5% 的接种量接种于发酵培养基中，37℃ 下 160r/min 摇床培养 48h。

2. 粗酶液的制备

培养 48h 后，将发酵液 4℃ 下 4000r/min 离心 20min，收集上清，即得粗酶液。

3. 盐析液的制备

将粗酶液置于冰浴中，边搅拌边加入 $(NH_4)_2SO_4$ 使其饱和度达到 90%，4℃ 盐析过夜。4℃ 下 8000r/min 离心 15min，弃上清，沉淀用少量蒸馏水溶解，得到盐析液。

4. 淀粉酶的检测

取盐析液 1mL，向试管中加入 0.1mol/L pH5.6 柠檬酸缓冲液 1mL，40℃ 水浴预热 15min，再加入 40℃下预热的淀粉溶液 1mL，摇匀，立即放入 40℃水浴保温 10min。随后加入 1.5mL DNS，沸水中反应 5min，观察现象。空白对照加盐析液后加 pH3.6 以下的酸钝化 α-淀粉酶，使酶失活，其余步骤同上。

实训二
接种

实训二
粗酶液制备

实训二
盐析液制备

实训二
淀粉酶的检测

【注意事项】

1. 培养基配制时，各种成分要按顺序依次添加溶解。

2. 淀粉溶液和淀粉酶提取液在反应前，要分别在 40℃水浴中预热，保证底物和酶的反应在最佳温度下进行。

【实验后分析】

1. 比较胞内酶和胞外酶的提取方法及过程。

2. 说明淀粉酶检测时空白对照的作用。

3. 所得的盐析液主要成分是什么？是否纯净？

实训三　α-淀粉酶提取液的纯化

实训三　α-淀粉酶
提取液的纯化

【实训目的】

1. 掌握透析原理。

2. 掌握 α-淀粉酶透析纯化的方法。

【实训原理】

盐析后干燥的酶中含有大量小分子的 $(NH_4)_2SO_4$，可以利用扩散膜分离，即利用小分子物质的扩散作用，不断透过半透膜扩散到膜外，而大分子被截留，从而达到分离效果。透析就是常见的扩散膜分离之一，是利用小分子物质的扩散作用和半透膜两侧溶质浓度差为传质推动力，从溶液中分离出小分子物质而截留大分子物质的过程。透析时，样品液装在透析袋内，袋外是水或者缓冲液，在一定的温度下，透析一段时间后，样品液中的小分子物质不断地从透析袋内透出到袋外。透析在酶的分离纯化过程中极为常用，通过透析可以除去酶液中的盐类、有机溶剂、低分子质量的抑制剂等小分子物质（图 2-12）。透析设备简单、操作容易。

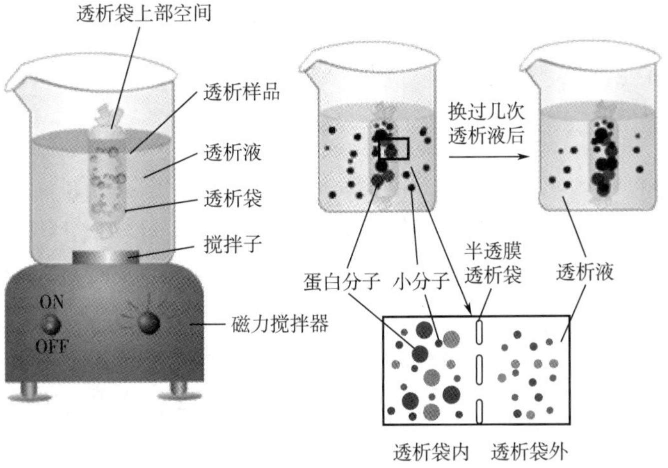

图 2-12 透析装置和透析过程示意图

【试材准备】

1. 试剂

实训二中盐析纯化的 α-淀粉酶酶液、0.1% $BaCl_2$ 溶液、卢戈氏碘液、2%淀粉溶液。

2. 器材

透析袋（膜）、磁力搅拌器、大烧杯、恒温水浴锅、试管、移液管、白瓷板、纱绳、玻璃棒等。

【试剂配制】

磷酸盐缓冲溶液配制：

（1）0.2mol/L 磷酸氢二钠溶液　取 71.64g$Na_2HPO_4 \cdot 12H_2O$ 溶解，定容至 1000mL；

（2）0.2mol/L 磷酸二氢钠溶液　取 27.60g$NaH_2PO_4 \cdot H_2O$ 溶解，定容至 1000mL；

（3）67mmol/L 氯化钠溶液　取 3.72gNaCl 溶解，定容至 1000mL。

量取（1）55.0mL，（2）45.0mL，（3）10.0mL 于 1000mL 容量瓶中定容，即为 0.02mol/L 磷酸盐缓冲液，再稀释为 0.01mol/L 磷酸盐缓冲液使用。

【操作步骤】

1. 透析袋处理与检查

新购的透析袋因含有增塑剂（防干裂）甘油、硫化物以及重金属离子，使用前必须除去。方法是分别用蒸馏水、0.01mol/L 醋酸浸泡，洗后再用。取一段长 13~15cm 长的透析袋并将一端扎紧，装入蒸馏水，轻轻挤压，检查膜有无水渗出，若有则不能使用；若无漏孔，倒掉水即可供装样使用。

2. 装样

将酶液 10~20mL 灌入至透析袋长度的 1/2~2/3，不能灌满。处理液含盐分越多吸入的水分越多，袋胀的越大，易胀破，留出空袋应越长。然后排除袋中的空气再扎紧袋口。

3. 透析

取一大烧杯，加入 20 倍以上样品体积的 0.01mol/L pH6.8 磷酸盐缓冲溶液，将装好样品的透析袋悬于大烧杯中部，底部放一个搅拌子（磁棒），用磁力搅拌器缓慢搅拌以促进溶液交换。透析过程需要更换洗脱溶液数次，使小分子由高浓度向低浓度的扩散作用继续进行，直至达到透析平衡为止。如果待透析的液体体积大，含盐量又高时，除选用直径最大的透析袋外，还可先用流动的自来水透析一段时间，将大部分盐去掉后改用缓冲液透析，可节省电或能源、缓冲液等。

4. 透析效果检查

（1）α-淀粉酶检测　透析 1h 后，检查透析液中是否渗出 α-淀粉酶。步骤为：从烧杯中取 1mL 透析液加入到装有 2mL 0.01mol/L 的 pH6.8 磷酸盐缓冲溶液和 1mL 2%淀粉溶液的试管中，在 37~40℃ 的水浴中保温 15~20min 后取出，加入碘液 1 滴，观察试管溶液的颜色。若呈深蓝色，说明没有 α-淀粉酶渗出，反之，说明透析孔径过大，有 α-淀粉酶渗出，需要更换透析袋。

（2）盐检测　在透析液中滴加 0.1% $BaCl_2$ 溶液，如有白色沉淀生成，表明透析液中有 SO_4^{2-}。

【注意事项】

1. 酶在室温下易失活，整个透析装置应放在低温（2~5℃）下进行。
2. 一般要更换 4~5 次透析液（间隔时间不少于 2h），基本透析完成。

【实验后分析】

1. 常用的透析袋材质有哪些？
2. 如何检查透析袋内有无蛋白质？

实训四　淀粉酶活性测定

【实训目的】

学习掌握淀粉酶活性的测定方法。

【实训原理】

通常提取液中同时有两种淀粉酶存在，α-淀粉酶和 β-淀粉酶各有其一定的特性，β-淀粉酶不耐热，在高温下易钝化，而 α-淀粉酶不耐酸，在 pH3.6 以下则发生钝化，测定时可根据它们的特性分别加以处理，钝化其中之一，即可测出另一酶的活性。将提取液加热到 70℃ 维持 15min 以钝化 β-淀粉酶，即可测得 α-淀粉酶的活性。或者将提取液用 pH3.6 的乙酸在 0℃ 加以处理，钝化 α-淀粉酶，以求出

β-淀粉酶的活性。

淀粉酶水解淀粉生成的麦芽糖，可用3.5-二硝基水杨酸（DNS）试剂测定。由于麦芽糖将后者还原生成硝基氨基（代）水杨酸的显色基团，在一定范围内其颜色的深浅与糖的浓度成正比。故可求出麦芽糖的含量，以麦芽糖的毫克数表示淀粉酶活性的大小。

【实训仪器】

低速离心机、电热恒温水浴、721型分光光度计等。

【试材准备】

1. 生物材料

粗酶液和纯化酶液。

2. 试剂

淀粉、氢氧化钠（NaOH）、柠檬酸、柠檬酸钠、3,5-二硝基水杨酸、酒石酸钾钠、麦芽糖。

3. 试材

试材研钵、容量瓶（100mL）、具塞刻度试管（25mL×10）、试管（25mL×10）、刻度吸管（1mL、2mL、10mL）、小台秤。

【试剂配制】

1. 1%淀粉

取1g淀粉溶于100mL蒸馏水中。

2. 0.4mol/L NaOH

称取16g NaOH溶于蒸馏水中，定容至1000mL。

3. pH5.6的柠檬酸缓冲液

13.7mL A液与26.3mL B液混匀，即为pH5.6缓冲液。A液：称取柠檬酸20.01g溶解后稀释至1L。B液：称取柠檬酸钠29.41g溶解后稀释至1L。

4. 3.5-二硝基水杨酸

精确称取3.5-二硝基水杨酸1g溶于20mL 1mol/L NaOH中，加入50mL蒸馏水，再加入30g酒石酸钾钠，待溶解后，用蒸馏水稀释至100mL，盖紧塞。勿使CO_2进入。

5. 麦芽糖标准液

称取化学纯麦芽糖0.100g溶于少量蒸馏水中，仔细移入100mL容量瓶中，用蒸馏水稀释至刻度。

【操作步骤】

1. α-淀粉酶活性测定

①取试管4支，注明2支为对照管（CK），2支为测定管（T）。

②于每管中各加酶提取液1mL，在70℃恒温水浴中（水浴温度的变化不应超过±0.5℃）准确加热15min，在此期间β-淀粉酶受热而钝化。取出后迅速在自来

水中冷却。

③在试管中加入1mL pH5.6的柠檬酸缓冲液。

④向对照管加入4mL 0.4mol/L NaOH，以钝化酶的活性。

⑤将测定管和对照管置40℃（±0.5℃）恒温水浴中保温15min，再向各管分别加入40℃下预热的淀粉溶液2mL，摇匀。立即放入40℃水浴中准确保温5min后取出。向各测定管迅速加入4mL 0.4mol/L NaOH，以终止酶的活动。然后准备下一步糖的测定。

实训四
淀粉酶活性测定1

2. α-淀粉酶及β-淀粉酶总活性的测定

取上述酶液2～6mL，放入容量瓶中，用蒸馏水稀释至100mL（稀释程度视酶活性大小而定）。混合均匀后，取4支试管，2支为对照，2支为测定管，各加入稀释的酶液1mL及1mL pH5.6的柠檬酸缓冲液。以下步骤重复α-淀粉酶测定的第④及⑤的操作，然后同样准备糖的测定。

实训四
淀粉酶活性测定2

3. 麦芽糖的测定

（1）标准曲线的制作　取25mL刻度试管7个，编号，分别加入麦芽糖标准溶液（1mg/mL）0mL、0.2mL、0.6mL、1.0mL、1.4mL、1.8mL、2.0mL，然后于各管加蒸馏水达2mL，再各加3,5-二硝基水杨酸试剂2mL，置沸水浴中准确煮沸5min，取出冷却，用蒸馏水稀释至25mL，用721型分光光度计在520nm的波长下进行比色，记录消光值，以消光值为纵坐标，以麦芽糖含量为横坐标绘制标准曲线。

实训四
麦芽糖标准曲线制作

（2）样品的测定　取以上各管中酶作用后的溶液及对照管中的溶液各2mL，分别放入25mL具塞刻度试管中，再加入2mL 3,5-二硝基水杨酸试剂，混匀，置沸水浴中准确煮沸5min，取出冷却，用蒸馏水稀释至25mL，混匀，用721型分光光度计在520nm的波长下进行比色，记录消光值，从麦芽糖标准曲线中计算出麦芽糖含量，用以表示酶活性。

【结果计算】

本实验规定：25℃时5min内水解淀粉释放1mg麦芽糖所需的酶量为1个酶活性单位。则发酵所产淀粉酶中：

$$\alpha\text{-淀粉酶的总活性单位} = \left(\frac{c_{酶1} \times n_{酶}}{2} \times 8\right) \times V_{酶}$$

$$(\alpha + \beta)\text{-淀粉酶的总活性单位} = \left(\frac{c_{酶2} \times n_{酶}}{2} \times 8\right) \times \frac{100}{2 \sim 6} \times V_{酶}$$

式中　$c_{酶1}$——酶液中α-淀粉酶水解淀粉生成的麦芽糖浓度（在标准曲线上查得值）；

$c_{酶2}$——酶液中（α+β）-淀粉酶共同水解淀粉生成的麦芽糖的浓度（在标准

曲线上查得值）；

$n_{酶}$——比色时所用样品液毫升数（25mL）；

$V_{酶}$——提取酶液的总体积（25mL）。

【注意事项】

用 721 型分光光度计进行比色时，必须在 30min 内测定。

【实验后分析】

1. 在本实验中应注意哪些问题，才能将酶活性测准？
2. 在本实验中，酶活性该如何计算？
3. 酶的试验为什么既设对照又设空白？

实训五　植物中淀粉酶的提取及活性测定

【实训目的】

1. 学习和练习淀粉酶的提取。
2. 学习和掌握淀粉酶活性的测定方法。

实训五
植物淀粉酶活性测定

【实训原理】

α-淀粉酶和β-淀粉酶各有其一定的特性，如β-淀粉酶不耐热，在高温下易钝化，而α-淀粉酶不耐酸，在 pH3.6 以下则发生钝化，通常提取液中同时有两种淀粉酶存在，测定时可根据它们的特性分别加以处理，钝化其中之一，即可测出另一酶的活性。将提取液加热到 70℃ 维持 15min 以钝化β-淀粉酶，即可测得α-淀粉酶的活性。或者将提取液用 pH3.6 的乙酸在 0℃ 加以处理，钝化α-淀粉酶，以求出β-淀粉酶的活性。淀粉酶水解淀粉生成的麦芽糖，可用 3,5-二硝基水杨酸试剂测定。由于麦芽糖将后者还原生成硝基氨基（代）水杨酸的显色基团，在一定范围内其颜色的深浅与糖的浓度呈正比，故可求出麦芽糖的含量。以麦芽糖的毫克数表示淀粉酶活性的大小。

【实训仪器】

低速离心机、电热恒温水浴、721 型分光光度计等。

【试材准备】

1. 生物材料

萌发的小麦种子（芽长 1cm 左右）：小麦种子浸泡 2.5h 后，放入 25℃ 恒温箱内发芽。

2. 试剂

淀粉、氢氧化钠（NaOH）、柠檬酸、柠檬酸钠、3,5-二硝基水杨酸、酒石酸钾钠、麦芽糖。

3. 试材

研钵、容量瓶（100mL）、具塞刻度试管（25mL×10）、试管（25mL×10）、刻度吸管（1mL、2mL、10mL）、小台秤。

【试剂配制】

1. 1%淀粉

取1g淀粉溶于100mL蒸馏水中。

2. 0.4mol/L NaOH

称取16g NaOH溶于蒸馏水中，定容至1000mL。

3. pH5.6的柠檬酸缓冲液

13.7mL A液与26.3mL B液混匀，即为pH5.6缓冲液。A液：称取柠檬酸20.01g溶解后稀释至1L。B液：称取柠檬酸钠29.41g溶解后稀释至1L。

4. 3.5-二硝基水杨酸

精确称取3.5-二硝基水杨酸1g溶于20mL 1mol/L NaOH中，加入50mL蒸馏水，再加入30g酒石酸钾钠，待溶解后，用蒸馏水稀释至100mL，盖紧塞。勿使CO_2进入。

5. 麦芽糖标准液

称取化学纯麦芽糖0.100g溶于少量蒸馏水中，仔细移入100mL容量瓶中，用蒸馏水稀释至刻度。

【操作步骤】

1. 酶液的提取

称取2g萌发的小麦种子（芽长1cm左右），置研钵中加入1g石英砂，磨成匀浆倒入25mL具塞刻度试管中，用蒸馏水稀释至刻度，混匀后在室温（20℃）下放置，每隔数分钟振荡一次，放置15~20min后，1500r/min离心6~7min，取上清液备用。

2. α-淀粉酶活性测定

①取试管4支，注明2支为对照管，2支为测定管。

②于每管中各加酶提取液1mL，在70℃恒温水浴中（水浴温度的变化不应超过±0.5℃）准确加热15min，在此期间β-淀粉酶受热而钝化。取出后迅速在自来水中冷却。

③在试管中加入1mL pH5.6的柠檬酸缓冲液。

④向对照管加入4mL 0.4mol/L NaOH，以钝化酶的活性。

⑤将测定管和对照管置40℃（±0.5℃）恒温水浴中保温15min，再向各管分别加入40℃下预热的淀粉溶液2mL，摇匀。立即放入40℃水浴中准确保温5min后取出。向各测定管迅速加入4mL 0.4mol/L NaOH，以终止酶的活动。然后准备下一步糖的测定。

3. α-淀粉酶及β-淀粉酶总活性的测定

取上述酶液2~6mL，放入容量瓶中，用蒸馏水稀释至100mL（稀释程度视酶活性大小而定)。混合均匀后，取 4 支试管，2 支为对照，2 支为测定管，各加入稀释的酶液 1mL 及 1mL pH5.6 的柠檬酸缓冲液。以下步骤重复 α-淀粉酶测定的第④及⑤的操作，然后同样准备糖的测定。

4. 麦芽糖的测定

(1) 标准曲线的制作　取 25mL 刻度试管 7 个，编号，分别加入麦芽糖标准溶液（1mg/mL）0mL、0.2mL、0.6mL、1.0mL、1.4mL、1.8mL、2.0mL，然后于各管加蒸馏水达 2mL，再各加 3,5-二硝基水杨酸试剂 2mL，置沸水浴中准确煮沸 5min，取出冷却，用蒸馏水稀释至 25mL，用 721 型分光光度计在 520nm 的波长下进行比色，记录消光值，以消光值为纵坐标，以麦芽糖含量为横坐标制标准曲线。

(2) 样品的测定　取以上各管中酶作用后的溶液及对照管中的溶液各 2mL，分别放入 25mL 具塞刻度试管中，再加入 2mL 3,5-二硝基水杨酸试剂，混匀，置沸水浴中准确煮沸 5min，取出冷却，用蒸馏水稀释至 25mL，混匀，用 721 型分光光度计在 520nm 的波长下进行比色，记录消光值，从麦芽糖标准曲线中计算出麦芽糖含量，用以表示酶活性。

【结果计算】

本实验规定：25℃时 5min 内水解淀粉释放 1mg 麦芽糖所需的酶量为 1 个酶活性单位。则 2g 种子萌发幼苗中：

$$\alpha\text{-淀粉酶的总活性单位} = \left(\frac{c_{酶1} \times n_{酶}}{2} \times 8\right) \times V_{酶}$$

$$(\alpha+\beta)\text{-淀粉酶的总活性单位} = \left(\frac{c_{酶2} \times n_{酶}}{2} \times 8\right) \times \frac{100}{2 \sim 6} \times V_{酶}$$

式中　$c_{酶1}$——酶液中 α-淀粉酶水解淀粉生成的麦芽糖浓度（在标准曲线上查得值）；

$c_{酶2}$——酶液中（α+β）-淀粉酶共同水解淀粉生成的麦芽糖的浓度（在标准曲线上查得值）；

$n_{酶}$——比色时所用样品液毫升数（25mL）；

$V_{酶}$——提取酶液的总体积（25mL）。

项目三

酶的固定化及细胞的固定化

酶是高效性的、专一性强的生物催化剂。但是酶在水溶液中，一般不是很稳定；作为催化剂，酶液只能一次性地起作用；若是用于医药或是化学分析，酶必须很纯，像这样一次性地进行使用，必然会使成本提高。

为了解决这些问题，人们开始探索将水溶性酶与不溶性载体结合起来。使之成为不溶于水的酶的衍生物，又能保持或大部分保持原酶固有的活性，在催化反应中不易随水流失。这样制备的酶，曾被称为水不溶酶（water-insoluble enzyme）、固相酶（solid phase enzyme，bound enzyme）等。后来发现，一些包埋在凝胶内或置于超滤装置中的酶，本身仍是可溶的，只是被限定在有限空间不能自由流动而已。因此，1971 年第一届国际酶工程会议上，正式建议采用“固定化酶”（immobilized enzyme）这一名称。

固定化酶是指经物理或化学方法处理，使酶变成不易随水流失（即运动受到限制），而又能发挥催化作用的酶制剂。

任务一 酶的固定化

学习目标

知识目标：

1. 理解固定化酶的概念及优缺点。

2. 掌握酶固定化的方法及应用。

技能目标：

能根据相关指标对固定化酶的性能进行测定，正确评价酶的固定化效果。

素质目标：

深刻理解酶固定化的重要意义，培养精细规范操作的工作作风和安全意识、环保意识。

知识点一　酶的固定化

一、酶的固定化方法

酶的固定化技术即是用载体材料将酶束缚或限制在一定的空间内，保留其催化活性，并可回收及重复使用的一类技术。

酶是一种高效的催化剂，在生产实际中有着广泛的应用。酶固定化技术通过物理或化学的方法将游离酶和相应载体结合起来，从而增强了酶的稳定性，利于保存运输。同时又能将酶与底物分离，达到重复利用，降低成本的目的。

酶的固定化方法很多，但对任何酶都适用的方法是没有的。酶的固定化方法通常按照用于结合的化学反应的类型进行分类，大体可概括为四种类型：吸附法、包埋法、载体偶联法、交联法（图 3-1）。

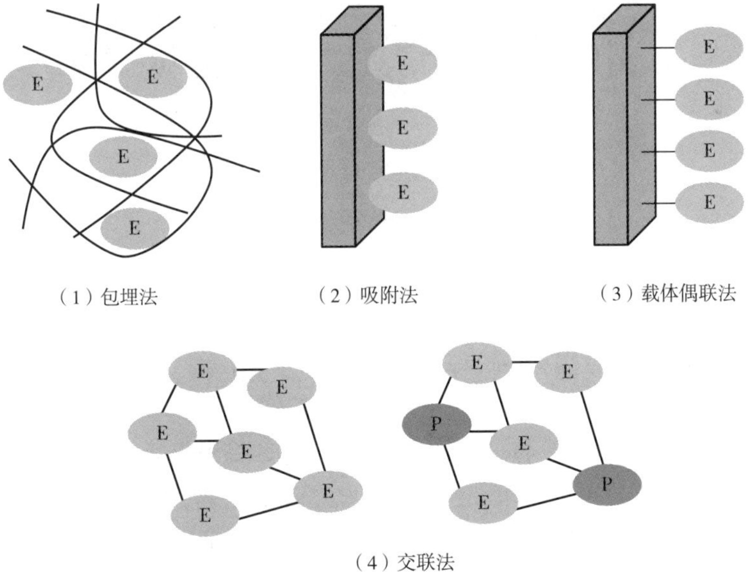

图 3-1　酶的固定化方法模型演示

1. 吸附法

利用各种固体吸附剂将酶或含酶菌体吸附在其表面上，使酶固定化的方法称为物理吸附法，简称吸附法。

物理吸附法常用的固体吸附剂有活性炭、氧化铝、硅藻土、多孔陶瓷、多孔玻璃、硅胶、羟基磷灰石等（图 3-2）。可依据酶的特点、载体来源和价格、固定化技术的难度、固定化酶的使用要求等进行选择。

（1）活性炭

（2）氧化铝

（3）硅藻土

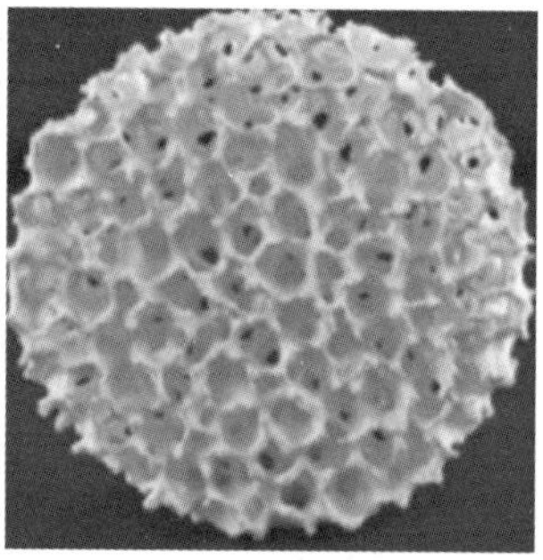

（4）多孔陶瓷

图 3-2 几种常见的固体吸附剂

采用吸附法制备固定化酶或固定化菌体，操作简便，条件温和，不会引起酶变性失活，载体廉价易得，且可反复使用。但由于靠物理吸附作用结合力较弱，酶与载体结合不牢固而容易脱落，故其使用受到一定的限制。

2. 包埋法

将酶或含酶菌体包埋在各种多孔载体中，使酶固定化的方法称为包埋法。包埋法使用的多孔载体主要有：琼脂、琼脂糖、海藻酸钠、角叉菜胶（卡拉胶）、明胶、聚丙烯酰胺、光交联树脂、聚酰胺、火棉胶等（图 3-3）。这种方法可以分为两种主要类型：网格型（凝胶包埋法）和微囊型（微胶囊法）。

（1）凝胶包埋法 凝胶包埋法是将酶包裹在形成网格结构的高分子凝胶中，这种方法的优点在于操作简单，酶活性回收率较高，且使用惰性材料作为载体，

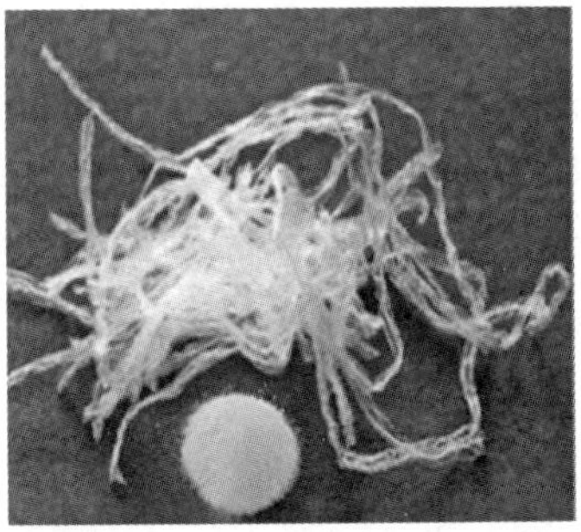

（1）琼脂

（2）角叉菜胶

（3）海藻酸钠

（4）明胶

图 3-3 几种常见的包埋剂

很少改变酶的空间构象。然而，它主要适用于分子质量较小的底物和产物的酶催化反应，因为只有小分子物质可以透过高分子网格。

常用的凝胶有聚丙烯酰胺凝胶、硅橡胶、卡拉胶，还有人使用大豆蛋白质、合成纤维。据报道，用廉价的聚氯乙烯（PVC）包埋脲酶和乳酸脱氢酶，制备酶电极，效果优于聚丙烯酰胺包埋法。

以聚丙烯酰胺（PAG）包埋法为例，包埋酶的制备与聚丙烯酰胺凝胶电泳（polyacrylamide gel electrophoresis，PAGE）凝胶制备类同。即将 1mL 溶于适当缓冲溶液的酶液，加于 3mL 含 750mg 丙烯酰胺单体和 40mg N,N'-甲叉双丙烯酰胺的溶液中，再加 0.5mL 5%的二甲氨基丙氰和 1%的过硫酸钾，作为加速剂和引发剂，混匀保温（23℃）10min 即成含酶凝胶。此胶孔径 1.0~4.0 nm，底物和产物可进出凝胶网眼，而酶分子不透出。PAG 的包埋容量为 10~100mg（蛋白）/g（单体）。

（2）微囊型包埋法　微囊型包埋法也称为液膜法或脂质体法，是通过使用半透膜或脂质体来包埋酶液。这种方法的特点是底物和产物的膜透过性不依赖于膜孔径的大小，而是与底物和产物在膜组分中的溶解度有关，从而可以加快底物透过膜的速率。这种方法曾用于糖化酶的固定化。

本法以超滤用的半透膜包裹含酶的液滴而成，大多用于医疗。例如天冬酰胺酶，就可以做成囊型酶使用。

3. 载体偶联法

固定化酶的载体偶联法是一种将酶与固态物质通过共价键形成结合的技术方法，旨在提高酶作为催化剂的使用性能。这种方法依据固定化的物理化学方式，可以将酶与淀粉、琼脂糖、聚丙烯酰胺、葡聚糖凝胶等固态物质形成共价键，实现载体偶联。通过这种方式，酶蛋白分子在某种双功能试剂的作用下发生交联反应，形成固态的网状结构，从而将酶固定化。

（1）共价法　此法是将酶分子的必需基团经共价键与载体结合的方法。就蛋白而言，可供反应的非必需侧链基团有—NH_2、—OH、—COOH、—SH、酚环、咪唑基、吲哚基。就载体而言，常用的载体有多羟基聚合物如纤维素、葡聚糖凝胶、琼脂糖以及多胺基聚合物、聚丙烯酰胺凝胶、多聚氨基酸等。还有一些其他的载体如聚苯乙烯、尼龙、多孔玻璃等。这些载体的功能基团有芳香氨基、羟基、羧基、羧甲基和氨基等。酶分子侧链与载体功能基团之间往往不能直接反应，因而反应前必须事先将载体功能基团加以活化，然后与酶分子反应而固定化。

（2）重氮化法　重氮化法是固定化酶时常用的一种方法。这种方法通常涉及使用多孔玻璃等无机物作为载体，通过一系列化学反应将酶固定在载体上。这是一类应用较广的方法，适用于多糖类的芳香族氨基衍生物、氨基酸共聚物、聚苯乙烯、聚丙烯酰胺、乙烯二马来酸共聚物和多孔玻璃等载体。载体先用亚硝酸处理，生成重氮盐衍生物，然后在温和条件下与酶分子的酚基、咪唑基或氨基反应而成键。具体步骤包括：

①载体预处理：首先使用γ-氨丙基三乙氧基硅烷与多孔玻璃等载体反应，生成烷基胺玻璃。

②化学反应：然后与对硝基苯酰氯反应，经过还原，生成带有芳胺的衍生物。

③重氮化反应：最后进行重氮化反应，通过烷基胺与对氨基苯甲酸反应，直接生成芳胺的衍生物，这一步骤比传统方法简化了一步。

④酶固定化：在新合成的载体上对木瓜蛋白酶进行固定化，研究固定化条件对酶活性回收的影响。

最适固定化条件包括 pH 为 7.0，反应时间为 6h，酶量为 240mg/g 载体。通过比较固定化酶和溶液酶的性质，发现使用这种方法合成的载体固定化酶具有较好的热稳定性、操作稳定性及产率。

4. 交联法

交联法是指借助双功能试剂使酶分子之间发生交联作用，制成网状结构的固定化酶的方法称为交联法。交联法也可用于含酶菌体或菌体碎片的固定化。常用的双功能试剂有戊二醛、己二胺、顺丁烯二酸酐、双偶氮苯等。其中应用最广泛的是戊二醛。

戊二醛有两个醛基，这两个醛基都可与酶或蛋白质的游离氨基反应，形成席夫（Schiff）碱而使酶或菌体蛋白交联，制成固定化酶或固定化菌体。用戊二醛交联时采用的 pH 一般与被交联的酶或蛋白质的等电点相同。

交联法制备的固定化酶或固定化菌体结合牢固，可以长时间使用。但由于交联反应条件较激烈，酶分子的多个基团被交联，致使酶活力损失较大，而且制备成的固定化酶或固定化菌体的颗粒较小，会给使用带来不便。为此，可将交联法与吸附法或包埋法联合使用，以取长补短。例如，将酶先用凝胶包埋后再用戊二醛交联，或先将酶用硅胶等吸附后再进行交联等，这种固定化方法称为双重固定法。双重固定法已经在酶和菌体固定化方面广泛应用，可制备出酶活性高、强度高的固定化酶或固定化菌体。

比较各种类型固定化方法的特点，可以为选择适合的方法提供必要的依据。表 3-1 对各类方法做了简要的比较，在实际工作中若要进行某种酶的固定化研究，首先必须对酶的性质有所了解，然后根据实际条件和要求，选择适当的固定化方法，这样才可能得到预期的效果。这里所说的酶的性质，主要是酶的稳定性，包括热稳定性、pH 稳定性、对某些化学试剂的敏感性；对酶的活性中心和必需基团的性质，酶的抑制剂和激活剂都应有所了解；对载体的来源、价格、机械性能，载体的功能基团和交联度等都应有所了解。如果是制备生产上应用的固定化酶，显然必须侧重考虑使各种制备用试剂和原材料易得、便宜，制备方法简便易行。各种固定化方法优缺点比较见表 3-2。

表 3-1　　各类酶固定化方法的比较

比较项目	吸附法		包埋法	载体偶联法	交联法
	物理吸附	离子交换吸附			
制备难易程度	易	易	较难	难	较难
固定化程度	弱	中等	强	强	强
活性回收率	易流失	高	高	低	中等
再生性	可能	可能	不可能	不可能	不可能
费用	低	低	低	高	中等
底物专一性	不变	不变	不变	可变	可变
适用性	酶源多	广泛	小分子底物医用酶	较广	较广

表 3-2　　固定化方法的优缺点比较

方法	优点	缺点
吸附法	制作条件温和、简便、成本低、载体再生、可反复使用	结合力弱，对 pH、离子强度、温度等因素敏感，酶易脱落，酶的装载容量较小

续表

方法	优点	缺点
交联法	可用交联试剂多，技术简易，酶的结合力强，稳定性高	交联条件激烈，机械性能差
载体偶联法	酶分子的官能团和载体表面的集团发生反应；酶的结合力强，非常难稳定	偶联条件激烈，易引起酶失活；成本高
包埋法	包埋材料、包埋方法可选余地大，固定化酶的使用面广，包埋条件温和	仅可用于低分子质量的底物，不适用于柱系统，常有扩散限制问题

二、固定化酶的优缺点

1. 固定化酶的优点

固定化酶与水溶性酶相比，具有下列优点：

①固定化酶可以多次使用，而且在多数情况下，酶的稳定性提高，因而单位酶催化的底物量大增，用酶量大减，即单位酶的生产力高。

②固定化酶极易与底物、产物分开，因而产物溶液中，几乎没有酶的残留，简化了提纯工艺，产率较高，产品质量较好。

③固定化酶的反应条件易于控制，可以装柱（塔）连续反应，宜于自动化生产，节约劳动力，减少反应器占地面积。

④较水溶性酶更适合于多酶反应。

⑤辅酶固定化和辅酶再生技术，将使固定化酶和能量再生体系或氧化还原体系合并使用，从而扩大其应用范围。

2. 固定化酶的缺点

固定化酶虽然有上述优点，但用于工业生产的实例，至今仍然不多，原因在于固定化酶的应用尚存若干困难或缺点。

①固定化酶所用载体与试剂较贵、成本高、工厂投资大，加上固定化过程中酶活性有损失，即酶活性回收率低，更增加了工业化生产的投资困难。如果用胞内酶进行固定化，还要增加酶的分离成本。固定化酶在长期使用后，因染杂菌、酶的渗漏、载体降解以及其他错误操作，也会致使酶失活。

②固定化酶一般只适用于水溶性的小分子底物；大分子底物常受载体阻拦，不易接触酶，致使催化活性难以发挥。

③目前固定化酶尚限于单级反应、多酶反应，特别是需要辅因子的固定化酶技术，还有待开发。

三、固定化酶的制备原则及其注意事项

1. 一般原则

①必须注意维持酶的催化活性及专一性。

②固定化应该有利于生产自动化、连续化。

③固定化酶应有最小的空间位阻，尽可能不妨碍酶与底物的接近，以提高产品产量。

④酶与载体必须结合牢固，从而使固定化酶能回收贮藏，利于重复使用。

⑤固定化酶应有最大的稳定性，所选载体不与废物、产物或反应液发生化学反应。

⑥固定化酶成本要低，以利于工业使用。

2. 注意事项

（1）活性中心　保护酶的催化作用，并使酶的活性中心的氨基酸基团固有的高级结构不受到损害，在制备固定化酶时，需要在非常严密的条件下进行。

（2）功能基团　如游离的氨基、羧基、半胱氨酸的巯基、组氨酸的咪唑基、酪氨酸的酚基、丝氨酸和苏氨酸的羟基等，当这些功能基团位于酶的活性中心时，要求不参与酶的固定化结合。

（3）酶的高级结构　要避免用高温、强酸、强碱等处理，而且有机溶剂、高浓度的盐也会使酶变性、失活，因此，操作应尽量在非常温和的条件下进行。

酶固定化之后，首先应当测定固定化酶的活性，以确定固定化过程的活性回收率。研究它的最适反应条件（底物浓度、pH、温度、离子强度等）；对固定化酶的稳定性和不稳定原因的探究，以便能改善载体微环境的物化性质；对酶进行人工修饰，使其与载体的结合达到较为理想的构型和相容性，人为地得到最优化的催化结构，使固定化技术从自在阶段过渡到自为阶段，正是目前人们追求的目标之一。

知识点二　固定化酶的评价

一、固定化酶的评价

固定化酶的评价主要基于其稳定性、活性，以及实际应用中的性能，固定化酶的评价指标主要包括如下几个方面。

1. 酶活性

酶活性是指酶催化一定化学反应的能力。酶活性的大小可以用在一定条件下，它所催化的某一化学反应的转化速率来表示，即酶催化的转化速率越快，酶的活性就越高；反之，速率越慢，酶的活性就越低。

2. 酶比活性

酶比活性是指每毫克蛋白质所具有的酶活性单位数。酶比活性为每毫克蛋白质所具有的酶活性单位数，一般用酶活性单位/mg 蛋白质表示。酶的比活性在酶学研究中用来衡量酶的纯度，对于同一种酶来说，比活性越大，酶的纯度越高。利用比活性的大小可以用来比较酶制剂中单位质量蛋白质的催化能力，是表示酶的纯度高低的一个重要指标。

3. 固定化酶的比活性

固定化酶的比活性是指每 1g 干固定化酶所具有的酶活性单位，或以单位面积（$1cm^2$）的酶活性单位表示（酶膜、酶管、酶板）。

固定化酶的比活性是用于衡量固定化酶的活性水平，与游离酶的比活性相比，可以评估固定化过程对酶活性的影响。比活性的测定通常是通过直接测定干固定化酶的酶活性来计算得出的。

4. 固定化酶的半衰期

固定化酶的半衰期是衡量酶稳定性的重要指标，表示在连续测定条件下，固定化酶活性下降为最初活性一半所需要的时间（$t_1/2$）。

5. 酶结合效率

酶结合效率是指酶与载体结合的百分率，也称为酶的固定化率。在酶工程中，酶可以通过物理或化学的方法固定在某种载体上，以提高其稳定性、重复使用性，并控制酶与底物的反应。酶与载体的结合效率直接影响到固定化酶的催化活性和使用寿命。高结合效率意味着更多的酶分子成功地固定在载体上，从而在后续的反应中能够发挥更大的催化作用。具体计算公式如式（3-1）所示。

$$\text{酶结合效率（\%）} = \frac{\text{加入的总的酶活性} - \text{未结合的酶活性}}{\text{加入的总的酶活性}} \times 100 \qquad (3-1)$$

6. 酶活性回收率

酶活性回收率是指固定化酶的总活性与用于固定化的总游离酶活性的百分率，或称偶联效率、活性保留分数（%）。这个指标反映了在酶的固定化过程中，酶活性的保留情况。酶是具有生物活性的催化物质，对反应条件要求较高，因此在固定化过程中，酶活性的损失情况是一个重要的考量因素。酶活性回收率的高低直接影响到酶在实际应用中的效果和效率，计算见式（3-2）。

$$\text{酶活性回收率（\%）} = \frac{\text{固定化酶总活性}}{\text{被固定化游离酶的总活性}} \times 100 \qquad (3-2)$$

7. 相对酶活性

固定化酶的相对酶活性是指具有相同量蛋白的固定化酶与游离酶活性的比值。

固定化酶的相对酶活性反映了固定化酶在固定化过程中保持其催化活性的能力，是评估固定化方法优劣及固定化酶实用性的一个重要参数。相对酶活性与载体结构、颗粒大小、底物分子质量大小及酶与载体的结合效率有关。通过测定固定化酶的相对酶活性，可以判断固定化方法的效果以及固定化酶在实际应用中的潜力。

二、固定化酶的特性

将酶或含酶菌体固定化制成固定化酶或固定化菌体后，由于受到载体等因素的影响，酶的特性可能会有所变化，现将固定化酶的主要特性介绍如下。

1. 稳定性

固定化酶的稳定性一般比游离酶的稳定性好，主要表现在：①对热的稳定性提高，可以耐受较高的温度；②保存稳定性好，可以在一定条件下保存较长的时间；③对蛋白酶的抵抗性增强，不易被蛋白酶水解；④对变性剂的耐受性提高，在尿素、有机溶剂和盐酸胍等蛋白质变性剂的作用下，仍可保留较高的酶活性等。

2. 最适温度

固定化酶的最适作用温度一般与游离酶差不多，活化能也变化不大。但有些固定化酶的最适温度与游离酶有较明显的变化。例如，用重氮法制备的固定化胰蛋白酶和胰凝乳蛋白酶，其作用的最适温度比游离酶高5~10℃，以共价键结合法固定化的色氨酸酶，其最适温度比游离酶高5~15℃。同一种酶，在采用不同的方法或不同的载体进行固定化后，其最适温度也可能不同。如氨基酰化酶，用DEAE-葡聚糖凝胶经离子键结合法固定化后，其最适温度（72℃）比游离酶的最适温度（60℃）提高12℃，用DEAE-纤维素固定化后，其最适温度（67℃）比游离酶提高7℃；而用烷基化法固定化的氨基酰化酶，其最适温度却比游离酶有所降低。由此可见，固定化酶作用的最适温度可能会受到固定化方法和固定化载体的影响，在使用时要加以注意。

3. 最适 pH

酶经过固定化后，其作用的最适 pH 往往会发生一些变化。这一点在使用固定化酶时必须引起重视。影响固定化酶最适 pH 的因素主要有两种：一种是载体的带电性质，另一种是酶催化反应产物的性质。

（1）载体性质对最适 pH 的影响　载体的性质对固定化酶作用的最适 pH 有明显的影响。一般来说，用带负电荷的载体制备的固定化酶，其最适 pH 比游离酶的最适 pH 有所提高（即向碱性一侧移动）；用带正电荷载体制备的固定化酶的最适 pH 比游离酶的最适 pH 低（即向酸性一侧移动）；而用不带电荷的载体制备的固定化酶，其最适 pH 一般不改变（有时也会有所改变，但不是由于载体的带电性质所引起的）。

（2）产物性质对最适 pH 的影响　酶催化作用产物的性质对固定化酶的最适 pH 有一定的影响。一般来说，催化反应的产物为酸性时，固定化酶的最适 pH 要比游离酶的最适 pH 高一些；产物为碱性时，固定化酶的最适 pH 要比游离酶的最适 pH 低一些；产物为中性时，最适 pH 一般不改变。这是由于固定化载体成为扩散障碍，使反应产物向外扩散受到一定的限制所造成的。当反应产物为酸性时，由于扩散受到限制而积累在固定化酶所处的催化区域内，使此区域内的 pH 降低，必须提高周围反应液的 pH 才能达到酶所要求的 pH。为此，固定化酶的最适 pH 比游离酶要高一些。反之，反应产物为碱性时，由于它的积累使固定化酶催化区域的 pH 升高，因此使固定化酶的最适 pH 比游离酶的最适 pH 要低一些。

4. 底物特异性

固定化酶的底物特异性与游离酶比较可能有些不同，其变化与底物分子质量的大小有一定的关系。对于那些作用于低分子质量底物的酶，固定化前后的底物特异性没有明显变化。例如，氨基酰化酶、葡萄糖氧化酶、葡萄糖异构酶等，固定化酶的底物特异性与游离酶的底物特异性相同。而对于那些既可作用于大分子底物，又可作用于小分子底物的酶而言，固定化酶的底物特异性往往会发生变化。例如，胰蛋白酶既可作用于高分子质量的蛋白质，又可作用于低分子质量的二肽或多肽，固定在羧甲基纤维素上的胰蛋白酶，对二肽或多肽的作用保持不变，而对酪蛋白的作用约为游离酶 3%；以羧甲基纤维素为载体经叠氮法制备的核糖核酸酶，当以核糖核酸为底物时，催化速度约为游离酶的 2%，而以环化鸟苷酸为底物时，催化速度可达游离酶的 50%~60%。固定化酶底物特异性的改变，是由于载体的空间阻挡作用引起的。酶固定在载体上以后，使大分子底物难于接近酶分子而使催化速度大大降低，而分子质量较小的底物受空间阻挡作用的影响较小或不受影响，故与游离酶的作用没有显著差异。

【知识链接】

固定化酶的底物特异性

酶的底物特异性是指酶对底物的选择性。酶能够与特定的底物结合形成酶-底物复合物，并催化底物的转化。酶的底物特异性是由酶的立体构象决定的，酶的活性位点与底物之间存在特定的空间和化学识别，只有符合特定结构的底物才能与酶结合并发生反应。底物特异性是酶对底物选择性的重要基础，也是酶催化反应的关键因素。

【思考题】

1. 简述固定化酶的概念。
2. 固定化酶的优缺点是什么？
3. 常见的酶固定化方法及优缺点是什么？
4. 固定化酶的性质是什么？
5. 论述固定化酶的应用前景。

任务二 细胞与辅酶的固定化

学习目标

知识目标：

1. 理解细胞与辅酶固定化的概念及分类。

2. 掌握细胞与辅酶固定化的方法及应用。

技能目标：

能根据相关指标对固定化细胞和辅酶的性能进行测定，正确评价细胞和辅酶的固定化效果。

素质目标：

深刻理解细胞和辅酶固定化的重要意义，培养严谨的科学态度与团队协助的意识。

知识点一 细胞的固定化

一、固定化细胞的分类

1. 植物细胞固定化

植物是各种天然色素、香精药物和酶的重要来源。20 世纪 80 年代发展起来的植物细胞培养和发酵技术，为上述这些天然产物的工业化生产开辟了新途径，呈现出良好的前景。然而由于植物细胞体积较大、对剪切力较敏感，加上生长周期长，容易聚集成团等原因，使植物细胞悬浮培养及发酵生产中存在稳定性较差、产率不高等问题。人们在不断探索解决这些问题的方法，其中植物细胞固定化技术所显示的优点对植物游离细胞的不足之处起到了弥补作用。

（1）固定化植物细胞的显著特点

①植物细胞经固定化后，由于有载体的保护作用，可减轻剪切力和其他外界因素对植物细胞的影响，提高植物细胞的存活率和稳定性。

②细胞经固定化后，被束缚在一定的空间范围内进行生命活动，不容易聚集成团。

③固定化植物细胞可以简便地在不同的培养阶段更换不同的培养液，即首先在生长培养基中生长增殖，在达到一定的细胞密度后，改换成发酵培养基，以利于生产各种所需的次级代谢产物。

④固定化植物细胞可反复使用或连续使用较长的一段时间，大大缩短了生产

周期，提高了产率。

⑤固定化植物细胞易于与培养液分离，利于产品的分离纯化，提高产品质量。

（2）固定化植物细胞的应用　固定化植物细胞的主要用途是制造人工种子，将一定数量的植物细胞悬浮在含有适宜营养物质的一定浓度的海藻酸钠溶液中，用注射器或滴管滴入一定浓度的钙离子溶液中，形成海藻酸钙凝胶，植物细胞包埋固定化在多孔凝胶中，制备得到人工种子。在一定的条件下，细胞会生长、繁殖，按照细胞全能理论，在一定的条件下，每一个细胞都可长成一棵完整的植株。通过植物细胞培养技术，可由一粒种子快速繁殖得到大量细胞，再通过固定化技术进行人工种子的研制，就有可能获得大量具有相同遗传特性的植株。对种子的保存具有重要意义，还可以节约种子的用量。

此外，固定化植物细胞还可用于生产各种色素、香精、药物、酶等次级代谢产物。一般仅适用于可分泌到细胞外的产物的生产。对于细胞内产物，则要想办法增加细胞膜的透过性，使胞内产物分泌到细胞外。

2. 动物细胞固定化

动物细胞可生产激素、酶和免疫物质等动物功能蛋白质。但由于动物细胞体积大，又没有细胞壁的保护作用，在培养过程中极易受到剪切力等外界因素的影响。加上动物细胞生长缓慢，培养基组分较复杂、产率不高等因素，使动物细胞在生产上的应用受到限制。为此需在提高动物细胞稳定性、缩短生产周期、提高生产速率方面下功夫，其方法之一就是进行固定化。

动物细胞中，除了一部分属于悬浮细胞可以自由悬浮在培养液中以外，绝大部分属于附着细胞，它们必须附着在固体表面才能进行正常的生长繁殖，这就使固定化技术在动物细胞培养方面具有更重要的意义。

（1）固定化动物细胞的特点

①提高细胞存活率：动物细胞经固定化后，由于有载体的保护作用，可以减轻或免受剪切力的影响，同时动物细胞可附着在载体表面生长，从而可显著提高动物细胞的存活率。

②提高产率：动物细胞固定化后，可先在生长培养基中生长繁殖，使细胞在载体上形成最佳分布并达到一定的细胞密度。然后可简便地改换成发酵培养基，控制发酵条件，使细胞从生长期转变到生产期，以利于提高产率。

③固定化动物细胞可反复使用或连续使用较长的时间。例如，中国仓鼠卵巢细胞（CHO）生产人干扰素可以稳定地生产30d。

④固定化细胞易与产物分开，利于产物分离纯化，提高产品质量。

（2）固定化动物细胞的应用　动物细胞中大部分为贴壁细胞，需要贴附在载体的表面才能正常生长。因此，固定化动物细胞被广泛应用，特别是采用微载体对动物细胞进行吸附固定化。主要用于生产小儿麻痹症疫苗、风疹疫苗、狂犬病疫苗、麻疹疫苗、黄热病疫苗、肝炎疫苗、口蹄疫疫苗等疫苗，生长激素、干扰素、胰岛素、前列腺素、催乳激素、白细胞介素、促性腺激素等激素，血纤维溶酶原激活剂、胶原酶等酶类，抗菌肽等多肽药物，以及皮肤、心脏等各种组织器官。

3. 微生物细胞固定化

（1）固定化微生物细胞的显著特点

①固定化微生物细胞保持了细胞的完整结构和天然状态，稳定性好。

②固定化微生物细胞保持了细胞内原有的酶系、辅酶体系和代谢调控体系，可以按照原来的代谢途径进行新陈代谢，并进行有效的代谢调节控制。

③发酵稳定性好，可反复使用或连续使用较长的一段时间。例如，用海藻酸钙凝胶包埋法制备的黑曲霉细胞，用于生产糖化酶可以连续使用 1 个月。

④固定化微生物细胞密度提高，可以提高产率。如海藻酸钙凝胶固定化黑曲霉细胞生产糖化酶，产率会提高 30%以上。

⑤提高工程菌的质粒稳定性。

（2）固定化微生物细胞的应用　自 20 世纪 70 年代后期以来，固定化微生物细胞的研究迅速发展。其应用范围广，归纳起来主要应用在两个方面。一是利用固定化微生物细胞发酵生产各种胞外产物，如利用固定化微生物细胞可以生产酒精、酒类、氨基酸、有机酸、酶和辅酶、抗生素等。此外，固定化微生物细胞还可以用于甾体转化及有机溶剂、维生素、化工产品等的生产（图 3-4）。二是利用固定化微生物细胞与各种电极结合制成微生物电极，如固定化微生物细胞可以用于制造呼吸活性测定型和电极活性测定型两种固定化微生物传感器。

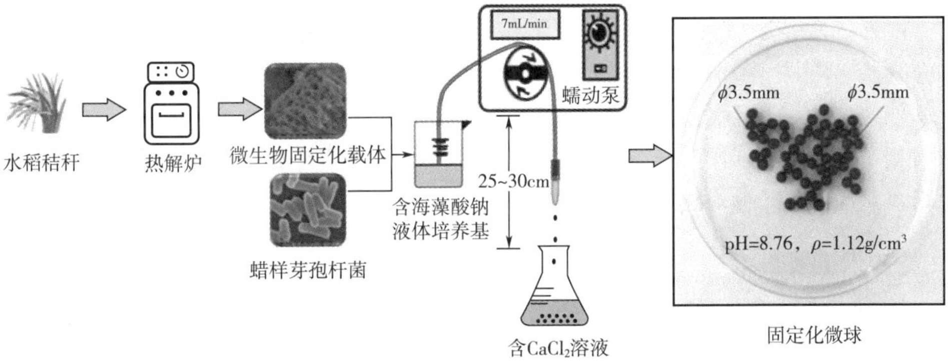

图 3-4　一种活体微生物固定化微球及其制备方法和应用与流程

固定化细胞技术的应用，不仅提高了细胞的存活率和产率，还使得细胞可以反复或连续使用，大大缩短了生产周期，提高了产品质量。此外，由于固定化细胞技术的使用，使得一些难以通过传统方法生产的物质变得可行，为生物技术的发展和应用开辟了新的途径。

二、细胞固定化的原理及方法

细胞的种类多种多样，大小和特性各不相同，所以细胞固定化的方法有很多种。归纳起来，主要可以分为吸附法和包埋法两大类。

1. 吸附法

利用各种吸附剂，将细胞吸附在其表面而使细胞固定的方法称为吸附法。用于细胞固定化的吸附剂主要有硅藻土、多孔陶瓷、多孔玻璃、多孔塑料、金属丝网、微载体和中空纤维等。

酵母细胞带有负电荷，在 pH3~5 的条件下能够吸附在多孔陶瓷、多孔塑料等载体的表面，制成固定化细胞，用于酒精和啤酒等的发酵生产；在环境保护领域内使用的活性污泥中含有各种各样的微生物，这些微生物可以沉积吸附在硅藻土、多孔玻璃、多孔陶瓷、多孔塑料等载体的表面，用于各种有机废水的处理，降低废水中的化学需氧量（COD）和生化需氧量（BOD）；各种霉菌会长出菌丝体，这些菌丝体可以吸附缠绕在多孔塑料、金属丝网等载体上用于生产有机酸和酶等；植物细胞可吸附在中空纤维外壁，用于生产色素、香精、药物和酶等次级代谢产物；动物细胞大多属于贴壁细胞，必须依附在固体表面才能正常生长，故可吸附在容器壁、微载体、中空纤维外壁等载体上，制成固定化细胞，用于各种蛋白质的生产。

2. 包埋法

将细胞包埋在多空载体内部而制成固定化细胞的方法称为包埋法。包埋法可分为凝胶包埋法和半透膜包埋法。凝胶包埋法是应用最广泛的细胞固定方法。

以各种多孔凝胶为载体，将细胞包埋在凝胶的微孔内而使细胞固定化的方法称为凝胶包埋法。细胞经包埋固定化后，被限制在凝胶的微孔内进行生长、繁殖和新陈代谢。凝胶包埋法是应用最广泛的细胞固定化方法，适用于各种微生物、动物和植物细胞的固定化。凝胶包埋法所使用的载体主要有琼脂凝胶、海藻酸钙凝胶、角叉菜胶、明胶、聚丙烯酰胺凝胶和光交联树脂等。

【知识链接】

固定化细胞与细胞固定化

固定化细胞（immobilized cells）是指固定在水不溶性载体上，在一定的空间范围内进行生命活动（生长、发育、繁殖、遗传和新陈代谢等）的细胞。固定化细胞技术是用于获得细胞的酶和代谢产物的一种方法，起源于 20 世纪 70 年代，是在固定化酶的基础上发展起来的新技术。由于固定化细胞能进行正常的生长、繁殖和新陈代谢，所以又称固定化活细胞或固定化增殖细胞。通过各种方法将细胞和水不溶性载体结合，制备固定化细胞的过程称为细胞固定化。细胞固定化过程包括吸附、包埋、交联等方法，目的是保护细胞免受机械力及环境变化的影响，提高细胞的耐受力，并促使高密度培养，从而提高目的产物的产率。植物细胞、动物细胞、微生物细胞都可以被制成固定化细胞。

知识点二　辅酶的固定化

近年来，关于酶固定化的研究及应用已取得很大的进展，然而很少有关于辅酶固定化的报道，但许多有价值的酶的催化反应都需要辅酶的参加，尤其是氧化还原酶的催化反应都需要 NAD（P）H 或 NAD（P）$^+$的参与。但是因为辅酶价格昂贵，不能多次重复使用，所以辅酶很少在大规模工业催化中应用，如能将辅酶进行固定化并实现其原位再生将会是固定化技术上的一大突破。

一、辅酶的分类

辅酶是一类可以将化学基团从一个酶转移到另一个酶上的有机小分子，与酶较为松散地结合，对于特定酶的活性发挥是必要的。由于辅酶在酶催化反应中其化学组分发生了变化，因此可以认为辅酶是一种特殊的底物或者称为“第二底物”，这种所谓的第二底物可以被许多酶所利用。按照作用机理可将辅酶分为两大类。

1. 辅基型辅酶

辅基型辅酶（酶内传递，简称辅基），它与酶结合牢固，难以解离，是酶活性中心的组成部分，在反应终止时再生成原形。例如，维生素 B_1（硫胺素）、维生素 B_2（核黄素）、维生素 B_6（吡哆醛和吡哆胺）、维生素 B_{12}（钴胺素）和生物素、硫辛酸等。

2. 底物型辅酶（酶间载体，以下简称辅酶）

底物型辅酶（酶间载体，简称辅酶），它与酶结合不牢固，容易解离，在酶反应中它由酶Ⅰ从底物 AX 接受还原单位或化学基团 X，转移到酶Ⅰ，然后将 X 传递给底物 B 后再生成原形。因此，可将它看作是一种特殊的共同底物。属于此类的辅酶有 ATP、NAD（P）、CoA（辅酶 A）、四氢叶酸等。

辅基和辅酶与对应的酶有专一的亲和性，故而固定化后可用于亲和层析精制酶。将固定化酶技术扩大到需要辅基或辅酶的酶而应用于连续反应时，固定化方法也往往要有相应的改变。对于必需辅基的酶，在固定化酶时一般是可以将辅基同时固定，但是当某些场合辅基与酶蛋白结合力较弱或者辅基会泄漏时，必须将辅基用共价链与酶蛋白结合等手段使两者结合强化。对于必需辅酶的酶，由于其需要在两种酶间移动，所以必须采用特别的手段。例如，可以将高分子化的辅酶和多个酶一起封闭在半透膜中进行连续酶反应。总之，辅基和辅酶的固定化方法和设想，因辅酶种类和使用目的而异，现具体介绍如下。

二、辅基的固定化

首先应选择合适的载体，理想载体应具备以下条件：没有非特异性吸附；具有多孔性；具有适合引入配基的官能团；具有化学稳定性；具有生物学稳定性；具有适当的机械强度等。迄今使用的载体大都是琼脂糖，此外也有使用纤维素、玻璃珠、合成高分子等。

其次，间隔基的问题非常重要。无论辅基以怎样合适的部位固定化，若与载体的距离太近，就难以与生物高分子的酶结合。一般辅基分子和载体之间要导入0.5~1.0nm长的间隔基。间隔基的性质也很重要，必须考虑其疏水性、亲水性、离子性和体积大小等因素而加以选择。在较长直链烷基作间隔基时，由于疏水作用也有吸附酶的能力，会使固定化辅基吸附专一性降低。然后要将辅基共价结合于载体上，必须在不影响其活性的分子某部分引入适当的功能团，一般引入羧基或氨基后，与载体偶联就比较容易。如果辅基本身具有不参与催化活性的适当功能团时，当然就不必预先引入功能团，实际上在固定化磷酸吡哆醛（PLP）、磷酸吡哆胺（PMP）、黄素腺嘌呤二核苷酸（FAD）、黄素单核苷酸（FMN）、焦磷酸硫胺素（TPP）、生物素、硫辛酸、卟啉等辅基时，大部分都是利用本身原有的功能团。

最后，将具有某种功能团的辅基先与间隔基结合，再与活化的载体偶联；或者先使用间隔基与活化载体结合，再与辅基或其衍生物偶联。现在最常用的载体是琼脂糖凝胶。

固定化辅基用途之一就是通过亲和层析来提纯相应的酶，此时不一定局限于一种酶，也能提纯多种酶。另外对于某一辅基，使用在不同部位固定化的衍生物进行亲和层析，比较它们的效果，可以了解辅基与酶结合的有关情况。故而亲和层析不仅可以精制酶和蛋白质，而且还能应用于酶基础理论研究。

三、辅酶的固定化方法

底物型辅酶的作用是从某反应向另一反应传递物质。例如ATP传递磷酸基，NAD^+和NADP传递电子，CoA传递乙酰基。这四个辅酶都含有AMP，其辅酶功能是AMP以外的部分承担的，AMP部分只起着加强对酶的亲和作用。

辅酶的固定化方法与酶相似，一般采用溴化氰法、碳二亚胺法以及重氮偶联法等共价偶联，或将其进行适当的化学修饰后用在超滤器中，辅酶的共价偶联法与辅基固定化十分类似。NAD^+通过己二胺接臂后再在琼脂糖上的固定化（图3-5），步骤如下：

①用碘乙酸使NAD^+/NADH腺嘌呤中的1位氮原子烷基化。

②在碱性条件下分子发生重排得到6位碳上的氨基氮被修饰的衍生物N^6-羧甲基NAD^+。

③通过碳二亚胺法使长链接臂分子己二胺-1,6 与 NAD^+ 衍生物的羧基偶联。

④长臂上另一端的氨基再与经过溴化氰 CNBr 活化了的琼脂糖偶联，从而得到了固定化的辅酶。

通过上述步骤，NAD^+ 被成功地通过己二胺接臂固定在琼脂糖上，这种固定化的 NAD^+ 可以在生物化学研究中作为催化剂使用，或者在生物传感器等应用中发挥作用。

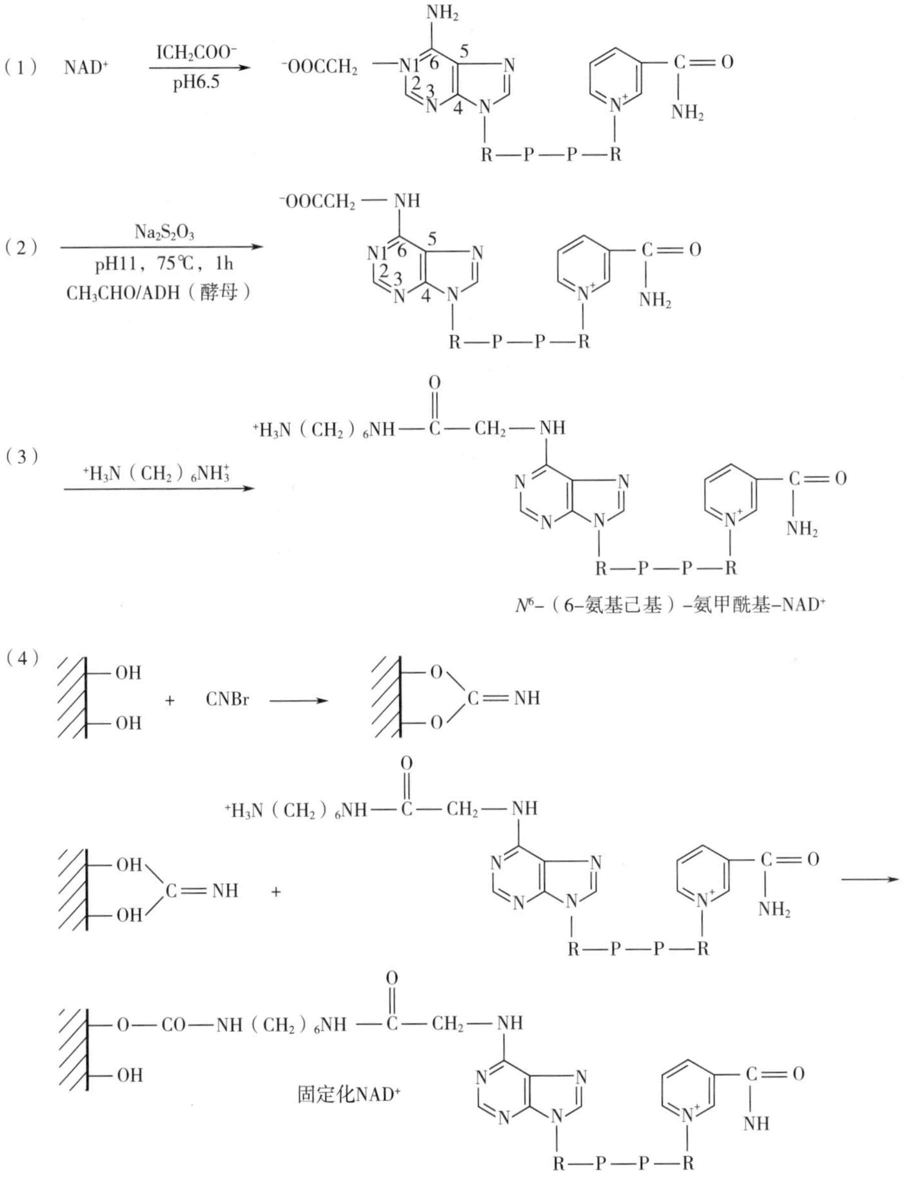

图 3-5　NAD^+ 在琼脂糖上的固定化

辅酶的相对分子质量只有几百，要将其包埋封闭在半透膜中是困难的，若将辅酶与不溶性载体结合，则不能在多个酶之间起传递作用，因此现在都是将辅酶结合于水溶性高分子，使其高分子化来解决这一问题。辅酶高分子化的一般顺序是先在辅酶的一定部位进行修饰，引入适当的功能团或间隔臂，生成辅酶衍生物，然后再与水溶性高分子结合。

（1）引入功能团和间隔团　辅酶引入的功能团主要是氨基或羧基。ATP、NAD（P）和 CoA 的 AMP 以外部分直接体现辅酶活性，所以不适宜进行化学修饰。因此，这类辅酶一般考虑在腺嘌呤 6 位氨基或 8 位引入新的功能团，制成各种辅酶衍生物。

（2）高分子化　具有羧基的辅酶衍生物可以用碳二亚胺的缩合反应使其与具有氨基的聚赖氨酸、聚乙亚胺等水溶性高分子结合而高分子化。具有氨基的辅酶衍生物一般用 BrCN 活化后，与右旋糖苷那样水溶性多糖类结合而高分子化。不预先引入功能团，用一步反应也能高分子化。

在辅酶高分子化中水溶性高分子的选择也很重要。首先其溶解度要大；分子大小要适当，使其能保持在半透膜内，分子过大会增加溶液黏度和影响辅酶活性。高分子化辅酶的活性与高分子大小、结构，疏水性、亲水性的程度，解离基的有无和种类，结合于高分子的辅酶量等有关。

辅酶的固定化的方式，首先将辅酶固定在载体上，通过吸附、共价结合和包埋等方式将辅因子和酶固定在载体上。酶和辅酶的共固定使它们处于相对接近的区域，具有较好的反应活性。也可以只将辅酶因子共价结合到载体上，而将酶分子包埋到凝胶空隙中。将偶联酶系溶液以小液滴的形式分散封入凝胶颗粒中，可以有效地减少对酶分子的剪切影响及 NAD^+ 外泄，其反应活性保持时间长。其次利用膜反应系统可以实现酶促反应与辅酶因子再生反应的偶合。中空纤维超滤膜酶反应器提供了较大的膜面积，膜将酶隔离，而底物与辅酶连续通过并扩散进入管内参与反应，产物则通过逆向扩散后被带出。当酶浓度较高时，由于生物亲和作用，结合在酶分子上的辅酶比例增高。酶起到“吸附剂”作用而使辅因子“固定”。由于带有负电荷的辅因子与膜之间的静电斥力，因此，负电荷膜常用来截留反应器中的辅因子。最后，进行辅酶大分子化。聚乙二醇（PEG）的聚合链上只有两个连接末端，空间位阻较小，且水溶性高。将小分子 NAD^+、$NADP^+$ 或 ATP 共价结合到 PEG、葡聚糖或聚乙烯亚胺等水溶性高分子上，再与酶一起封在膜反应器中连续反应可以使膜更有效地截留辅因子。

四、辅酶的再生

将高分子化的辅酶封闭在反应体系内利用时还需考虑再生的问题。将高分子化辅酶反复使用的场合，辅酶的型在反应前后会发生变化，故要偶联另一反应使辅酶回复到原型，这就是辅酶的再生。

目前的辅酶再生大多是原位再生，即将辅酶始终截留在反应体系，通过氧化还原等反应实现辅酶再生。辅酶再生手段主要有化学法、酶法、电化学法、光化学法和基因工程法。

1. 化学法

化学法是利用一些化学试剂（如吩嗪甲基硫酸盐、黄素衍生物）与辅酶的氧化还原反应来实现辅酶的再生。用化学法可以使 NAD^+和 NADH 再生，如利用吩嗪甲基硫酸盐（PMS）、亚甲基蓝和黄素衍生物等化学试剂从还原型辅酶接受电子，将 NADH 氧化成 NAD^+。以连二亚硫酸盐作为还原剂使 NAD^+还原成 NADH。但是，化学法缺乏特异性。辅酶容易钝化，且化学试剂会污染产物。

2. 酶法

酶法是被研究和应用最多的再生手段，利用偶合酶催化氧化还原反应，实现辅酶由氧化态（或还原态）到还原态（或氧化态）的再生。这种酶促反应与辅酶再生偶合的方式有两种：偶联酶再生法和单酶再生法。偶联酶再生法是用一种酶使 NAD（P）$^+$还原成 NAD（P）H，而另一种酶使 NAD（P）H 氧化成 NAD（P）$^+$。常用醇脱氢酶、乳酸脱氢酶或葡萄糖脱氢酶等脱氢酶作为催化剂作用于醇、乳酸或葡萄糖等廉价底物可以实现辅酶的再生。

将辅酶和酶共固定在同一载体上，可得到一种不需外加辅酶而活性持久的固定化酶，如图 3-6（1）所示。例如马肝醇脱氢酶（HLADH）和 NAD^+衍生物，N^6-（6-氨基己基）氨甲酰基甲基 NAD^+一起固定在同一载体琼脂糖上可以形成一种共固定复合物。由于在这种固定复合物中只有一种酶，所以这种共固定辅酶系统通常只能应用于偶联底物再生的系统。在偶联底物再生的系统中，这种共固定复合物的辅酶再生循环大约为 3400 次/h，因此它不再需要外加辅酶。

另一种较为有效的方法是将辅酶直接固定在某个酶分子上，原先可分离的辅酶便成了这一酶分子上被牢固结合的辅基，如图 3-6（2）所示。例如辅酶 NAD^+衍生物可直接共价结合到醇脱氢酶上，并仍能与此酶分子相互作用，具有辅酶活性。这种酶-辅酶复合物如果被固定在某个电极上，便是一种酶电极。辅酶通过酶反应被还原，然后再经过电化学方法得到真正氧化。一种最理想的构型是一个酶的活性中心能与另一个酶的活性中心相互定向，而辅酶与其中的一个酶分子相结合，它的手臂分子的长度又适于辅酶分子与两个酶的活性中心相互作用，这样辅酶便能在两个酶的活性中心之间进行游摆从而得到再生。

单酶再生法是利用同种酶催化另一种底物来完成辅酶的再生，这种再生方法中酶的底物专一性一般不会很强。为了提高单酶再生的热力学推动力，可以适当增加辅酶的浓度，但这容易抑制酶的生产活性。采用交联酶结晶技术可以在酶结晶时把辅酶一起放进去，这样既保证了较高的底物浓度又保证了较高的酶活性。在马肝醇脱氢酶再生 NADH 的实验中，交联酶结晶制品达到可溶性酶 90%的活性，在 3 个月后仍然保持全部活性。

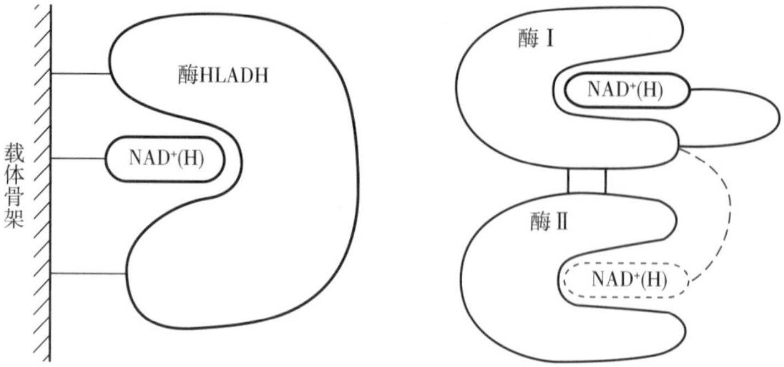

（1）辅酶与酶共固定在载体上　　（2）通过间隔臂将辅因子直接固定在酶分子上

图 3-6　辅酶和酶固定化的反应系统

3. 电化学法

电化学法是通过电极的电子传递直接实现辅酶再生，不需要引入其他酶和底物，避免了副产物。近年发展的方法是采用电极表面改性和新电子介体来解决这些问题。Schroder 用这 ABTS2［2,2′,2-联氮双（3-乙基苯并噻唑啉-6-磺酸）二铵盐］作电子介体再生 NADH，这个电化学反应成功用于马肝醇脱氢酶催化内消旋二醇到手性内酯的反应；Wagenknecht 等开发了基于钌（Ⅱ）和铑（Ⅲ）有机金属化合物的系统，直接将氢气和烟碱类辅酶偶联再生。K. Délécoul - Servat 等研究了在超滤膜电化学反应器中利用电化学法催化 NADH 再生耦合乙醇脱氢酶催化底物生产肌醇的主反应连续合成肌醇的生产效果，反应中以［Cp（Me)$_5$Rh（bipy）Cl］为介质，通过介质的传递作用使 NADH 得到再生。

4. 光化学法

光化学法是含有光敏剂、电子载体、电子供体和酶等要素的反应系统。例如，光照射光敏剂［$Ru(bpy)_3$］$^{2+}$形成激发态［$Ru^*(bpy)_3$］$^{2+}$，后者向人工电子受体甲基紫精（MV^{2+}）转移电子形成还原态 MV^+，MV^+在铁氧化还原蛋白-$NADP^+$还原酶（FDR）的作用下还原 $NADP^+$，被氧化的光敏剂再被牺牲性电子供体 $(NH_4)_3$EDTA 还原成有活性的还原态。

5. 基因工程法

基因工程法是通过基因工程手段构建含有偶联酶系的工程菌，在完整细胞内完成辅酶的再生和目的产物的生产。现在基因工程技术可以通过导入特定的外源酶基因，构建适合再生辅酶的新菌株。将所需的几种酶基因以适当的比例重组所得工程菌对酶反应和辅酶再生的操作更加简捷。活细胞还可以利用细胞原有酶系从廉价葡萄糖再生 NAD(P)H。采用固定化基因工程菌株细胞或其粗提物将会使辅酶再生变得更加简单、有效。

固定在不溶性载体上的辅酶，即使它能保持对酶特异性结合能力，也几乎不会显示出辅酶活性。例如，将 NAD 衍生物固定在琼脂糖 4B 上，其辅酶活性只有不固定 NAD 的百分之几。但是高分子化辅基却能保持相当活性，所以它可以应用于酶反应。

在许多重要的生物活性物质或生化药物的生物合成中，都是需要辅酶参加的酶促反应，所以目前对于辅酶的固定化和辅酶的再生等方面的研究工作是很活跃的，但是要实际应用于工业生产，当有待于进一步努力。

【知识链接】

细胞中的能量货币——ATP

ATP 被称为三磷酸腺苷，它的分子式可以简写成 A—P～P～P，简式中的 A 代表腺苷，P 代表磷酸基团，～代表一种特殊的化学键，称作高能磷酸键，即 ATP 是各种活细胞内普遍存在的一种高能磷酸化合物。三磷酸腺苷（ATP）可水解为二磷酸腺苷（ADP）和磷酸根离子，这是一个释放能量的反应。在大多数情况下，能量可以通过传递而被用于驱动另一个需要能量的化学反应。ATP 水解时释放的能量高达 30.54kJ/mol，因此，ATP 被称为细胞中的能量货币。

【素质拓展】

卓仁禧院士：新中国培养的第一批科学家

卓仁禧教授，著名化学家，中国生物医用高分子材料重要奠基人之一，中国科学院化学部院士，长期致力于生物医用高分子领域研究，包括药物及基因传递载体、固定化酶及其应用、生物可降解高分子的合成等。20 世纪 80 年代，生物医用高分子在我国还没有相应的研究人员来钻研此事，而年近半百的卓仁禧院士从美国进修回来后，毅然将自己的精力投入到了生物医用高分子的研究上。即使在科研条件极其恶劣、经费供应紧缺的条件下，他仍是排除万难，在武汉大学化学系开创了生物材料研究方向，其中他带领团队成员开发的固定化酶技术在药物传递和控制释放方面具有重要应用，有效提高了药物的稳定性和有效性，为国家培养了第一批相关领域的人才。卓仁禧院士一生追求创新，他特别注重培养学生的创新性思维，他始终认为，只有创新型人才才能为祖国科研事业的前进做出真正的贡献。因此，卓仁禧院士 70 多岁的时候仍坚持亲自授课，甚至 80 岁高龄的时候他还时常关心学生的科研工作，仍旧时不时到实验室对学生作出具体指导。“海为龙世界，云是鹤家乡。”卓仁禧院士书房中学生赠与的这副对联深切表现了他扎根祖国，投身国计民生四海为家的拳拳之心。

【思考题】

1. 简述固定化酶的概念。
2. 固定化酶的性质是什么?
3. 常见的酶固定化方法及优缺点是什么?
4. 固定化动物细胞有何特点? 应用在哪些方面?
5. 酶和细胞固定化技术有何重要意义? 其中关键技术是什么?

实训六　α-淀粉酶的固定化与活性检测

【实训目的】

1. 了解固定化酶和酶的固定化方法。
2. 学习掌握吸附法固定化α-淀粉酶与检测的方法。

【实训原理】

石英砂加入Ca^{2+}等阳离子后，形成桥连作用，在适当pH条件下，通过电荷的静电作用力可以吸附蛋白质。

一定浓度的淀粉溶液经过固定化酶柱后，可使淀粉水解成糊精，加入指示剂$KI-I_2$，会呈现红色，因此根据流出物加指示剂的颜色变化判断流出物中是否含有糊精。

【实训仪器】

5mL塑料注射器、50mL烧杯、塑料滴管、夹子和气门芯（或输液管代替）、架台、试管夹、试管、试管架、三角瓶、微量离心管。

【试材准备】

α-淀粉酶、蒸馏水、$KI-I_2$溶液、石英砂。

【试剂配制】

$KI-I_2$溶液：2g KI溶于部分水中，加0.2g I_2搅拌使之溶解，再加水至全量，需保存在棕色玻璃瓶内。

【操作步骤】

1. 吸附

取5mg α-淀粉酶，加入4mL蒸馏水和5g石英砂，搅拌30min。

2. 装柱

将混合石英砂和酶液装入下端接有气门芯并用夹子封住的注射器（图3-7，图3-8）。

3. 洗柱

用10倍柱体积的蒸馏水洗涤出去未吸附的游离淀粉酶。

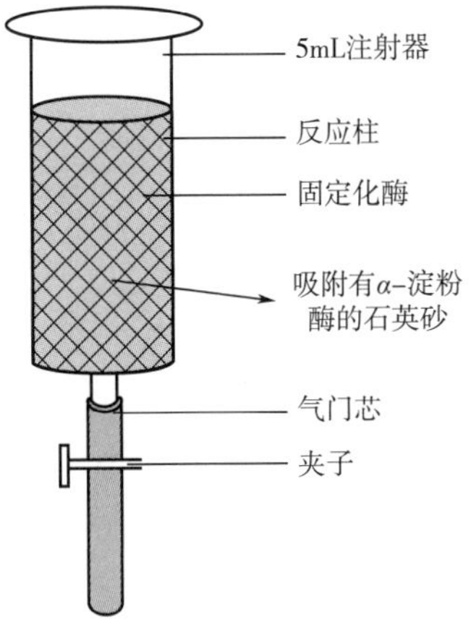

图 3-7　吸附固定化酶装置示意图

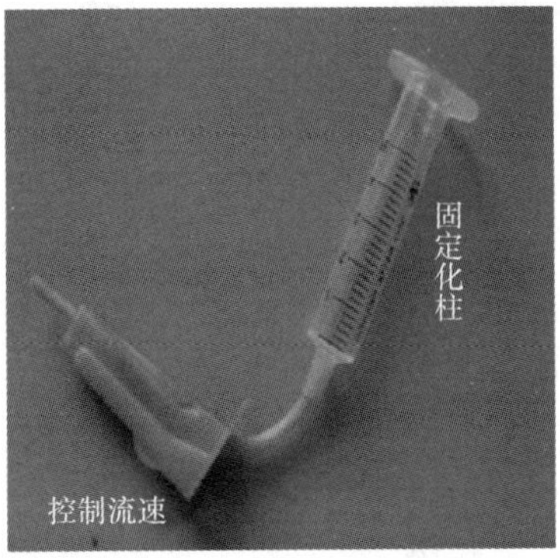

图 3-8　吸附固定化酶实物图
（输液管代替气门芯和夹子）

4. 固定化 α-淀粉酶活性检测

（1）溶解淀粉　将 50mg 可溶性淀粉溶于 100mL 热水，搅拌均匀。

（2）过柱　使淀粉溶液以 0.3mL/min 的流速过柱，在流出 5mL 淀粉溶液后接受 0.5mL 流出液（图 3-9）。

（3）检测　加入 1~2 滴 $KI-I_2$ 溶液，观察颜色变化。随后用水稀释 1 倍后再观察颜色。

（4）固定化柱的保存和再次使用　用 10 倍柱体积的蒸馏水洗涤此柱（洗去残留的反应物和产物），放置在 4℃冰箱中保存，几天后取出即可重复实验使用。

图 3-9　淀粉溶液过柱、流出

项目四

酶反应器和酶传感器

酶作为一种生物催化剂，具有高效、反应专一、条件温和等特点。随着生物科技的发展，酶功能的揭示以及利用基因工程方法大量制备酶技术的完善，尤其是近期合成生物学的兴起和研究的不断深入，使酶催化技术在食品、医药、化工等领域的应用有了突破性的发展。但同时随着酶的应用技术的不断开拓、发展，也面临着诸如酶的筛选、反应过程优化、反应器设计等许多问题，而酶反应器是其中的中心问题之一。

酶反应器（enzyme reactor）是用于完成酶催化反应的核心装置。它为酶催化反应提供合适的场所和最佳的反应条件，以便在酶的催化下，使底物（原料）最大限度地转化成产物。它处于酶催化反应过程的中心地位，是连接底物（原料）和产物的桥梁。酶和固定化酶在体外进行催化反应时，都必须在一定的反应容器中进行，以便控制酶催化反应的各种条件和催化反应的速度。

任务一 酶反应器

学习目标

知识目标：

1. 能认识不同类型酶反应器及其作用特点。

2. 能学会根据不同酶反应情况，选择合适的反应器。

3. 能确定酶反应器中不同反应条件，注意相关关键操作。

技能目标：

1. 能正确操作和维护酶反应器。

2. 能正确处理酶反应器的常见故障和问题。

素质目标：

1. 培养学生在面对酶反应器操作中的不确定性和挑战时，能够运用批判性思维分析解决问题。

2. 培养学生安全操作意识，确保在酶反应器操作过程中严格遵守安全规范，预防事故发生。

知识点一　酶反应器类型及特点

酶反应器的种类很多，根据酶应用形式的不同，可分为游离酶反应器和固定化酶反应器；根据几何形状或结构来划分，大致可分为罐型、管型、膜型三类；根据进出料的方式可分为分批式、流加分批式和连续式反应器；按其功能结构可分为膜反应器、液固反应器及气液固三相反应器三大类；根据构造的不同可分为搅拌罐式反应器、填充床式反应器、流化床式反应器、鼓泡式反应器、膜式反应器、喷射式反应器等。

一、搅拌罐式反应器

作为酶催化反应中最常用的反应器，搅拌罐式反应器（stirred tank reactor，STR）主要由保温层、搅拌器和反应罐组成，其可用于游离酶和固定化酶的催化反应。搅拌罐式反应器可以采用分批式操作，也可采用连续式操作，与之相应的称为分批搅拌罐式反应器（batch stirred tank reactor，BSTR）和连续搅拌罐式反应器（continuous stirred tank reactor，CSTR）。

1. 分批搅拌罐式反应器

分批搅拌罐式反应器，如图 4-1 所示，结构简单，操作容易，酶与底物混合较均匀、传质阻力较小、反应比较完全、反应条件容易调节控制，可用于固定化酶和游离酶的催化反应。使用时将酶和底物溶液一次性加到反应器中，在一定条件下反应一段时间，然后将反应液全部取出。其缺点是用于游离酶催化反应时，反应后产物和酶混合在一起，酶难以回收利用；用于固定化酶催化反应时，酶虽然可以回收利用，但是反应器的利用效率较低。而且搅拌产生的剪切作用力可

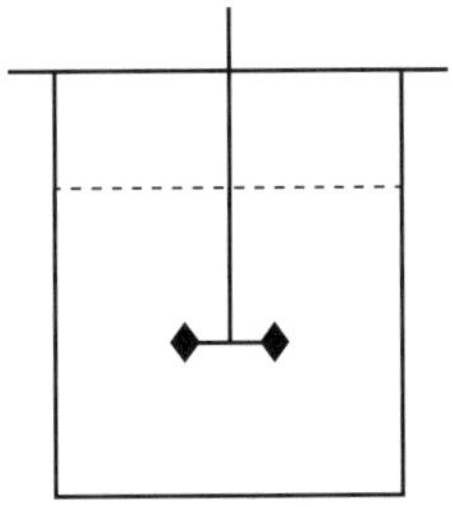

图 4-1　分批搅拌罐式反应器示意图

能对固定化酶的结构造成破坏。

分批搅拌罐式反应器也可用于流加分批式反应。当酶促反应存在高浓度底物抑制作用，即高浓度底物对酶的催化活性产生抑制作用时，采用流加分批式反应可避免或尽量减少高浓度底物的抑制作用。流加分批搅拌罐式反应器的装置与分批搅拌罐式反应器的装置相同，但在操作时，先将一部分底物加入到反应器中与酶进行催化反应，随着反应的进行，反应器中底物浓度逐渐降低，然后再连续或分批次地将底物缓慢地加入到反应器中进行反应。反应结束后，将反应液一次性全部取出。

2. 连续搅拌罐式反应器

连续搅拌罐式反应器是连续进行酶催化反应的一种有搅拌装置的反应器，又称为连续搅拌釜式反应器，其结构如图 4-2 所示。相较于分批搅拌罐式反应器，其最大的改变是底物溶液进口移到反应釜下方，以便于连续加样操作。

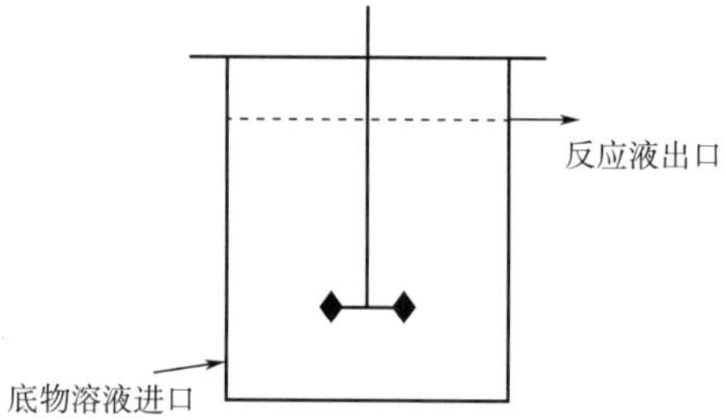

图 4-2　连续搅拌罐式反应器

连续搅拌罐式反应器只适用于固定化酶的催化反应，且为避免固定化酶被反应液冲走而导致固定化酶流失，一般需在反应器的出口处装上筛网或其他过滤介质，以截留固定化酶，或采用固定化工艺将酶固定于反应器的挡板、罐壁、搅拌轴或多孔容器中。有的则制备磁性固定化酶颗粒，采用外加磁场的方法将固定化酶滞留在反应器中。当反应器内酶促反应处于平衡状态时，底物溶液和反应液以相同速率分别从进口进入，出口流出。

连续搅拌罐式反应器在理想状态下混合良好、各部位组成相同，并与输出成分一致，反应器的利用率较高，是一种常用的固定化酶反应器，但也存在着搅拌剪切力大、易损坏固定化酶颗粒等缺点。

二、填充床式反应器

填充床式反应器（packed bed reactor，PBR）也称固定床式反应器，结构如图 4-3 所示，其是将颗粒状或片状的固定化酶填充在柱形的固定床中所构成的固定化酶反应器。使用时，在一定的反应条件下，底物以一定速度从反应器一端流入，通过固定化酶床，与之充分反应后以恒定速率流出。反应过程中，固定化酶本身固定不动，通过底物溶液的流动，实现物质的传递和混合，并进行催化反应。

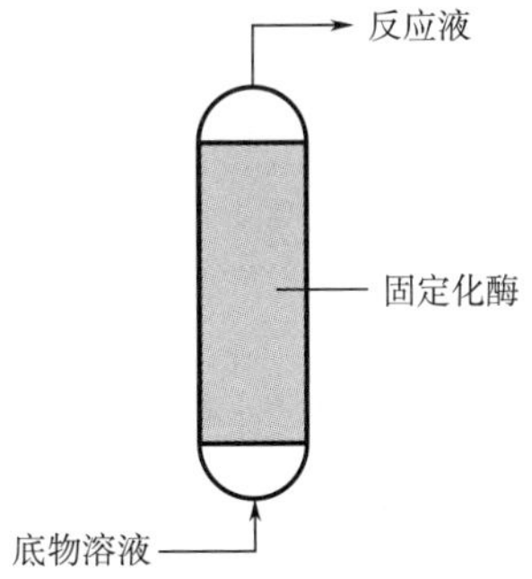

图 4-3　填充床式反应器

填充床式反应器是一种连续式反应器，反应器内的流体返混程度介于活塞流反应器（plug flow reactor，PFR）和 CSTR 之间。PFR 是一种完全没有返混的反应器，流体在其中以类似活塞运动的方式向前流动，即在其横切面上液体的流动速度完全相同，沿流动方向底物及产物的浓度逐渐变化，但同一横切面上浓度一致。直径较小或高径比较大的管式反应器接近于 PFR，CSTR 则是一种完全返混的全混流反应器。

填充床式反应器具有以下优点：①单位体积内固定化酶的量较多，催化效率高；②反应产生的产物从反应器中不断流出，产物浓度沿反应器长度方向是逐渐增高的，可减少产物的抑制作用；③剪切力小，可减少反应过程中对固定化酶的损坏，提高使用寿命；④构造相对简单，容易工程放大。目前工业上固定化酶的应用多采用此类反应器，但其在实际使用中也存在一些缺点：①只适用于可溶性底物，胶态底物和不溶性底物由于流动性太差不能使用该反应器；②反应底物会产生轴向浓度分布，因此不适用于底物抑制型酶促反应；③温度和 pH 难以控制；④固定化酶填充好后难以清洗再生和更换；⑤反应器内部易堵塞，且随着使用次数增多，床内压力降较大，底物需加压才能进入，且高压会导致固定化酶的损坏；实际使用中可采用隔板分割床体，以减少底层固定化酶所受压力，同时也可降低床内压力降。

三、流化床式反应器

流化床式反应器（fluidized bed reactor，FBR）又称“沸腾床反应器”，是一种适用于较小颗粒固定化酶进行连续催化反应的反应器，如图 4-4 所示。

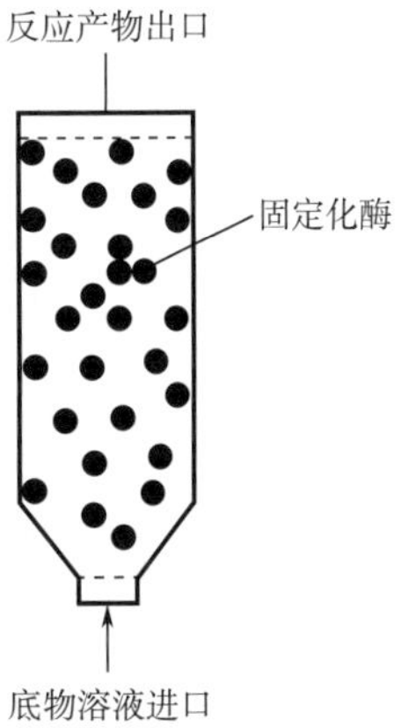

图 4-4　流化床式反应器

使用流化床式反应器时，先将固定化酶置于反应器中，底物溶液以一定速度从反应器底部匀速连续涌入，颗粒状固定化酶依靠流体的作用在保持悬浮翻动状态下进行催化反应，反应液同时从反应器的顶部连续排出。因此实际操作时要注意设置好反应器内进出溶液的流动速度。流速过低时，难以保持固定化酶颗粒的悬浮翻动状态；流速过高时，则催化反应不完全，甚至会使固定化酶的结构受到损坏。同时，流化床式反应器所选用的固定化酶颗粒不易过大，且应具有较高强度。

一般认为流化床式反应器其流体的混合程度介于活塞流反应器（PFR）和连续搅拌罐式反应器（CSTR）之间，具有以下优点：①混合均匀，传质和传热效果好，易于控制温度和 pH；②不易堵塞，适用于黏度较大的反应液催化反应；③即使应用细粒子的催化剂，压力降也不会很高。但因为固定化酶一直处于翻滚碰撞状态，加之流体流动的剪切力会导致其损坏加重；且流体力学模型参数复杂易变，难以工业化放大。

四、膜反应器

膜反应器（membrane reactor，MR），充分利用酶的高分子质量特性，巧妙地将酶的催化反应与膜的分离功能融为一体，适用于游离酶和固定化酶的催化反应场景。

在用于固定化酶催化反应时，膜反应器的构建方式多样。既可以把平板状的固定化酶放置在相应容器内组装而成；也可以将酶直接固定在膜分离装置的各类多孔薄膜上。固定化酶膜的形态丰富，涵盖平板形、螺旋形、管形、中空纤维形、转盘形等。其中，平板形和转盘形膜反应器的结构分别如图 4-5（1）与（2）所示，而在实际生产过程中，最常用的则是中空纤维膜反应器，其结构如图 4-5（3）所示。

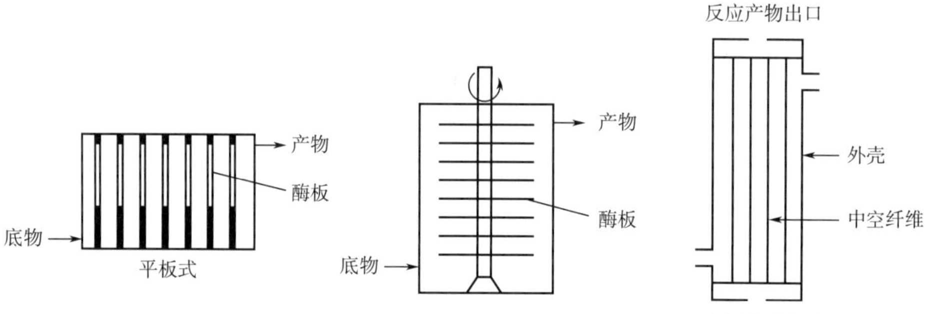

（1）平板型膜反应器　（2）转盘型膜反应器　（3）中空纤维膜反应器

图 4-5　膜反应器类型

中空纤维膜反应器主要由外壳以及数以千计的由醋酸纤维等高分子聚合物制成的中空纤维构成。这些中空纤维的内径范围在 200～500μm，外径在 300～900μm。在中空纤维的壁上，均匀分布着众多孔径一致的微孔，这些微孔具备截留大分子、允许小分子物质通过的特性。酶被固定在外壳与中空纤维的外壁之间。培养液和空气在中空纤维管内流动，在此过程中，底物透过中空纤维的微孔与酶分子相互接触，进而引发催化反应。反应生成的小分子产物再次透过中空纤维微孔，进入中空纤维管内，并随着反应液一同流出反应器。收集流出液后，通过后续分离操作，便能获取所需的反应产物。在必要情况下，分离后的流出液还能够循环使用。中空纤维膜反应器结构紧凑，将反应与分离两个过程整合为一体，为连续化生产提供了便利条件。不过，经过长时间的使用，酶或其他杂质会吸附在膜表面，致使膜的透过性下降，而且清洗难度较大。

膜反应器同样适用于游离酶的催化反应，其装置结构如图 4-6 所示。当游离酶在膜反应器中进行催化反应时，底物溶液持续流入反应器，酶在反应容器的溶液中与底物发生反应。反应结束后，酶与反应产物一同进入膜分离器进行分离。在这一环节，小分子产物能够顺利通过超滤膜并排出，而大分子的酶分子则被截留，从而实现酶的循环利用。游离膜反应器能够回收游离酶，有效降低了酶的使用成本，尤其适用于价格昂贵的酶。由于反应产物能不断被排出，不仅可以减少或消除产物的抑制作用，还能精准控制反应的进行程度，例如控制水解产物的相对分子质量等。此外，大分子底物能够被截留并进一步参与反应，有助于提高底物的转化率。膜式反应器具备压力降小、酶更换便捷、可承受较大压力、设备放大容易等优势。然而，长时间使用后，酶和其他杂质容易吸附在膜上，不仅会造成酶的损失，还会影响膜的分离性能。同时，该反应器单位体积内催化剂的有效面积较小，制造成本相对较高。

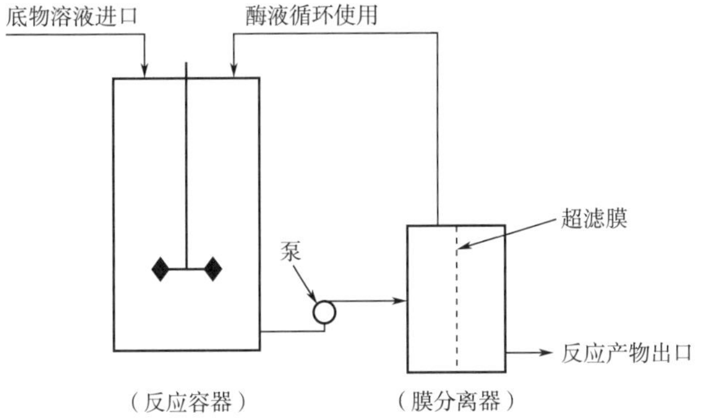

图 4-6　游离膜反应器示意图

五、鼓泡式反应器

鼓泡式反应器（bubble column reactor，BCR）是一种无搅拌装置的反应器，其利用从反应器底部通过的气体产生的大量气泡，在上升过程中起到提供反应底物和混合两种作用的一类反应器。当酶反应过程中有气体的参与或产生时，可采用鼓泡式反应器。例如，氧化酶的催化反应需要供给氧气，可以从鼓泡式反应器的底部通过含有氧气的空气；簇化酶的催化反应需要供给二氧化碳气体，可以从鼓泡式反应器的底部通过二氧化碳气体或含有二氧化碳的空气等。鼓泡式反应器可以用于游离酶和固定化酶的催化反应。在操作时，先将酶置于反应器中，底物溶液和气体从反应器底部进入，通入的气体可以是酶催化反应所需的气体底物，也可以是含有底物的空气，通入的气体一方面给酶催化反应提供所需的气体底物，另一方面气体产生大量的气泡，气泡在上升过程中起到搅拌作用，使酶分子与底物充分混合。

在使用鼓泡式反应器进行固定化酶的催化反应时，反应系统中存在着固、液、气三相，故又称为三相流化床式反应器。鼓泡式反应器可以用于连续反应，也可用于分批反应。该反应器结构简单、操作容易，剪切力小，物质与热量传递效率高，是有气体参与的酶催化反应中常用的一种反应器。其最大的特点在于借助气体的鼓泡作用既可达到反应体系的混合，也可提供酶催化反应所需的气体底物，还可以降低或消除挥发性产物对酶的抑制作用。

六、喷射式反应器

喷射式反应器（projectional reactor，PR）是利用高压蒸汽的喷射作用，实现酶与底物的混合，进行高温短时催化反应的一种反应器（图 4-7）。喷射式反应器体积小、结构简单、物料混合效果好、反应温度高、催化反应的速率与效率高，短时间内即可完成催化反应。喷射式反应器适用于耐高温游离酶的连续催化反应，且酶一般不能回收利用。喷射式反应器目前已在耐高温淀粉酶的淀粉液化反应中得到广泛应用。

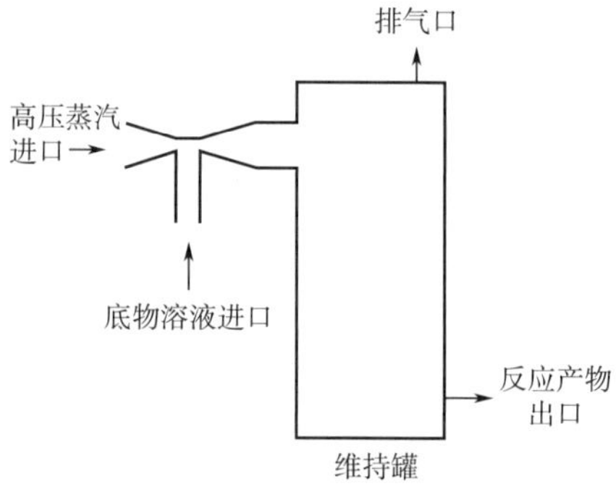

图 4-7　喷射式反应器示意图

七、微型酶反应器

随着生物技术的不断发展，酶反应器因其具有大小可控，反应速度快，效率高、可反复利用等优点现已被开发应用至生物技术领域。

范培茹通过“巯基-烯”点击反应制备了一种新型的以三羟甲基丙烷三甲基丙烯酸酯（TRIM）有机整体为基质的固定化酶反应器（IMERs）。分析测试表明 IMERs 稳定性良好，IMERs 连续重复使用 30 次以及于 4℃ 冰箱储存 3 个月后，酶活性依旧稳定。约 1mg/mL 牛血清白蛋白（BSA）变性溶液以 2μL/min 的流速注入 2cm 长 IMER 于 37℃ 反应 5min 评估 IMERs 的酶解性能，通过数据分析，BSA 酶解后的独立肽段数为 64，序列覆盖率为 73.8%。将在线变性与在线酶解集成于一个芯片内，用于实际样品小鼠肝脏蛋白粗体物的在线变性和在线酶解，共识别出 734 个蛋白，3067 个肽段。这些结果表明，IMERs 在高通量蛋白质组学分析中具有很大的应用潜力。

胡佳薇开展了基于开管毛细管柱酶固定反应器的蛋白质组学新技术新方法研究，以毛细管为载体研究了一系列在毛细管内壁键合功能端基并应用在蛋白质组学研究中。为了实现蛋白质组鉴定时的在线酶切，提出了新的固定化酶反应器新方法即将酶固定在毛细管内壁上制备了固定化酶反应器，极大地提高了蛋白质酶切的效率，大大缩短了传统的溶液酶切的时间，该方法能够使蛋白酶切时间由小时级缩短至分钟，而且达到与传统的溶液酶切方法相同甚至更高的酶切效率。

因为固定化酶不仅具有“多次”使用的成本优势，同时可以兼具载体材料的属性而实现特殊功能化，赵瑜梅研究了借助固定化酶技术开发新型神经氨酸酶抑制成分筛选反应器。以磁性纳米材料为载体基质，经戊二醛交联，成功制备神经氨酸酶微反应器，经制备条件的系统性优化及一系列理化性质的充分表征，显示最优神经氨酸酶微反应器不仅理化性质稳定，同时具备良好的分散性及优异的酶解活性。

知识点二　酶反应器的选择

酶反应器多种多样，不同的反应器有不同的特点，在实际应用时，应当根据酶、底物和产物的特性，以及操作条件和操作要求的不同而进行设计和选择。

在选择酶反应器时，主要从酶的应用形式、酶的反应动力学性质、底物和产物的理化性质等几个方面进行考虑。同时选择使用的反应器应当尽可能具有结构简单、操作方便、易于维护和清洗，可以适用于多种酶的催化反应、制造成本和运行成本较低等特点。

一、根据酶的应用形式选择反应器

应用各种酶进行催化反应时，酶的应用形式主要有游离酶和固定化酶两种。酶的应用形式不同，其所选择使用的反应器也有所不同。

1. 游离酶反应器的选择

游离酶既有胞外酶，又有胞内酶，主要用于物质转化、产品加工和“三废”

处理等过程。游离酶的主要缺点是很难反复利用。在应用游离酶进行催化反应的过程中，酶与底物一起溶解在反应溶液中，通过互相混合进行催化反应。可用于游离酶催化反应的酶反应器主要有搅拌罐式反应器、膜式反应器、鼓泡式反应器和喷射式反应器等。

（1）搅拌罐式反应器　搅拌罐式反应器是游离酶催化反应最常用的反应器。此反应器在催化游离酶时，由于存在搅拌器，酶与底物可以较好混合、可均匀地传热传质，且反应条件容易控制。但是反应后酶与反应产物混合在一起，随着反应产物一起排除，酶难以回收再利用。游离酶应用搅拌罐式反应器进行催化反应时，可以采用分批操作或连续操作。当底物浓度高时对酶催化反应存在抑制作用，可采用流加式分批操作，以降低或消除高浓度底物对酶的抑制作用。

（2）鼓泡式反应器　鼓泡式反应器结构简单、操作方便，易混合均匀，传热传质效率高，是有气体参与的酶催化反应中常用的一种反应器。

（3）膜式反应器　为了能够在催化反应后分离回收某些难制备、价格高的酶，可采用游离酶膜反应器。酶在反应容器中反应后，将反应液导出到膜分离器中，小分子的反应产物透过超滤膜排出，大分子的酶被截留，以便于循环使用。使用膜式反应器具有以下优点：一方面可将反应液中的酶回收，循环使用，以提高酶的使用效率，降低生产成本。另一方面可及时分离出反应产物，以降低或消除产物对酶的反馈抑制作用，以提高酶催化反应的速度。

需要注意的是，在使用膜反应器时，要根据酶和反应产物的分子质量，选择好适宜孔径的超滤膜，同时要尽量防止浓差极化现象的发生，以免膜孔阻塞而影响分离效果。

（4）喷射式反应器　当游离酶具有耐高温性能且其催化反应需要高温条件时，可采用喷射式反应器进行连续式高温短时反应，喷射式反应器具有混合效果好，催化效率高。例如，在啤酒生产过程中，原料处理环节中需将淀粉在高温条件下进行液化，这个液化过程需要 α-高温淀粉酶的参与进行酶催化作用，可采用喷射式反应器进行该类型的酶催化作用。

2. 固定化酶反应器的选择

固定化酶一般与载体相结合，在一定空间范围内进行催化反应，稳定性高，可重复利用，反应后容易与反应液分离，从而保证产品的质量。固定化酶进行催化反应时，酶基本上不会流失，一般通过采用连续操作的形式来提高酶的催化效率。固定化酶主要是用于胞外酶进行物质转化、产品加工、工艺改进及“三废”处理等过程。

对固定化酶进行催化反应时所用反应器的选择，应根据固定化酶的形状、粒径大小及对机械强度的承受力不同等选择相应的固定化酶反应器。

（1）根据固定化酶的形状选择反应器　固定化酶的形状主要有颗粒状、平板状、直管状和螺旋管状等。通常为颗粒状固定化酶。颗粒状固定化酶可以选用搅拌罐式反应器、填充床式反应器、流化床式反应器和鼓泡式反应器等进行催化反应。平板状、直管状和螺旋管状的固定化酶可以选用膜式反应器。

(2) 根据固定化酶的粒径大小选择反应器　不同粒径大小的固定化酶要选择不同的反应器。当固定化酶颗粒较小时，最适宜的反应器是流化床式反应器，酶的颗粒较小，适宜悬浮；如用固定化床，则固定化酶颗粒容易流失，造成固定化酶的损失。

(3) 根据固定化酶的稳定性选择反应器　不同方法制备出来的固定化酶对机械强度的承受力不同。对于搅拌罐式反应器而言，因存在搅拌装置，进行催化反应时具有一定的剪切力，搅拌桨叶旋转时产生的剪切力会对机械强度稍差的固定化酶颗粒造成损伤甚至破坏。采用填充床式反应器进行酶催化反应时，单位体积反应床的固定化酶密度大，一方面提高固定化酶催化反应速率与效率，但另一方面也造成了填充床底层的固定化酶颗粒需承受较大压力。容易引起固定化酶颗粒的变形或破碎，从而进一步造成阻塞现象，影响催化效果。因此，对于容易变形或破碎的固定化酶。要注意控制填充床式反应器高度，同时也可以在反应器中间用多孔托板进行分隔，以减少底层固定化酶颗粒所受的压力。

二、根据酶反应动力学性质选择反应器

酶反应动力学是研究酶催化反应速度及其影响因素的学科，是确定、控制酶反应条件的理论根据，也是酶反应器选择的重要指导。

在考虑酶反应动力学性质对反应器选择的影响方面，主要因素为酶与底物的混合程度、底物浓度对酶反应速度的影响、反应产物对酶的反馈抑制作用以及酶催化作用的温度条件等。

酶进行催化反应时，首先需要保证酶要与底物的充分结合，然后再进行催化。在上述各种反应器中，搅拌罐式反应器、流化床式反应器均具有较好的混合效果，填充床式反应器的混合效果较差。在使用膜反应器时，也可采用辅助搅拌或其他方法，以提高混合效果，防止浓差极化。

底物浓度的高低对酶反应速度有显著影响，在通常情况下，酶反应速度随底物浓度的增加而升高。因此，在酶催化反应过程中，底物浓度都应保持在较高的水平，但是在有些酶催化反应中，当底物浓度过高时，会对酶产生抑制作用，称为高浓度底物的抑制作用。

具有高浓度底物抑制作用的酶，如果采用分批搅拌罐式反应器，可采取流加分批反应的方式进行反应。即先将一部分底物和酶加到反应器中进行反应，随着反应的进行，底物浓度逐步降低，再连续或分次缓慢添加底物到反应器中进行反应，反应结束后，将反应液一次性全部取出。通过流加分批的操作方式，反应体系中底物浓度保持在较低的水平，可避免或减少高浓度底物的抑制作用，以提高酶催化反应的速率。

对于具有高浓度底物抑制作用的游离酶，可采用游离酶膜反应器进行催化反应；而对于具有高浓度底物抑制作用的固定化酶，可采用连续搅拌罐式反应器、填充床式反应器、流化床式反应器、膜反应器等进行连续催化反应。此时应把底物浓度控制在一定的范围，以避免高浓度底物的抑制作用。

有些酶催化反应，其反应产物对酶有反馈抑制作用。当产物达到一定浓度后，会使反应速度明显降低。对于这种情况，最好选用膜反应器，膜反应器可同时进行反应与分离，能够及时地将小分子产物进行分离，可以明显降低乃至消除小分子产物引起的反馈抑制作用。对于具有产物反馈抑制作用的固定化酶，也可采用填充床式反应器，由于在这种反应器中，反应溶液基本上是以层流方式流过反应器，混合程度较低，产物浓度按照梯度分布，靠近底物进口的部分，产物浓度较低，反馈抑制作用较弱，只有靠近反应液出口处，产物浓度较高，才会引起较强的反馈抑制作用。

某些酶可以耐受100℃以上的高温，最好选用喷射式反应器，利用高压蒸汽喷射，可将酶与底物快速混合，且在高温条件下，反应速度快，反应时间短，催化效率显著提高。

三、根据底物或产物的理化性质选择反应器

酶的催化反应是在酶的催化作用下，将底物转化为产物的过程。在催化过程中，底物和产物的理化性质直接影响酶催化反应的速率，底物或产物的分子质量、溶解性、黏度等性质也对反应器的选择有重要影响。

（1）反应底物或产物的分子质量较大时，由于底物或产物难以透过超滤膜的膜孔，所以一般不采用膜反应器。

（2）反应底物或产物的溶解度较低、黏度较高时，应当选择搅拌罐式反应器或流化床式反应器，而不应采用填充床式反应器和膜反应器，以免造成阻塞。

（3）反应底物为气体时，通常选择鼓泡式反应器。

（4）有些需要小分子物质作为辅酶（辅酶可看成是一种底物）的酶催化反应，通常不采用膜反应器，以免造成辅酶的流失而影响催化反应的进行。

（5）所选择的反应器应当能够适用于多种酶的催化反应，满足酶催化反应的适宜条件，并可进行适当的调节控制。

（6）所选择的反应器应当尽可能结构简单、操作方便、易于维护和清洗。

（7）所选择的反应器应当具有较低的制造成本和运行成本。

知识点三　酶反应器的操作

酶的催化反应最关键的是调控反应器的设置条件，使酶一直处于高效催化的环境条件下，这也是酶工程的主要任务之一。因此酶催化反应除了选用高质量的

酶、选择适宜的酶应用形式和酶反应器以外，还要确定适宜的反应器操作条件并根据情况的变化进行调节控制。

一、酶反应器操作条件的确定及其调控

酶反应器的操作条件主要包括温度、pH、底物浓度、酶浓度、反应液的混合与流动等。

1. 反应温度的确定与调节控制

温度可显著影响酶的催化作用，温度过低，反应速度减慢；温度过高，则可能引起酶的变性失活。因此，在酶反应器的操作过程中，要根据酶的动力学特性，确定酶催化反应的最适温度，并将反应温度控制在适宜的温度范围内，当反应过程中温度发生变化时，要进行及时调节。一般酶反应器中均设计、安装有夹套或列管等换热装置，装置内存有一定温度的水，通过热交换作用，保持反应温度恒定在一定的范围内。如果酶反应采用喷射式反应器，则可以通过控制喷射出水蒸气压力，以达到控制温度的目的。

2. pH 的确定与调节控制

pH 可显著影响酶的催化效果，pH 过高或过低都会降低酶的催化效果。因此，在酶催化反应过程中，要根据酶的动力学特性确定酶催化反应的最适 pH，并将反应液的 pH 控制在适宜的 pH 范围内。采用分批式反应器进行酶催化反应时，通常在加入酶液之前，先用稀酸或稀碱将底物溶液调节到选用酶的最适 pH，然后加酶进行催化；采用连续式反应器进行酶催化反应时，一般将调节好 pH 的底物溶液（必要时可以采用缓冲溶液）连续添加到反应器中。有些酶催化反应前后的 pH 变化不大，如 α-淀粉酶催化淀粉水解生成糊精，在反应过程中不需要进行 pH 的调节；而有些酶的底物或者产物是一种酸或碱，反应前后 pH 的变化较大，则必须在反应过程中进行必要的调节。pH 的调节通常采用稀酸或稀碱进行，必要时可以采用缓冲溶液以维持反应液的 pH。

3. 底物浓度的确定与调节控制

底物浓度是关系到酶与反应底物充分接触的主要因素之一，决定着酶催化的反应速度。底物浓度较低时，酶催化反应速度与底物浓度成正比，反应速度随着底物浓度的增加而升高。当底物浓度达到反应所需阈值时，反应速度的上升不再与底物浓度成正比，而是逐步趋向平衡。某些酶反应过程中，当底物浓度过高时，黏度增加反而会抑制酶反应的产生，所以底物浓度不是越高越好，而是要确定一个适宜的底物浓度。通常底物浓度为 5~10mol/L。

对于分批式反应器，首先将一定浓度的底物溶液加入反应器，调节好反应所需的 pH 及适宜温度，然后加适量的酶液进行反应；为了避免高浓度底物引起酶反应的抑制，可以采用逐步流加底物的方法，即先将一部分底物和酶加到反应器中进行反应，随着反应的进行，底物浓度逐步降低以后，再连续或分次地将一定浓

度的底物溶液添加到反应器中进行反应，反应结束后，将反应液一次全部取出。通过流加分批的操作方式，反应体系中底物浓度保持在最佳水平，可以避免高浓度底物的抑制作用，提高酶催化反应的速率。

对于连续式反应器，则将配制好的一定浓度的底物溶液连续地加进反应器中进行反应，反应液连续地排出。反应器中底物的浓度一直保持在最佳水平。

4. 酶浓度的确定与调节控制

酶反应动力学研究表明，在底物浓度足够高的条件下，酶催化反应速度与酶浓度呈正比，提高酶浓度，即可以提高催化反应的速度。然而，综合考虑实际生产所需的反应速度和酶成本问题，一般会根据需要选择合适的酶浓度。

长时间的反应会导致部分酶的失活，所以需要进行适时地补充，以保持一定的酶浓度。因此，连续式固定化酶反应器应具备添加或更换酶的装置，而且要求这些装置的结构简单、操作容易。

5. 搅拌速度的确定与调节控制

酶进行催化反应时，首先要与底物结合，然后才能进行催化反应。要使酶能够与底物结合，就必须保证酶与底物的充分均匀混合，使酶分子与底物分子能够进行有效碰撞，进而互相结合进行催化反应。

在搅拌罐式反应器和游离酶膜式反应器中，都设计安装有搅拌装置，通过适当速度的搅拌可将酶与底物混合均匀。搅拌速度应该由经验及前期实验决定，并根据情况的变化进行动态调节。搅拌速度过慢，会使底料和酶混合不充分，不均匀；搅拌速度过快，产生的剪切力有可能会对酶产生破坏作用，尤其是会使固定化酶的结构遭到破坏甚至破碎，从而影响催化反应的进行。

6. 流动速度的确定与调节控制

在连续式酶反应器中，底物溶液连续地进入反应器，同时反应液连续地排出，通过溶液的流动实现酶与底物的混合和催化。为了使催化反应能够高效进行，在操作过程中必须确定适宜的流动速度和流动状态，并根据变化的情况进行适当的调节控制。

在流化床式反应器的操作过程中，要控制好液体的流速和流动状态，以保证酶与底物充分均匀混合，并且不会影响酶的催化。流体流速过慢，固定化酶颗粒不能很好地漂浮翻动，甚至沉积在反应器底部，从而影响酶与底物的均匀接触，影响催化反应的顺利进行。流体流速过高或流动状态混乱，则固定化酶颗粒在反应器中状态混乱，翻滚碰撞，导致固定化酶的结构破坏，甚至造成酶脱落、流失。可以通过控制进液口的流体流速和流量，调节进液管的方向和排布等方法来达到控制流体在流化床反应器中的流动速度和流动状态的目的。

在填充床式反应器中，底物溶液按照一定的方向以恒定的速度经过固定化酶层，其流动速度决定了酶与底物的接触时间，从而控制反应的进行程度，在固定的反应器中流速越慢，酶与底物接触的时间越长，反应越完全，但是生产效率越低，因此要选择好流速。在理想的操作情况下，填充床式反应器在任何一个横截面上的流体流动速度是相同的，在同一个横截面上底物浓度和产物浓度也是一致的，此种反应器又称为活塞流反应器（PFR）。这种流动方式，只是通过底物溶液的流动与酶接触，混合效果差。

膜反应器在进行酶催化反应时，一方面，小分子的产物透过超滤膜进行分离，可以降低或者消除产物引起的反馈阻遏作用；另一方面，这样也容易产生浓差极化而使膜孔阻塞。为此，除了采用适当的速度搅拌的方法以外，也可以通过控制流动速度和流动状态，使反应液混合均匀，以减少浓差极化现象的发生。

喷射式反应器反应温度高、时间短、混合好、效率高。可以通过控制蒸汽压力和喷射速度进行调节，以达到最佳的混合和催化效果。

二、酶反应器操作的注意事项

在操作酶反应器时，除了各种条件的控制外，还需要注意下列问题。

1. 保持酶反应器的操作稳定性

在酶反应器的操作过程中，为了避免反应条件的剧烈波动，应尽量保持操作系统的稳定性。在搅拌式反应器中，需要注意保持搅拌速度的稳定；在连续式反应器的操作中，需要注意保持流速的稳定，尽量保持流体的流动方式和流动状态，并保持流进的底物浓度和流出的产物浓度不要变化太大。此外，反应温度、反应液 pH 等也应尽量保持稳定，以保持反应器恒定的生产能力。

2. 防止酶的变性失活

在酶反应器的操作过程中，需要注意防止酶的变性失活。温度、pH、重金属离子以及搅拌的剪切力等均可能引起酶变性失活。

温度是影响酶催化作用的重要因素之一，适当提高温度可以加快酶的催化反应速度，从而增加产物的产率。但作为一种生物大分子，温度过高会加速酶的变性失活、缩短酶的半衰期和使用时间。因此，酶反应器的操作温度一般要求不能过高，通常在等于或者低于酶催化最适温度的条件下进行。

强酸强碱环境都有可能使酶发生变性失活，所以酶进行催化反应时需要将反应液的 pH 严格地控制在酶适宜的 pH 范围内。在操作过程中进行 pH 的调节时，一定要注意慢慢加入稀酸或稀碱溶液，加入的同时要不停搅拌，以防止局部过酸或过碱而引起酶的变性失活。

重金属离子会与酶分子结合而引起酶的不可逆变性。因此在酶反应器的操作过程中，要尽量避免重金属离子的进入。为了避免从原料或者反应器系统中带进的某些重金属离子给酶分子造成的不利影响，必要时可以添加适量的 EDTA 等金属螯合剂，以除去重金属离子对酶的危害。

在搅拌混匀的反应器内，搅拌剪切力可能会引起酶（特别是固定化酶）结构的损伤破坏，所以在此类反应器操作时需注意搅拌速度的控制；在流化床式反应器和鼓泡式反应器的操作过程中，流体流速过高也会引起固定化酶颗粒的剧烈翻动碰撞，从而产生结构破坏，因此使用此类反应器时需要注意控制流体的流速。

此外，为了防止酶的变性失活，在操作过程中，可以添加某些保护剂，以提高酶的稳定性；酶作用底物的存在往往对酶有保护作用。

3. 防止微生物的污染

酶的催化反应中，由于反应条件温和，且不必在严格的无菌条件下进行操作，但底物、产物及反应器本身都有可能引起微生物的污染。

一些酶催化反应的底物或产物对微生物的生长、繁殖有抑制作用，如乙醇氧化酶催化乙醇氧化反应、青霉素酰化酶催化青霉素或头孢菌素反应等，其受微生物污染的情况较少。有些酶的催化反应温度较高，如 α-淀粉酶、Taq DNA 聚合酶等的反应温度在 50℃以上，一般微生物无法生长。另外，有些酶催化反应的 pH 环境为强酸或强碱，该条件对微生物也有抑制作用，如胃蛋白酶在 pH 为 2 的条件下进行催化、碱性蛋白酶在 pH 为 9 以上催化蛋白质水解反应等。有些酶在有机介质中进行催化，也基本不会引起微生物污染。

有些酶催化反应的底物或产物是微生物生长、繁殖的营养物质，如淀粉、蛋白质、葡萄糖、氨基酸等，同时其催化反应条件温和，适合微生物生长、繁殖，此种情况下必须十分注意防止微生物的污染。酶反应器的操作必须符合必要的卫生条件，尤其是在生产药用或食用产品时，对卫生条件要求较高，应尽量避免微生物的污染。因为不仅微生物本身会污染产品，其生长代谢也会消耗一部分底物或产物、产生无用甚至有害的副产物、增加分离纯化的困难。

在酶反应器的操作过程中，防止微生物污染的主要措施有以下几种：

①保证生产环境的清洁、卫生，要求符合必要的卫生条件。

②反应器在使用前后都要进行清洗和适当的消毒处理。

③在反应器的操作过程中，要严格管理、经常检测、避免微生物污染。

④必要的时候，在反应液中添加适当的对酶催化反应和产品质量没有不良影响的物质，以抑制微生物的生长，防止微生物的污染。

【知识链接】

酶催化百年跃迁：从酶的发现到固定化酶催化

1897 年，当 Buchner 首次发现酵母细胞中某种具有催化能力的物质在葡萄糖发酵生产乙醇过程中发挥主要作用。这一发现揭示了酶的存在及其催化作用，为后续酶反应器的发展奠定了理论基础。然而，在 20 世纪早期，尽管酶法合成有机物的技术已经出现，但由于当时人们对酶的认识有限，认为酶催化过程主要局限于水溶液中，所以这项技术并未受到广泛重视。直到 20 世纪 80 年代中期，研究学者发现酶在有机溶剂环境中（如甲苯等）具有更好的热稳定性，这一发现打破了酶催化过程只能在水溶液中进行的固有观念，极大地拓宽了酶催化过程的应用领域，固定化酶反应器开始出现。随着酶催化技术的不断发展，固定化酶微反应器逐渐成为研究热点。固定化酶技术通过将酶固定在特定载体上，提高了酶的稳定性、可重复利用性和催化效率。20 世纪 90 年代，科学家库尔团队开始利用酶微反应器结合毛细管电泳（CE）技术对蛋白质进行线酶解和谷氨酸盐分析，这一研究为固定化酶微反应器的应用开辟了新途径。

【思考题】

1. 名词解释：酶反应器，搅拌罐式反应器，填充床式反应器，流化床式反应器，膜式反应器，鼓泡式反应器，喷射式反应器。
2. 试比较各类酶反应器的优缺点。
3. 在酶的应用中，如何选择适宜的酶反应器?
4. 简述酶反应器设计的一般步骤。
5. 在酶反应器操作过程中需要对哪些条件进行调节控制？需要注意哪些问题?

任务二　酶传感器

学习目标

知识目标：

1. 了解生物传感器的概念、工作原理及其优缺点。
2. 掌握酶电极传感器的概念、分类及其使用特点。
3. 熟悉不同类型酶传感器及其作用原理与特点。

技能目标：

1. 能正确操作和维护酶传感器。
2. 能正确处理酶传感器的常见故障和问题。

素质目标：

1. 培养学生创新思维，积极了解酶传感器技术的最新进展和发展趋势，为后续的创新应用打下基础。
2. 培养学生跨学科融合能力，将不同领域的技术手段融合到酶传感器的设计、制造和应用中。

知识点一　生物传感器

一、生物传感器概述

生物传感器（biosensor）由固定化的生物材料（酶、微生物、生物组织、动物细胞、抗原抗体、核酸、激素）与适当的转换元件联合构成，后者把生化反应信号转换成可定量的检测信号，其结构原理如图 4-8 所示。

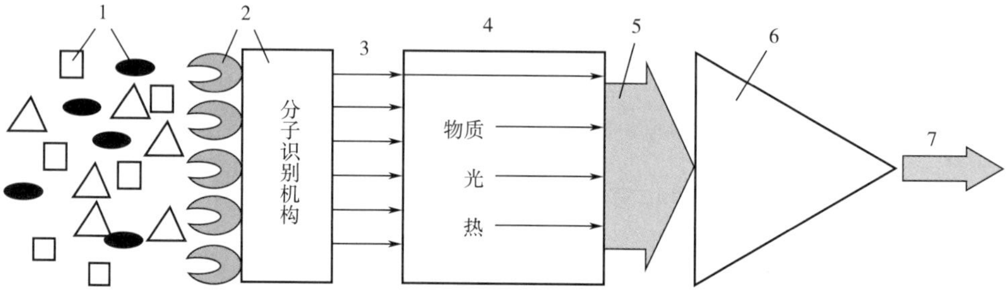

图 4-8　生物传感器的原理结构

1—待测物质　2—生物功能材料　3—生物反应信息　4—转换元件
5—电信号　6—信号放大　7—输出信号

生物传感器主要包括酶传感器、微生物传感器、细胞传感器、组织传感器、免疫传感器、基因传感器及其他生物传感器等。与以往的无机或有机敏感膜不同，生物传感器是由固定化酶、固定化微生物细胞等制成的膜，不产生界面电热，而仅与待测物质发生生物催化反应，生成能使生物膜层下面的敏感层产生响应的物质，属二次响应。当然，也有生物膜引发的电子转移，从而改变电极电位的测量原理。至于二次响应的换能器件，有各类的电化学电极、热敏电阻、离子敏感场效应管、光纤和压电晶体等类型。表 4-1 列举了生物传感器中使用的主要生物活性功能材料及分子识别元件，表 4-2 则列举了生物传感器中相关的生物化学反应及其换能器件。

表 4-1　　生物传感器中使用的主要生物活性功能材料及分子识别元件

生物活性功能材料	分子识别元件	生物活性功能材料	分子识别元件
固定化酶	酶膜	线粒体、叶绿体	细胞器质膜
微生物及动植物细胞	细胞膜	抗原抗体、酶标抗原	免疫功能膜
动植物组织	组织膜		

表 4-2 生物传感器中相关的生物化学反应及其换能器件

生物化学反应	相应的换能器件	生物化学反应	相应的换能器件
离子变化	电流或电位型 ISE、阻抗计	色效应	光纤、光敏管
质子变化	ISE、场效应晶体管	质量改变	压电晶体
气体分压改变	气敏电阻、场效应晶体管	电荷密度变化	阻抗计、场效应晶体管
热效应	热敏电阻	溶液密度变化	表面等离子共振器
光效应	光纤、光敏管、荧光计等		

二、生物传感器的工作原理

生物传感器的工作原理是将被测物与分子识别元件特异结合后所产生的各种信息通过转换元件转换成不同的信号输出，从而对被测物进行分析检测的过程。根据被测物与分子识别元件结合后所产生信息的不同，生物传感器的工作原理一般有以下几种类型。

1. 将化学变化转换为电信号

如酶传感器，酶能催化底物反应，从而使特定物质的量发生变化，利用传感器将这种变化转换为电信号且与固定化酶结合就可构成酶传感器。常用的这类信号转换装置有氢离子电极、Clark 氧电极、过氧化氢电极、氨气敏电极、二氧化碳气敏电极、其他离子选择性电极、离子敏场效应晶体管等。

2. 将热变化转换为电信号

固定化的生物活性材料与相应的被测物作用时常伴有热的变化，将这种热变化借助热敏电阻转换为阻值的变化，然后经放大器的电桥输入记录仪中。

3. 将光效应转换为电信号

有些酶如过氧化氢酶，能催化过氧化氢—鲁米诺体系发光。把过氧化氢酶膜固定在光纤或光敏二极管的前端，再和光电流测定装置相连，即可测定过氧化氢的含量。许多酶促反应伴随过氧化氢的产生，如葡萄糖氧化酶（glucose oxidase，GOD）在催化葡萄糖氧化时产生过氧化氢，如果把 GOD 和过氧化氢酶一起做成复合酶膜，则可用上述方法测定葡萄糖含量。

4. 直接产生电信号

这种方式可使酶促反应伴随的电子转移直接通过电子传递作用在电极表面上发生。

三、生物传感器的优缺点

1. 优点

生物传感器是用生物活性材料与物理化学转换器有机结合的一门交叉学科，

涉及生物、化学、物理、电子技术等多门学科的相互交叉与渗透，是一项复杂的高新检测技术，是发展生物技术必不可少的一种先进的检测与监控方法，也是物质分子水平的快速、微量分析方法。生物传感器与传统的分析检测方法相比，具有明显的优越性。

（1）测定过程简单　生物传感器的分子识别元件是由生物材料构成，具有特异性选择的特点，正常情况不需要对样品进行预处理，通过优异的选择性将样品中被测组分的分离和检测合为一个步骤，同时完成，通常测定时不需要加入其他辅助试剂。

（2）体积小，携带方便，可以实现连续检测、在线检测、在位检测、在体检测。

（3）响应快，样品用量少，且将敏感材料进行了固定化，还可以反复多次使用。

（4）可进行活体分析　可在不伤害生物体正常生命活动的情况下进行分析检测。

（5）成本低　生物传感器及其测定仪的制造使用成本远远低于大型分析仪器，便于其推广普及。

2. 缺点

虽然生物传感器具有很多优点，但目前商品化的生物传感器并不多，因为生物传感器目前还存在以下问题有待解决。

（1）工作的条件苛刻　生物敏感材料对工作环境的 pH 范围一般有较高要求，否则无法发挥最大活性，因此转换器的特性必须与之匹配；除了少数耐高温酶能在短时间内承受高温外，绝大多数生物敏感物质的工作温度在 15~40℃内；许多生物敏感物质只能在短时间内保持活性，为了延长生物传感器的寿命，往往需要将其在特殊条件（如 4℃）下储存。

（2）生物传感器的响应时间远远长于单独的转换器的响应时间　酶电极的响应时间在几秒至半分钟之间，免疫传感器需 15min 左右，微生物传感器则在 20~30min 内。尽管如此，生物传感器测定所需要时间比传统检测方法所需的时间要短得多。例如，通过传统方法检测生物耗氧量（BOD）需 5d 左右，而采用微生物传感器则只需 20~30min。

（3）生物传感器的长期稳定性、可靠性、一致性、批量生产工艺等问题仍有待解决。

知识点二　酶传感器

酶传感器作为一种生物传感器，属于特殊的化学传感器。其以酶作为分子识别元件，与各种不同类型的转换器组合，目前已被积极应用于发酵工业、环境监测、生物病菌的防控及农药残留、临床医学、军事等领域。根据信号转换器的不同，酶传感器主要有酶电极传感器、离子敏场效应晶体管酶传感器、热敏电阻酶传感器、光纤酶传感器和声波酶传感器等几种类型。

一、酶电极传感器

1. 酶电极传感器的概念

酶电极传感器主要由固定化酶与相应的各类电化学器件（离子选择电极、气敏电极、氧化还原电极）组合而成，其结构原理如图 4-9 所示。它既具有酶的分子识别和选择催化功能，又具有电化学电极响应快、操作简便的特点，可以快速测定试液中某一特定化合物的浓度，且只需微量的样品即可完成检测。目前，酶电极可用于糖类、醇类、有机酸、氨基酸、核苷酸、激素等物质浓度的测定。

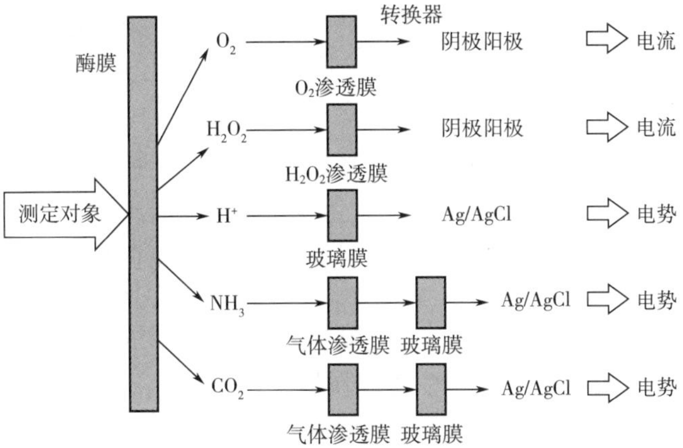

图 4-9 酶电极传感器结构原理

酶电极传感器中的生物催化剂——酶，均必须先将其固定化，制备成酶活性稳定、响应特性较好的酶膜。所用的酶可为一种酶（或复合酶）或是酶和辅酶系统。与酶膜相应的转换器的选择是根据不同的酶催化反应及其产物、副产物而定，其信号可分成电流型（也称安培型）和电位型两种。

2. 酶电极传感器的分类

（1）电位型酶电极传感器　电位型酶电极传感器是指将酶催化反应所引起的物质量的变化转化为电位信号输出，从而测定物质浓度的一种酶电极传感器。电位输出信号的强弱与酶催化反应底物（被测物）浓度的对数呈线性关系。所使用的信号转换器（也称基础电极）还可被分为离子选择性电极、氧化还原电极等不同类型。

①离子选择性电极：离子选择性电极是对某种离子具有特异性响应的电极，通常由电极管、内参比电极、内参比溶液和离子选择膜 4 部分组成，常见结构如

图 4-10 所示。

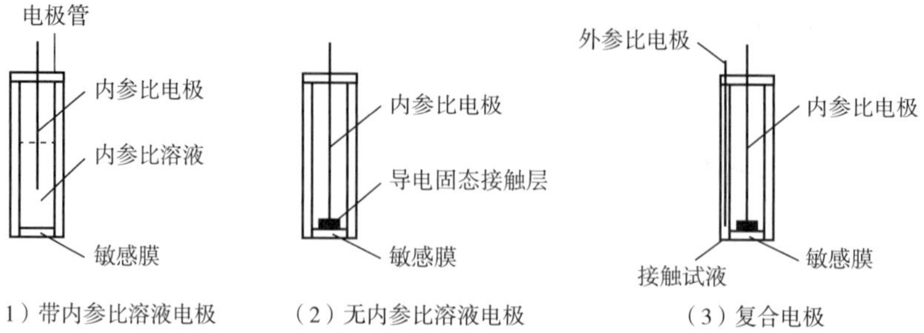

图 4-10　离子选择性电极常见结构示意图

离子选择性电极是利用离子敏感膜的选择性离子交换作用，对离子产生选择性响应。离子选择膜的材料不同，其选择性交换的离子类型也不同。离子选择性电极的电位响应主要来自界面上离子交换所导致的界面电荷分布和膜电位的改变。离子选择性电极在测量操作时，将离子选择性电极与参比电极（外参比电极）组成一个原电池，在零电流条件下测量原电池的电位（电动势），该电位与溶液中相应离子的活度（浓度）具有定量关系。因此测定原电池的电位，即可测定出溶液中相应离子的浓度。在生化检测过程中，pH 电极、氨气敏电极、二氧化碳气敏电极，以及碘电极、CN 电极等为常用的离子选择性电极。这些离子选择性电极都具有较高的灵敏度和较广的测量范围（一般可达 60 倍摩尔浓度）。

②氧化还原电极：氧化还原电极为惰性金属电极，它的电极电位取决于它所在溶液中氧化还原电对的种类及氧化态物质和还原态物质的浓度（活度）之比。例如，如图 4-11 所示，铂电极是将铂丝或铂片密封于玻璃管的前端，测定时将氧化还原电极与参比电极（外参比电极）一同浸入含氧化还原电对的溶液中组成一个原电池，在零电流条件下测量原电池的电位。

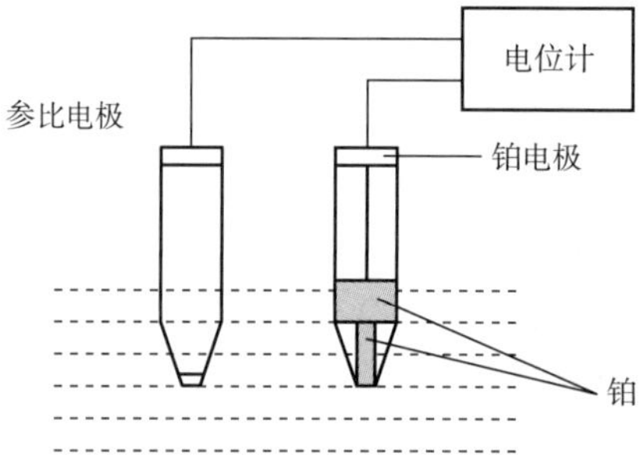

图 4-11　铂电极及其工作原理

（2）电流型酶电极传感器　电流型酶电极传感器是指通过检测酶催化反应过

程中底物或产物在电极上发生氧化或还原电解反应所产生的电流信号，从而进行物质浓度检测的一种分析检测装置。在一定条件下，测得的电流信号与被测物浓度呈线性关系。电流型酶电极传感器与电位型酶电极传感器的结构相似，均由固定化酶膜和基础电极组合而成的，其区别仅在于所用的基础电极的类型不同。电流型酶电极传感器一般可采用氧电极、过氧化氢电极等，也可采用近年来开发的介体修饰的石墨、铂、钯和金等基础电极。它与电位型电极相比有以下优点：电极的输出直接和被测物的浓度呈线性关系，而电位型的电极输出与被测物浓度的对数呈线性关系，测量值误差相对较小，灵敏度较高。

3. 酶电极传感器的特点及使用

（1）酶电极传感器的响应时间和响应信号输出　当把酶电极传感器置于某被检测溶液时，电极信号就随时间逐渐增强，最后趋于稳定，称为稳态响应。响应时间是指当电极参加某一样品溶液或样液时，其中的待测物质浓度改变后，电极信号输出达到稳态值所需的时间，通常输出信号达到稳态值的95%所需的时间就称为95%响应时间或简称为响应时间。影响酶电极传感器响应时间的主要因素有酶膜的厚度和扩散速率。酶层越厚，响应时间越长。被测物质在固定化酶层中的扩散速率随不同的固定化方法和载体而变化。此外，响应时间还随被测系统的基质浓度大小的变化而变化。

（2）酶电极传感器的特异性及影响因素　生物酶的特异性是酶传感器的突出特点。然而在实际检测过程中，由于离子干扰作用以及目的检测物质结构类似物的存在等原因，均会影响酶电极传感器的特异性，从而降低了测量的准确性和精度。研究表明，干扰酶电极传感器测量的主要因素有酶作用的非特异性、酶反应的中间产物干扰、同离子效应干扰和选择电极的离子干扰等。

（3）酶电极传感器的稳定性和使用寿命　酶的失活或固定化酶的渗漏均会影响酶电极传感器的稳定性。造成酶的失活或固定化酶的渗漏的原因主要有：①在检测过程中，被测溶液中存在使酶失活或被破坏的物质（如蛋白酶），或环境 pH 远超酶的适宜 pH 范围；②检测过程中的操作条件、酶电极传感器的维护及保存方法等均对酶电极传感器的稳定性产生影响。上述影响因素通过使酶失活或使固定化酶发生渗漏从而影响酶电极传感器的灵敏度、精度、线性测量范围及响应时间等，往往造成酶电极传感器的使用寿命大大缩短。提高酶电极传感器的稳定性和使用寿命的方法通常是在将酶固定化时，设法提高酶的稳定性，如在酶层上用半渗透膜保护以及使用辅酶等措施。此外，合适的酶电极保存方法也很重要。

4. 酶电极传感器实例

（1）Clark 氧电极　Clark 氧电极是一种测定溶液中氧浓度的电流型电极。许多酶（如各种氧化酶和加氧酶）在催化底物进行反应时需要溶液中的氧，反应中所消耗的氧量可用氧电极来测定。反应体系中所消耗的氧量与酶作用底物的浓度呈正相关，Clark 氧电极通过测定反应体系中所消耗的氧量即可测定出溶液中的底物浓度。目前应用最多的是电解式的 Clark 氧电极，其结构如图 4-12 所示。它是由铂阴极、Ag-AgCl 阳极、KCl 电解液和透气膜所构成，是一个复合电极。电极前端的透气膜（聚酯膜、聚乙烯膜、聚丙烯膜、聚四氟乙烯膜、硅橡胶膜等）只允许气体透过，它可防止因溶液中的离子或分子到达阴极表面还原而干扰测定。因此当氧电极插入溶液后，溶液中的氧将扩散通过透气膜到达铂阴极表面而被还原，还原电流值与溶解氧的量有关。Clark 氧电极具有以下优点：它自带参比电极，是一个完整的探头，可直接使用。覆盖的透气膜提高了电极的选择性，只有能被还原的气体（如 O_2、Cl_2、SO_2 等）才能在电极上响应，可几乎免除搅拌操作对灵敏度的影响。

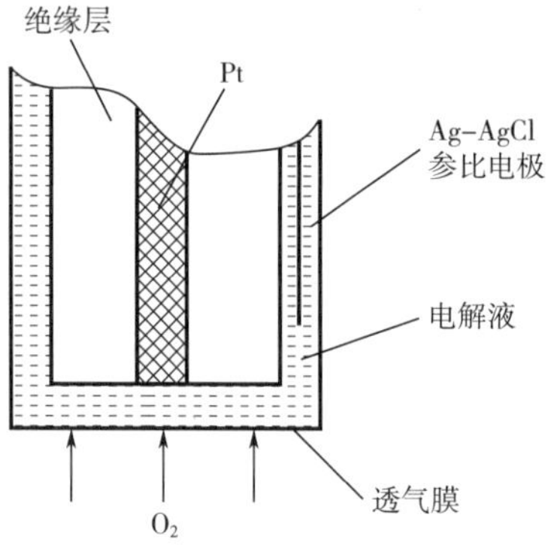

图 4-12　Clark 氧电极结构示意图

（2）葡萄糖酶电极　葡萄糖酶电极是研究最早、研究最深、发展最为成熟的酶电极，由葡萄糖氧化酶膜和电化学电极组成。其反应过程是利用葡萄糖氧化酶在氧存在情况下使葡萄糖氧化生成葡萄糖酸，同时生成 H_2O_2。根据该酶催化反应过程的原理，在特殊构成的溶氧电极表面加一层固定化葡萄糖氧化酶，催化被测溶液中的糖反应，使电极表面溶氧浓度降低。伴随生成 H_2O_2，构成的电流型检测器就可以检测出 H_2O_2 被氧化的电流强弱，从而检测出溶液中的葡萄糖浓度。此外，也可直接利用氧电极稳态电流的改变来分析糖的浓度。其反应的具体过程如下：

$$\text{葡萄糖}+H_2O \xrightarrow{\text{葡萄糖氧化酶}} \text{葡萄糖酸}+H_2O_2$$

$$H_2O_2 \xrightarrow{\text{铂电极}} O_2+2H^++2e$$

由上述两式可知，待检溶液中，葡萄糖浓度越高，氧电极表面的溶氧浓度越低，生成的 H_2O_2 量越多。在某一浓度范围内，它们之间的关系呈线性，可利用标准的葡萄糖浓度得到的标准曲线，从而推出待测样液中葡萄糖浓度。同时还可以用 pH 电极和 H_2O_2 电极来测定葡萄糖的含量。pH 电极主要通过测定酶催化反应中生成的葡萄糖酸浓度来计算样品中葡萄糖的含量，但检测灵敏度较低，最低检测浓度为 10^{-3}mol/L；H_2O_2 电极通过测定反应中 H_2O_2 的生成量来计算样品中葡萄糖的含量，检测的灵敏度较高，其最低检测浓度可达 10^{-8}mol/L。但由于 H_2O_2 电极工作时需要的电位较高，如果反应体系中存在有其他还原性物质，如维生素 C、尿酸等，也会在电极表面发生氧化反应，从而对测定过程产生干扰。

氨基酸测定也可以采用类似葡萄糖酶电极的酶电极传感器来进行分析，如将 L-氨基酸氧化酶固定于氧电极的表面上，常用的酶电极传感器如表 4-3 所示。

表 4-3　　常用的酶电极传感器

酶	被测物	基础电极	检测范围/（mg/L）
葡萄糖氧化酶	葡萄糖	氧电极	$1\sim5\times10^2$
葡萄糖淀粉酶	麦芽糖	铂电极	$10^{-2}\sim10^3$
半乳糖氧化酶	半乳糖	铂电极	$10\sim10^2$
葡萄糖氧化酶+变旋酶+转化酶	蔗糖	氧电极	$10^{-1}\sim10^2$
乙醇氧化酶	乙醇	氧电极	$5\sim10^3$
酪氨酸酶	苯酚	铂电极	$10^{-2}\sim10$
儿茶酚氧化酶	儿茶酚	氧电极	$2\sim5\times10^3$
丙酮酸氧化酶	丙酮酸	氧电极	$10\sim10^3$
草酸脱羧酶	草酸	CO_2 电极	<12
乳酸脱氢酶	乳酸	氧电极	$10^{-2}\sim10$
尿酸酶	尿酸	氧电极或 CO_2 电极	$10^3\sim10\times10^3$
L-氨基酸氧化酶	L-氨基酸	氨气敏电极	$5\sim10^2$
D-氨基酸氧化酶	D-氨基酸	氨气敏电极	$5\sim10^3$
L-谷酰胺酶	L-谷酰胺	氨气敏电极	$10\sim10^4$
天冬酰胺酶	天冬酰胺	氨气敏电极	$5\sim10^3$
L-酪氨酸脱羧酶	L-酪氨酸	CO_2 电极	$10\sim10^4$
赖氨酸脱羧酶+氨基氧化酶	L-赖氨酸	氧电极	$10^3\sim10^4$
精氨酸脱羧酶+氨基氧化酶	L-精氨酸	氧电极	$10^3\sim10^4$
苯丙氨酸氨解酶	苯丙氨酸	氨气敏电极	$5\sim10^2$
L-甲硫氨酸氨解酶	L-甲硫氨酸	氨气敏电极	$1\sim10^3$
脲酶	尿素	氨气敏电极	$10\sim10^3$
胆固醇氧化酶	胆固醇	铂电极	$10\sim10^3$

续表

酶	被测物	基础电极	检测范围/（mg/L)
胆碱氧化酶	磷脂酰胆碱	氧电极	$10^2\sim10^3$
乙酰胆碱酯酶	乙酰胆碱	氨电极	$10\sim10^3$
单胺氧化酶	单胺类	氧电极	$10\sim10^2$
青霉素β-内酰胺酶	青霉素	pH 电极	$10\sim10^3$
辣根过氧化物酶	H_2O_2	氧电极	$10\sim10^2$
硝酸还原酶+亚硝酸还原酶	NO_3^-	氨电极	$5\sim5\times10^3$
亚硝酸还原酶	NO_2^-	氨电极	$0.1\sim5\times10^3$
芳基硫酸酯酶	SO_4^{2-}	铂电极	$5\sim5\times10^3$
脲酶	Hg^{2+}	氨电极	$1\sim10^2$

二、离子敏场效应晶体管酶传感器

离子敏场效应晶体管酶传感器是一种将固定化酶与离子敏场效应晶体管结合而构成的酶传感器，该传感器是以固定化的酶膜为分子识别元件，以离子敏场效应晶体管为信号转换器所构成的一种分析检测装置。

离子敏场效应晶体管（ion sensitive field effect transistor，ISFET）是半导体微电子学与离子选择性电极技术相结合所构成的一种传感装置，其结构如图 4-13 所示，在一高纯度 P 型薄硅片上扩散两个高掺杂的 n 型区，分别作为源极（S）和漏极（D），源极/漏极间的硅片表面先覆盖氧化物 SiO_2 薄层，再在 SiO_2 薄层上覆盖

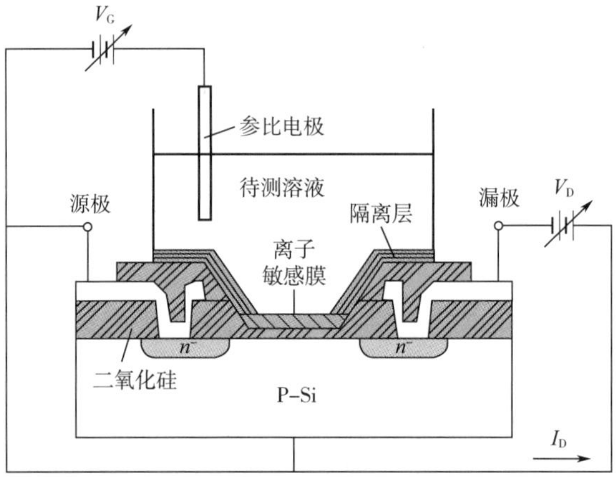

图 4-13　ISFET 结构示意图（陈守文，2008）

一层离子选择性电极的离子敏感膜（离子选择膜），构成栅极。在栅极/源极间施加电压 V_G，漏极/源极间施加电压 V_D，则流过漏极/源极间的电流 I_D 是 V_G 和 V_D 的函数。当待测溶液中的离子与离子敏感膜发生离子交换作用时，会引起离子敏感膜电位的改变，从而引起 V_G 的变化，并最终引起 I_D 信号的变化。离子敏感膜电位的改变与待测溶液中离子的活度（浓度）呈正相关，因而 I_D 与待测溶液中离子的活度（浓度）具有一定的定量关系。故只要测定 I_D 的大小，即可计算出待测溶液中相应离子的浓度。

离子敏场效应晶体管酶传感器在测定操作时，将酶膜固定在离子敏场效应晶体管栅极的离子敏感膜上。测量时，由于酶的催化作用使待测物反应生成相应的产物。当离子敏场效应晶体管能够特异性识别反应体系中的底物或产物中的离子时，则可利用离子敏场效应晶体管检测出底物离子或产物离子的变化量，从而可测定出溶液中待测物的含量。例如，利用 ISFET 和葡萄糖氧化酶可构成葡萄糖酶传感器，利用葡萄糖在葡萄糖氧化酶作用下生成葡萄糖酸时 pH 发生变化，再利用对 H^+ 敏感的离子敏场效应晶体管检测 H^+ 浓度，即可测定出溶液中的葡萄糖含量。利用半导体集成电路技术，可实现传感器的超小型化，实现体内埋藏医疗用传感器的应用，实时监测患者病情变化。

三、热敏电阻酶传感器

热敏电阻酶传感器是由固定化酶和热敏电阻（thermistor）组合而成的一种酶传感器，具有稳定性好、灵敏度高、响应快、价格低等优点。

热敏电阻是指随温度变化其电阻值发生极大变化的特殊电阻器，是由铁、镍、锰、钴、钛等金属氧化物构成的半导体，其外形有多种形式，包括珠形、片形、棒形、厚膜形等，主要是根据使用的感温材料、作用原理和用途的不同而采用不同的外形。热敏电阻的基本结构一般包含感温材料、电极及导线、支持用的基件部分、封装构件、加热用电热器（旁热式）这 5 部分。在酶催化底物进行反应的过程中，都会伴随着放热或吸热的热量变化（焓变化），尽管这一热量变化不是很显著，但足以引起热敏电阻阻值的显著变化，这是热敏电阻酶传感器测量的必要条件。酶催化反应过程中热量变化的强弱与底物浓度具有相关性，因而热敏电阻阻值的变化大小与底物浓度具有一定的定量关系。通过测定热敏电阻阻值的变化即可测定底物（被测物）的浓度。热敏电阻酶传感器的测量装置如图 4-14 所示。

酶热敏电阻葡萄糖传感器由固定化的葡萄糖氧化酶和热敏电阻构成，热敏电阻将葡萄糖氧化酶催化葡萄糖氧化反应所产生的微小热量变化（焓变化）转变成显著的电信号，从而检测出葡萄糖的浓度。

四、光纤酶传感器

光纤酶传感器是以酶作为分子识别元件，与光纤转换器结合所构成的一种酶

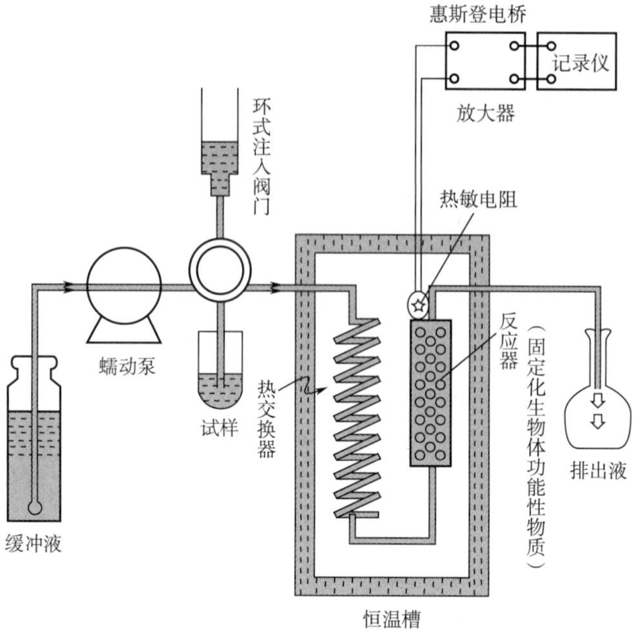

图 4-14　热敏电阻酶传感器的测量装置（陈守文，2008）

传感器。其基本原理就是将酶催化反应过程中的物质变化量转换为光学变化量进行输出，从而检测被测物的含量。光纤酶传感器的测量系统如图 4-15 所示，主要是由单色器、光纤管、光电倍增管及检测数值显示仪或记录仪组成。

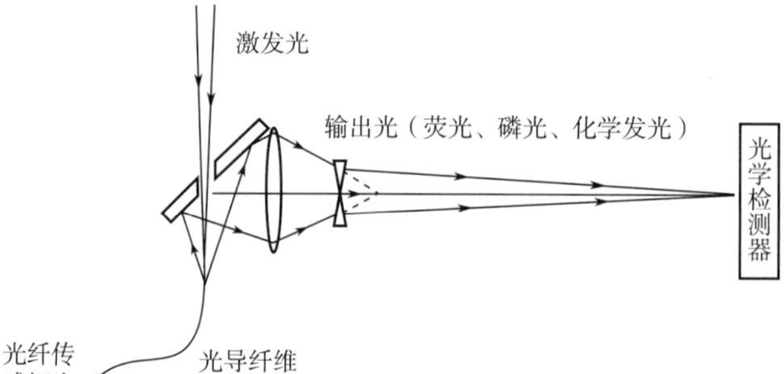

图 4-15　光纤酶传感器测量系统

光纤传感探头作为光纤酶传感器的核心部件，主要由生物敏感膜——酶膜和光纤组成。酶膜既可附着在光纤的端面，也可附着在光纤的表面上。测定时将光纤传感探头插入待测溶液中，当酶催化反应过程中底物或产物的含量发生变化时，就会引起膜层光学特性的改变，当一定波长的入射光通过光纤传至探头膜层时，就会产生各种光学信息，如紫外光、可见光和红外光的吸收与反射，荧光、磷光、化学发光和生物发光、拉曼散射等信号输出，这些光学信号输出与酶作用底物之间具有一定的定量关系，通过光学监测器检测这些光学信息即可检测出待测物的量。

目前，研究和应用最多的当属检测 NADH 的光纤酶传感器，这类传感器的探头是基于对脱氢酶进行分子识别。NADH 生成的反应如下：

$$乳酸+NAD^{+}\xrightarrow{乳酸脱氢酶}丙酮酸+NADH$$

在含有乳酸的试液中加入 NAD^+，当 pH 为 8.6 时，在光纤传感探头中固定化乳酸脱氢酶的催化作用下生成 NADH，可用荧光法进行检测。检测的激发波长为 350nm，荧光发射波长为 450nm，荧光强度与乳酸含量成比例，测定范围为 0~0.1mmol/L，检测下限为 2μmol/L。当溶液 pH 为 7.4 时，上述反应逆向进行，在含有丙酮酸的试液中加入少量 NADH，则可根据生物敏感膜层中荧光信号的降低测定丙酮酸的含量，测定范围为 0~1.10mmol/L，检测下限为 1μmol/L。

五、声波酶传感器

声波酶传感器是以酶作为分子识别元件，以压电晶振作为转换器所构成的一种酶传感器。压电晶振，也称压电声波传感器，是将一定切型的压电晶体装上激励电极所构成的一种传感元件。在交变电场激励下，压电晶体通过逆压电效应产生机械振动。当交变电场频率等于压电晶体固有振动频率时，压电晶体产生机械共振。共振时其机械共振波（或称声波）能量最高，其频谱图上表现为振幅最大。

压电晶振的传感机制可分为质量响应型声波传感和非质量响应型声波传感两大类。其中，基于电导响应的非质量型声波传感器可用于酶分析。非质量响应型声波传感过程中，压电晶振感应的不是晶体表面质量的变化，而是通过电导电极响应溶液中介电性质和电导的变化，如图 4-16 所示。酶催化反应体系中溶液中的介电物质浓度的改变导致电极电导的变化，电极电导的变化引起压电晶振共振频率的改变，这是非质量响应型声波传感器分析检测的基础。对于大多数的酶催化反应，伴随着产物的生成，溶液电导会发生显著改变，如脲酶专一性催化脲生成 NH_4^+ 和 HCO_3^- 导致溶液电导增加。在进行底物浓度测定时，酶可以固定在传感器上，也可以直接加入到溶液中。

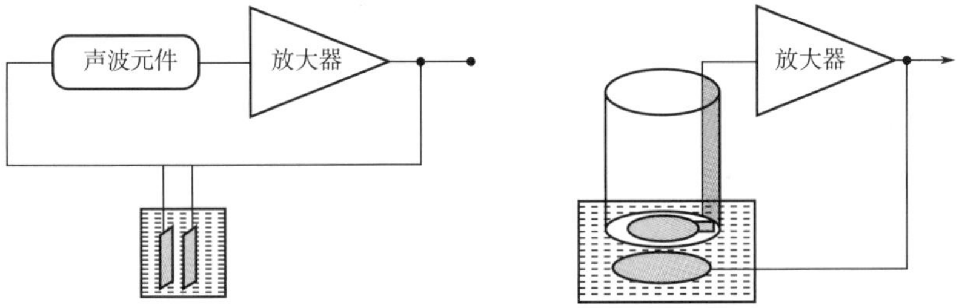

（1）串联式　　（2）单脱式

图 4-16　非质量响应型声波传感器

【知识链接】

血糖监测的重要性　　生物传感器的实际应用

【素质拓展】

邹承鲁院士：追求真理，科技报国

邹承鲁，山东青岛人，一位在生物化学领域享有盛誉的中国科学院院士，他的一生是科研报国精神的生动写照。1945 年，邹承鲁从西南联合大学化学系毕业，正值抗日战争胜利前夕。面对国家百废待兴的局面，他怀揣着科学救国的理想，毅然选择了继续深造的道路。1947 年，邹承鲁远赴英国剑桥大学，师从著名生物化学家凯林教授，开始了他在生物化学领域的探索之旅。

在剑桥大学的学习期间，邹承鲁展现出了卓越的科研才华和勤奋的工作态度。他不仅在酶学研究方面取得了开创性成果，还积极参与实验室的各项工作，深受导师和同学们的赞誉。然而，邹承鲁心中始终牵挂着祖国的科学事业。1951 年，当他获得英国剑桥大学生物化学博士学位时，面对国外的优厚待遇和科研条件，他毅然选择了回国，将所学的知识和技术带回祖国，为国家的科学进步贡献自己的力量。

回国后，邹承鲁在中国科学院上海生理生化研究所工作，迅速投入到酶学和呼吸链的研究中。他与同事们一起，克服了种种困难，取得了多项重要科研成果。特别是在胰岛素人工合成方面，邹承鲁负责 A 链及 B 链的拆合工作，为完成世界上第一个人工合成的蛋白质——结晶牛胰岛素做出了重要贡献。这项成果不仅为人类认识生命、揭开生命奥秘迈出了可喜的一大步，也极大地提升了我国在国际科学界的地位。

【思考题】

1. 名词解释：生物传感器，酶传感器，酶电极传感器，电位型酶电极传感器，电流型酶电极传感器，离子敏场效应晶体管酶传感器，热敏电阻酶传感器，光纤酶传感器，声波酶传感器。
2. 简述生物传感器工作的基本原理。
3. 酶传感器的类型主要有哪些？各有何特点？
4. 电流型酶电极与电位型酶电极有哪些不同？
5. 简述各种酶传感器的基本检测原理。

项目五

酶制剂的应用

酶工程是现代生物技术的重要组成部分，而酶制剂的开发与利用是酶工程的重要内容。酶的应用主要包含利用酶的高效特异催化作用，作为生物催化剂，获取人们生活和生产所需的各种有用的物质或者去除某些不必要的甚至有害的物质，以利于人体的健康、环境的保护、经济的发展和社会的进步。目前，酶制剂应用领域遍及医药、农业、食品、轻化工、环保、能源及生物技术等领域，在经济的可持续发展和社会的进步中起重要作用，产生了巨大的经济和社会效益，并展示出了广阔的应用前景。随着工业生物技术的发展，酶的应用越来越普遍，内容十分广泛。这里就酶在几个重要领域的应用做简要的介绍。

任务一 酶制剂在医药领域中的应用

学习目标

知识目标：

1. 了解测定体内酶活性变化及酶制剂测定试剂在疾病诊断方面的应用。
2. 熟悉不同常见生物酶类在疾病治疗方面的应用。
3. 掌握不同酶类在药物生产方面的应用。

技能目标：

1. 能够运用酶学诊断技术，根据体内酶活性的变化或体液中某些物质的含量变化，进行疾病的初步诊断。

2. 能够根据疾病类型选择合适的酶制剂进行治疗，并了解酶制剂的给药途径及注意事项。

素质目标：

1. 培养学生严谨的科学态度，注重实验数据的真实性和可靠性，具备批判性思维和解决问题的能力。

2. 培养学生遵守医学伦理和职业道德规范，尊重患者权益和隐私，具备高度的社会责任感和服务意识。

知识点一　酶在疾病诊断方面的应用

人体作为一个生物反应器，其健康活动离不开身体里各种酶的活动反应，当身体内某种酶出现缺乏或活性降低时均有可能引起机体代谢发生紊乱，从而导致疾病的发生。因此，酶制剂作为药物可以治疗很多疾病，据《左传》记载，我们的祖先在2500多年前，就懂得利用麦曲治病，实际上是利用在谷物中生长的各种微生物所产生的酶类进行疾病的治疗，说明酶在医药方面的应用具有悠久的历史。1894年，日本的高峰让吉从米曲霉中制得淀粉酶，用于治疗消化不良。酶类药物具有种类多、用量少、疗效显著和副作用小等特点。随着对疾病发生的分子机制的深入了解，医药用酶的范围越来越广泛。酶在医药领域的应用主要是在于基本的诊断、治疗和药物生产。

疾病诊断的准确性从根本上决定了其治疗效果，疾病诊断的方法很多，酶学诊断技术近年来发展迅速。酶学诊断是通过酶的催化作用测定体内相关水平变化或直接通过测定体内某些疾病相关原有酶活性的变化情况来进行疾病诊断。由于酶催化具有高效性和特异性，酶学诊断方法具有可靠、简便、快捷的特点，在临床诊断中已被广泛应用。酶学诊断方法包括两个方面：一是根据体内原有酶活性的变化来诊断某些疾病；另一方面是利用酶来测定体内某些物质的含量，从而诊断某些疾病。

一、根据体内酶活性的变化诊断疾病

一般情况下，健康人体内的某种或某些酶的量或活性稳定在某一范围内，当人体患上某种疾病时，由于体内的组织、器官、细胞受到损伤或代谢异常均有可能引起体内的某种或某些酶的含量或活性发生相应的变化。因此，可根据体内这些酶活性（含量）的测定结果，进行相关疾病的诊断。目前，已开发的诊断用酶或酶试剂盒有百余种，已被广泛用于人体多种疾病的诊断（表5-1）。

表 5-1　　根据酶与疾病的关系对疾病进行诊断

酶	疾病	酶活性变化
淀粉酶	胰脏与肾脏疾病	活性升高
	肝病	活性下降
胆碱酯酶	肝病、肝硬化、有机磷中毒、风湿病	活性下降
酸性磷酸酯酶	前列腺癌、肝炎、红细胞等病变	活性增高
碱性磷酸酯酶	佝偻病、软骨化病、骨瘤、甲状旁腺功能亢进	活性升高
	软骨发育不全	活性下降
谷丙转氨酶	肝炎、心肌梗死	活性升高
谷草转氨酶	肝病、心肌梗死	活性升高
谷氨酰转肽酶	原发及继发性肝癌、阻塞性黄疸、肝硬化、胆道癌	活性升高
精氨酰琥珀酸裂解酶	急慢性肝炎	活性升高
胃蛋白酶	胃癌	活性升高
	十二指肠溃疡	活性下降
磷酸葡萄糖变位酶	肝炎、癌症	活性下降
醛缩酶	癌症、肝病、心肌梗死	活性上升
β-葡萄糖醛缩酶	肾癌、膀胱癌	活性升高
单胺氧化酶	肝脏纤维化、糖尿病、甲状腺功能亢进	活性升高
碳酸酐酶	坏血病、贫血等	活性升高
乳酸脱氢酶	癌症、肝病、心肌梗死	活性升高
α-羟基丁酸脱氢酶	心肌梗死、心肌炎	活性升高
山梨醇脱氢酶	急性肝炎	活性升高
5′-核苷酸酶	阻塞性黄疸、肝癌	活性升高
腺苷脱氨酶	急性肝炎、肝硬化、肝细胞瘤等	活性升高
脂肪酶	急性胰腺炎、胰腺癌、胆管炎	活性升高
肌酸磷酸激酶	心肌梗死、心肌炎、肌肉创伤	活性升高
磷酸己糖异构酶	急性肝炎、心肌梗死、急性肾炎、脑出血	活性升高
亮氨酸氨肽酶	肝癌、阴道癌、阻塞性黄疸	活性升高
鸟氨酸氨基甲酰转移酶	急性肝炎、肝癌	活性升高

续表

酶	疾病	酶活性变化
乳酸脱氢酶同工酶	心肌梗死、恶性贫血	LDH_1 增高
	白血病、肌肉萎缩	LDH_2 增高
	白血病、淋巴肉瘤、肺癌	LDH_3 增高
	转移性肝癌、结肠癌	LDH_4 增高
	肝炎、原发性肝癌、脂肪肝、心肌梗死、骨折等	LDH_5 增高

现将一些体内存在的酶活性变化与疾病的关系简单介绍如下。

1. 酸性磷酸酶

酸性磷酸酶（acid phosphatase，EC 3. 1. 3. 2）是一种在酸性条件下催化磷酸单酯水解生成无机磷酸的水解酶。人血清酸性磷酸酶的最适 pH 为 5~6，最适作用温度 37℃。血清中酸性磷酸酶的活性测定可以采用定磷法、测酚法、磷酸麝香草酚酞法、硝基酚磷酸法等。

正常人血清中的酸性磷酸酶来源于骨、肝、肾、脾、胰等组织，因此不同年龄、性别的人体内，其含量大致相同。而前列腺癌患者以及出现肝炎、甲状旁腺功能亢进、红细胞病变等疾病时，患者血清中酸性磷酸酶的活性都会升高。为了测定血清中增加的酸性磷酸酶是来自前列腺还是来自其他组织器官，可进一步采用某些抑制剂进行选择性抑制作用。例如，乙醇和酒石酸可显著抑制前列腺酸性磷酸酶，而对红细胞酸性磷酸酶的抑制作用较弱；相反，铜离子和甲醛可显著抑制红细胞酸性磷酸酶，对前列腺酸性磷酸酶的抑制作用微弱。这种鉴别有助于进一步做出确切的诊断。

2. 碱性磷酸酶

碱性磷酸酶（alkaline phosphatase，EC 3. 1. 3. 1）是一种在碱性条件下催化磷酸单酯水解生成无机磷酸的水解酶。人血清中碱性磷酸酶的最适作用 pH 为 9. 5~10，最适作用温度 37℃。碱性磷酸酶的活性测定可以采用与上述酸性磷酸酶相同的方法，只是将反应的 pH 调解到碱性磷酸酶作用的适宜范围。

碱性磷酸酶在体内分布广泛，特别是在骨骼组织、牙齿、肾脏和小肠中含量较高。该酶主要由造骨细胞产生，所以佝偻病、骨骼软化症、骨瘤、骨骼广泛性转移癌等骨骼疾病患者，以及甲状旁腺功能亢进、黄疸性肝炎疾病患者血清中碱性磷酸酶活性升高，再结合其他医学检测诊断方法，可以进一步确诊是何种疾病。其中由营养不良引起的佝偻病，用此法诊断的灵敏度比 X 射线检查的灵敏度还要高。而软骨发育不全等疾病，也会引起患者血清中碱性磷酸酶的活性下降。

3. 转氨酶

转氨酶又称为氨基转移酶（aminotransferase，EC 2. 6. 1）是一类催化氨基从一个分子转移到另一个分子的转移酶类。在疾病诊断方面应用的主要有谷丙转氨酶（GPT）和谷草转氨酶（GOT）。谷丙转氨酶又称为丙氨酸转氨酶（alanine aminotransferase，EC 2. 6. 1. 2），它催化丙氨酸与 α-酮戊二酸之间进行氨基转移反应，生成谷氨酸和丙酮酸。谷草转氨酶又称为天冬氨酸转氨酶（aspartate aminotransferase，EC 2. 6. 1. 1），它催化天冬酰胺与 α-酮戊二酸之间进行氨基转移，生成谷氨酸和草酰乙酸。血清谷丙转氨酶和谷草转氨酶的最适作用 pH 为 7. 4，最适作用温度 37℃。

血清中谷丙转氨酶和谷草转氨酶的活性测定，已在肝脏疾病和心肌梗死等疾病的诊断中得到广泛应用。急性传染性肝炎、肝硬化和阻塞性黄疸肝炎的患者，其血清中 GOT 和 GPT 的活性会明显升高，尤其是急性传染性肝炎患者，GOT 和 GPT 的活性急剧升高。心肌梗死患者 GOT 的活性升高尤为显著。

转氨酶的活性测定主要用二硝基苯肼显色法等。

4. 乳酸脱氢酶

乳酸脱氢酶（lactate dehydrogenase，LDH，EC 1. 1. 1. 27）是一种氧化还原酶，可催化乳酸脱氢反应生成丙酮酸。生成的丙酮酸与 2,4-二硝基苯肼作用，生成丙酮酸二硝基苯腙，苯腙在碱性溶液中呈现棕红色。颜色的深浅与丙酮酸浓度呈正比。同时测定待测溶液及标准丙酮酸溶液 OD_{540}，即可计算出乳酸脱氢酶活性。

乳酸脱氢酶广泛存在于各种组织以及红细胞中，在正常人体的血清中乳酸脱氢酶含量很低。但是在肝癌、急性肝炎、心肌梗死等疾病的患者血清中，该酶活性显著升高。

5. 乳酸脱氢酶同工酶

同工酶是指具有相同特异性催化底物但结构不同的一群酶。同工酶主要作用于人体代谢的调节控制。当人体代谢失常而出现某种疾病时，就可能引起同工酶含量的改变。

乳酸脱氢酶有 5 种同工酶。对于心肌梗死、恶性贫血患者，血清中 LDH1 增高；对于白血病、肌肉萎缩患者，LDH2 增高；对于白血病、淋巴肉瘤、肺癌患者，LDH3 增高；对于转移性肝癌、结肠癌患者，LDH4 增高；对于肝炎、原发性肝癌、脂肪肝、心肌梗死、外伤、骨折患者，LDH5 增高。

乳酸脱氢酶同工酶可以采用醋酸纤维薄膜电泳或者琼脂膜电泳方法进行分离。采用 pH 为 8. 4~8. 6 的巴比妥缓冲液作为电极缓冲液，电泳后经过染色，可以显出 3~5 条蓝紫色区带，按照从阳极端到阴极端的排列顺序，依次为 LDH1、LDH2、LDH3、LDH4、LDH5。

6. 葡萄糖磷酸异构酶

葡萄糖磷酸异构酶（glucose phosphate isomerase，EC 5. 3. 1. 9）在 pH 为 7. 8、温度 37℃的条件下，可催化 6-磷酸葡萄糖异构化生成 6-磷酸果糖。生成的 6-磷酸果糖经浓盐酸脱水后，可与间苯二酚结合，生成橘红色化合物。在 410nm 波长下同时测定待测样本和果糖标准溶液的光密度，从而可得出葡萄糖磷酸异构酶的活性。

葡萄糖磷酸异构酶是催化6-磷酸葡萄糖异构化生成6-磷酸果糖的异构酶。对于急性肝炎患者，血清中葡萄糖磷酸异构酶的活性极度升高；对于心肌梗死、急性肾炎、脑出血患者，该酶的活性明显升高。

7. 胆碱酯酶

胆碱酯酶（cholinesterase，EC 3.1.1.8）是催化胆碱酯水解，生成胆碱和有机酸的水解酶。

在正常情况下，血清中胆碱酯酶的活性随个体的不同有较大的差异，但对于具体的某个个体来说，则基本上维持在一定的范围内（正常值为30~80单位）。当出现传染性肝炎、肝硬化、风湿、营养不良等病症时，血清中胆碱酯酶的活性下降。

胆碱酯酶的活性通常采用羟胺显色法测定。

8. 端粒酶

端粒酶（telomerase）是使端粒延伸的反转录DNA合成酶。是个由RNA和蛋白质组成的核糖核酸-蛋白复合物。其RNA组分中含有构建端粒重复序列的核苷酸模板序列，可以RNA组分为模板，蛋白组分具有催化活性，以端粒5′末端为引物，合成端粒重复序列。

在人体的正常细胞内端粒酶的生物合成和酶活性都受到抑制，但在生殖细胞睾丸、卵巢、胎盘及胎儿细胞中此酶为阳性。而在分化程度较低的癌细胞中却可明显地检测得到端粒酶的活性。令人注目的发现是，恶性肿瘤细胞具有高活性的端粒酶，端粒酶阳性的肿瘤有卵巢癌、淋巴瘤、急性白血病、乳腺癌、结肠癌、肺癌等等。人类肿瘤中广泛地存在着较高的端粒酶活性。因此可以通过测定体细胞内的端粒酶活性，诊断细胞是否发生了癌变。端粒酶的活性检测通常采用端粒重复序列扩增法（TRAP）。

二、用酶测定体液中某些物质的量变化以诊断疾病

人体在出现某些疾病时，由于代谢异常或者某些组织器官受到损伤，就会引起体内某些物质的量或者存在部位发生变化。通过测定体液中某些物质的变化，可以快速、准确地对疾病进行诊断。

酶具有专一性强、催化效率高等特点，可以利用酶来测定体液中某些物质的含量变化，从而诊断某些疾病，如表5-2所示。

表5-2　用酶测定某些物质的量的变化进行疾病诊断

酶	测定的物质	诊断的疾病
葡萄糖氧化酶	葡萄糖	诊断糖尿病
葡萄糖氧化酶与过氧化物酶的偶联作用	葡萄糖	诊断糖尿病

续表

酶	测定的物质	诊断的疾病
尿素酶	尿素	诊断肝脏、肾脏病变
尿酸酶	尿酸	诊断痛风病
谷氨酰胺酶	谷氨酰胺	诊断肝昏迷、肝硬化
胆固醇氧化酶或胆固醇酯酶	胆固醇	诊断心血管疾病或高脂血症
DNA 聚合酶	基因	诊断基因变异、检测癌基因
碱性磷酸酯酶、过氧化氢酶等标记酶	抗体或抗原	诊断肠虫、毛线虫、血吸虫等寄生虫病，以及疟疾、麻疹、疱疹、乙型肝炎等疾病

现举例说明如下：

1. 利用葡萄糖氧化酶检测葡萄糖的含量，进行糖尿病诊断

葡萄糖氧化酶（glucose oxidase，EC 1.1.3.4）是一种催化葡萄糖与氧反应生成葡萄糖酸和过氧化氢的氧化还原酶。

测定时取一定量的血液或尿液样本，加入适量的葡萄糖氧化酶，在一定条件下反应一段时间，然后测定反应液中生成的葡萄糖酸的量，计算出葡萄糖的量；也可以通过氧电极或铂电极测定氧的消耗量，而得出葡萄糖的量，从而作为糖尿病临床诊断的依据。

2. 利用葡萄糖氧化酶和过氧化物酶的联合作用检测葡萄糖的含量，诊断糖尿病

血液或者尿液样本中的葡萄糖首先在葡萄糖氧化酶的作用下，与氧反应生成葡萄糖酸和过氧化氢。过氧化物酶在氧受体存在的条件下，催化双氧水生成水和原子氧，新生态的原子氧将无色的氧受体 4-氨基安替吡啉氧化生成红色的醌类化合物。

$$\text{葡萄糖}+O_2 \xrightarrow{\text{葡萄糖氧化酶}} \text{葡萄糖酸}+H_2O_2$$

$$\underset{\text{(无色)}}{H_2O_2+\text{4-氨基安替吡啉}} \xrightarrow{\text{过氧化物酶}} \underset{\text{(红色)}}{H_2O+\text{醌类化合物}}$$

颜色的深浅与葡萄糖浓度呈正比。在 500nm 波长下同时测定待测样本及标准葡萄糖液的光密度（OD_{500}），即可计算得出葡萄糖的量。

这两种酶还可以与邻联甲苯胺一起用明胶进行共固定化在滤纸条上制成酶试纸，将酶试纸与样品接触 10~60s 即可显色，从颜色的深浅可以判断样品中葡萄糖的含量，用于临床检测十分方便。

3. 利用尿素酶测定尿素含量，从而诊断肝脏、肾脏病变

尿素酶（urease，EC 3.5.1.5）是一种水解酶，可特异性催化尿素水解生成二氧化碳和氨。血液中含氮物质的 98%~99% 为蛋白氮，非蛋白氮占总氮量的 1%~2%。非蛋白氮主要是蛋白质分解代谢的产物，其中尿素氮占血液中非蛋白氮总量的 40%~65%。在尿液中尿素氮占尿液中总氮量的 80%~90%。

尿素在肝脏生成，而通过肾脏排出体外。当肾机能发生障碍时，尿液中尿素含量减少而血液中尿素含量增加；当肝脏有实质性病变时，尿素的生成量减少，血液和尿液中尿素的含量均减少。所以，可以通过测定血液中和尿液中的尿素含量，从而诊断肝脏或者肾脏是否发生病变。

4. 利用胆固醇氧化酶测定血液中胆固醇的含量，从而诊断高脂血症等疾病

胆固醇氧化酶（cholesterol oxidase，EC 1. 1. 3. 6）是一种催化胆固醇与氧反应生成胆固酮（4-胆甾烯-3-酮）的氧化还原酶。胆固醇是血液中最主要的固醇类物质，其中，约 1/3 为游离状态，另外 2/3 与长链脂肪酸结合生成胆固醇酯，两者合称总胆固醇。对于动脉粥样硬化、严重糖尿病、管道病、肾脏病等患者，血液中总胆固醇含量增高；肝脏有实质性病变、恶性贫血等，总胆固醇减低。

利用胆固醇氧化酶测定胆固醇含量时，胆固醇氧化酶催化血液样品中的胆固醇与氧反应生成胆甾酮，可以通过华勃氏呼吸仪或者氧电极测定氧的消耗量，得出胆固醇的含量，从而诊断高脂血症等疾病。

5. 利用谷氨酰胺酶测定脑脊液中谷氨酰胺含量，进行肝硬化、肝昏迷的诊断

谷氨酰胺酶（glutaminase，EC 3. 5. 1. 2）是酰胺酶的一种，可以催化谷氨酰胺水解，生成谷氨酸和氨。而在脑组织中，谷氨酰胺酶可以催化氨基酸代谢生成游离的氨，以合成谷氨酰胺，从而消除氨对中枢神经的毒害作用。患有肝硬化、肝昏迷的患者由于脑氨增加，脑脊液中谷氨酰胺的含量明显升高。通过测定脑脊液中谷氨酰胺的含量，可以诊断肝硬化、肝昏迷等疾病。脑脊液中的谷氨酰胺可以采用谷氨酰胺酶进行测定。测定时，谷氨酰胺酶催化脑脊液中的谷氨酰胺水解生成谷氨酸和氨。然后加入 10%浓度的硫酸溶液，与反应生成的氨结合成硫酸铵，再用铵显色剂显色，在 490nm 波长下同时测定待测样品与标准硫酸铵溶液的光密度（OD_{490}），从而计算出脑脊液中的谷氨酰胺含量。

6. 利用 DNA 聚合酶检测基因是否正常，进行基因诊断、检测癌基因

DNA 聚合酶（DNA polymerase）是在 DNA 模板、引物等存在的条件下，催化脱氧核苷三磷酸聚合成 DNA 的合成酶。在检测癌基因或者进行基因诊断时，由于基因的含量低，难于直接进行检测，必须进行扩增后，才能进行测序。

通过聚合酶链反应技术，DNA 聚合酶将模板 DNA 进行扩增，然后进行基因序列测定，检测基因是否正常，从而进行基因诊断和癌基因检测。

7. 利用酶标免疫检测法测定抗体或者抗原

酶标免疫检测是将酶的检测与抗体抗原的免疫检测相结合的一种检测技术，在疾病诊断方面的应用越来越广泛。所谓酶标免疫测定，是先把酶与某种抗体或抗原结合，制成酶标记的抗体或抗原。然后利用酶标抗体（或酶标抗原）与待测定的抗原（或抗体）结合，再借助于酶的催化特性进行定量测定，测出酶-抗体-抗原结合物中的酶的含量，就可计算出预测定的抗体或抗原的含量。通过抗体或抗原的量就可诊断某种疾病。常用的标记酶有碱性磷酸酶和过氧化物酶等。通过酶标免疫测定，可以诊断肠虫、毛线虫、血吸虫等寄生虫病以及疟疾、麻疹、疱疹、乙型肝炎等疾病。随着细胞工程的发展，已生产出各种单克隆抗体，为酶标免疫测定带来极大的方便和广阔的应用前景。

知识点二　酶在疾病治疗方面的应用

由于酶制剂具有作用机制明确、专一性强、用量少、疗效显著、副作用小等特点，可作为药物治疗（即所谓的药用酶）多种疾病，已被广泛应用于助消化、抗炎、促凝、促纤溶、解毒及抗肿瘤等方面的治疗，取得了显著效果。目前，在疾病治疗中常用的酶有各类蛋白酶、淀粉酶、脂肪酶、溶菌酶、纤维素酶、青霉素酶、链激酶、尿激酶、凝血酶、胶原酶、溶纤酶、降纤酶、尿酸酶、胆碱酯酶、L-天冬酰胺酶、L-精氨酸酶、L-组氨酸酶、L-蛋氨酸酶、谷氨酸酰胺酶、透明质酸酶、激肽释放酶、α-半乳糖苷酶、右旋糖苷酶、葡聚糖酶、超氧化物歧化酶、核糖核酸酶、核酶、抗体酶等（表 5-3）。

表 5-3　　酶在疾病治疗方面的应用

酶	来源	用途
淀粉酶	胰脏、麦芽、微生物	治疗消化不良，食欲不振
蛋白酶	胰脏、胃、植物、微生物	治疗消化不良，食欲不振，消炎，消肿，除去坏死组织，促进创伤愈合，降低血压
脂肪酶	胰脏、微生物	治疗消化不良、食欲不振
纤维素酶	霉菌	治疗消化不良、食欲不振
溶菌酶	蛋清、细菌	治疗各种细菌性和病毒性疾病
尿激酶	人尿	治疗心肌梗死、结膜下出血、黄斑部出血
链激酶	链球菌	治疗血栓性静脉炎、咳痰、血肿、下出血、骨折、外伤
链道酶	链球菌	治疗炎症、血管栓塞、清洁外伤创面
青霉素酶	蜡状芽孢杆菌	治疗青霉素引起的变态反应
L-天冬酰胺酶	大肠杆菌	治疗白血病
超氧化物歧化酶	微生物、植物、动物血液、肝脏等	预防辐射损伤，治疗红斑狼疮、皮肌炎、结肠炎、氧中毒
凝血酶	动物、细菌、酵母等	治疗各种出血病
胶原酶	细菌	分解胶原、消炎、化脓、脱痂、治疗溃疡
右旋糖酐酶	微生物	预防龋齿

续表

酶	来源	用途
胆碱酯酶	细菌	治疗皮肤病、支气管炎、气喘
溶纤酶	蚯蚓	溶血栓
弹性蛋白酶	胰脏	治疗动脉硬化、降血脂
核糖核酸酶	胰脏	抗感染、祛痰、治肝癌
尿酸酶	牛肾	治疗痛风
L-精氨酸酶	微生物	抗癌
L-组氨酸酶	微生物	抗癌
L-甲硫氨酸酶	微生物	抗癌
谷氨酰胺酶	微生物	抗癌
α-半乳糖苷酶	牛肝、人胎盘	治疗遗传缺陷病（弗勃莱症）
核酸类酶	生物，人工改造	基因治疗，治疗病毒性疾病
降纤酶	蛇毒	溶血栓
木瓜凝乳蛋白酶	番木瓜	治疗腰椎间盘突出，肿瘤辅助治疗
抗体酶	分子修饰、诱导	与特异抗原反应，清除各种致病性抗原

一、蛋白水解酶

蛋白水解酶（protease）是水解蛋白质肽链的一类酶的总称，按其降解多肽的方式分成内肽酶和端肽酶两类，其能够使蛋白质构造和功能发生变化。它对于细胞的运动、组织的破坏和变形、激素的活化、受体和配基的相互作用、感染、细胞增殖等过程都有影响。蛋白酶可用于治疗多种疾病，是临床上使用最早、用途最广的药用酶之一。蛋白酶广泛存在于动物内脏、植物茎叶、果实和微生物中，主要有胰蛋白酶、胃蛋白酶、胰凝乳蛋白酶、木瓜蛋白酶和菠萝蛋白酶等种类。

蛋白酶最初在医药领域是作为消化药，用于治疗消化不良和食欲不振。其中胰凝乳蛋白酶是消化食物的重要酶类，与胰蛋白酶一样，酶前体是在肝脏中形成的，在小肠中胰蛋白酶和凝乳蛋白酶等分解成具有活性的酶，使用时往往与淀粉酶、脂肪酶等组成复合制剂，以增加疗效。作为消化剂使用时，蛋白酶一般制成片剂，以口服方式给药。

蛋白酶还可以作为消炎剂，对治疗各种炎症具有很好的疗效，常用的有胰蛋白酶、胰凝乳蛋白酶、菠萝蛋白酶、木瓜蛋白酶等。由灰色链霉菌（*Streptomyces griseus* K-1）生产的数种蛋白酶混合物，呈白色粉末状，相对分子质量 20000。含有中性及碱性蛋白酶、氨基肽酶、羧肽酶等，易溶于盐水和稀盐溶液，最适

pH7.8~8.0，最适温度60~80℃。可用于手术后和外伤的消炎，还可以治疗副鼻腔炎、咳痰困难等。蛋白酶之所以有消炎作用，是由于它能分解一些蛋白质和多肽，使炎症部位的坏死组织溶解，增加组织通透性，抑制水肿，促进病灶附近组织积液的排出并抑制肉芽的形成。给药方式有口服、局部外敷或肌肉注射等。

蛋白酶经静脉注射后，还可治疗高血压。这是由于蛋白酶催化运动迟缓素原及胰血管舒张素原水解，除去部分肽段后可以生成运动迟缓素和血管舒张素，使血压下降，蛋白酶注射入人体后，可能引起抗原反应。通过酶分子修饰技术，可使抗原性降低或消除。美国加利福尼亚州应用蛋白质工程的方法对蛋白酶的性质进行了改造，既保留了蛋白水解酶的特性，同时除去治疗部位以外的与组织毒性相关的遗传密码子。改造后的蛋白质用微生物来表达，以生产有治疗作用的蛋白水解酶。美国Genetech公司应用基因工程法生产中性蛋白酶，对炎症活化血管和运动神经细胞、与细胞增殖相关的肽类物质的失活过程有影响。因此，该酶对头痛、哮喘、眼病、肺癌、类风湿性关节炎、炎症性疾病等都有治疗作用。

二、淀粉酶和脂肪酶

淀粉酶是一类能分解淀粉糖苷键的酶类的总称，或称淀粉水解酶，包括以α-淀粉酶、β-淀粉酶等，可将淀粉水解为短链淀粉、糊精、麦芽糖或少量葡萄糖。常用的淀粉酶有麦芽淀粉酶、胰淀粉酶、米曲霉淀粉酶等。

脂肪酶是催化脂肪水解的酶，常用的有胰脂肪酶、酵母脂肪酶等。当人体消化系统缺少淀粉酶和脂肪酶，或者在短时间内进食过多的淀粉类、脂肪类食物时，引起消化不良、食欲不振、腹胀、腹泻等病症。可通过服用淀粉酶、脂肪酶类药物缓解症状。通常淀粉酶、脂肪酶与蛋白酶等组成复合制剂使用，以口服方式给药。

三、溶菌酶

溶菌酶也是应用广泛的药用酶，具有抗菌、消炎、镇痛等作用，用于治疗手术性出血、咳血、鼻出血，具有分解脓液、消炎镇痛、治疗外伤性水肿、增强放射线治疗效果等。由于溶菌酶作用于细菌的细胞壁，可使病原菌、腐败性细菌等溶解死亡，而且它对抗生素有耐药性的细菌同样可起溶菌作用，因而疗效显著，且对人体的副作用很小，是一种较为理想的药用酶。溶菌酶通常可与抗生素联合使用，可显著提高抗生素的疗效。

四、超氧化物歧化酶

超氧化物歧化酶（superoxide dismutase，SOD）催化超氧阴离子自由基（$O_2^- \cdot$）歧化为H_2O_2和O_2的酶，使机体免遭$O_2^- \cdot$的损害。此酶分布极为广泛，迄今已从细菌、真菌、藻类、植物、原生动物、昆虫、鱼类和哺乳动物等各种生物体内分离到。超氧歧化酶对治疗由 O_2^- · 引起的疾病如氧中毒、急性炎症、各类自身免疫性疾病、辐照病和老年性白内障等有独特疗效，是一种有前途的新型药用酶。超氧歧化酶正被作为一种抗衰老药物进行研究。不管采用何种给药方式，SOD 均未发现有明显的副作用，抗原性也很低，所以 SOD 是一种多功效、低毒性的药用酶。SOD 十分稳定，牛红细胞 SOD 在 75℃下加热数分钟仍很少失活，对酸碱也较稳定，可在 pH5. 3~10. 5 范围内反应。SOD 的主要缺点是它在体内的稳定性差，在血浆中的半衰期只有 6~10min。通过酶分子化学修饰可以大大增加其稳定性，为 SOD 的临床应用创造了条件。

五、 L-天冬酰胺酶

L-天冬酰胺酶（asparaginase，EC 3. 5. 1. 1）能把 L-天冬酰胺水解成 L-天冬氨酸和 NH_3，是第一种用于治疗白血病的酶。因为癌细胞生长时需要天冬酰胺，L-天冬酰胺酶可以切断天冬酰胺的供给，因此对癌症（特别是白血病）的治疗有显著疗效。当 L-天冬酰胺酶注射进入人体后，人体的正常细胞内含有天冬酰胺合成酶，可以合成 L-天冬酰胺，而使蛋白质合成不受影响。而对于缺乏天冬酰胺合成酶的癌细胞来说，由于本身不能合成 L-天冬酰胺，外来的天冬酰胺又被 L-天冬酰胺酶分解掉，因此蛋白质合成受阻，从而导致癌细胞死亡。

在一般情况下，注射该酶可能出现过敏性反应，包括发热、恶心、呕吐、体重下降等。1994 年美国 Enzon 公司应用聚乙二醇修饰 L-天冬酰胺酶已得到 FDA 认证，用于治疗淋巴性白血病。

六、尿激酶

尿激酶（urokinase，EC 3. 4. 21. 73）是从健康人尿中分离的，或从人肾组织培养中获得的一种酶蛋白，其可直接激活纤溶酶原，进而具有溶解血纤维蛋白及血栓的效果，也可溶解血块。现在日本和美国等国家已经广泛应用该酶。尿激酶是从人尿中提取的，存在于人尿中的尿激酶比微生物来源的尿激酶安全性高。应用组织培养的方法，可以从培养的肾细胞得到大量的尿激酶。最近，从人类的肝细胞培养物中也可以得到尿激酶，点滴注射尿激酶可以治疗脑血栓、静脉闭塞症、眼内出血症等疾病。现在，已应用基因工程技术生产了治疗用尿激酶和尿激酶原，基因工程技术的应用使酶的生产成本降低。同时，因为尿液有艾滋病病毒、肝炎病毒等污染的可能，美国等国家已禁止用尿液为原料生产药物制剂，而应用基因工程技术生产药物可使安全性提高。

七、组织纤溶酶原激活剂

组织纤溶酶原激活剂（tissue plasminogen activator，t-PA）是一种丝氨酸蛋白酶，可以催化纤溶酶原水解，生成具有溶解纤维蛋白活性的纤溶酶，在纤维蛋白溶解系统中起到重要作用，在治疗心肌梗死、脑血栓等方面疗效显著。

t-PA 激活纤溶酶原要依靠纤维蛋白的激活作用，游离的 t-PA 对纤溶酶原的亲和力极低，不能单独激活正常人循环血液中的纤溶酶原。但 t-PA 对纤维蛋白有很高的亲和力，与纤维蛋白结合后对纤溶酶原的亲和力显著提高，可以激活血液中的纤溶酶原。正常人血液中极少有纤维蛋白生成，因此，t-PA 不会使正常人发生系统性纤溶状态。t-PA 作用于血栓时，高效、特异地与血栓中的纤维蛋白结合，形成纤维蛋白、t-PA 和纤溶酶原三元复合物。三元复合物的形成有利于 t-PA 激活纤溶酶原，形成纤溶酶，水解复合体中的纤维蛋白，溶解血栓。同时，激活后的纤溶酶仍然结合在复合体上，能够避免 α_2-抗纤溶酶对它的抑制作用，使 t-PA 选择性地在血栓中发挥溶解纤维蛋白的作用，而对血液中的纤维蛋白原、凝血因子等几乎没有水解作用，即使有少量纤溶酶脱离复合体，也会很快受 α_2-抗纤溶酶的作用而失活，因此，t-PA 能高效特异地溶解血栓而不易出现系统性溶纤状态。

t-PA 是人体 t-PA 基因表达的产物，不存在异源性的抗原性问题，多次使用不会出现免疫反应，是一种较为理想的溶血栓药物。组织中的 t-PA 含量甚微，当前临床使用的是基因工程产品，有几个品种的 t-PA 类溶血栓药物可供选择。而且，对于 t-PA 分子突变体、嵌合体等的改造，也是研制开发新型溶血栓药物的重要方向。

八、凝血酶

凝血酶（thrombin）是一种白色至灰白色非结晶物质，一般为冻干粉。其可催化血纤维蛋白原水解，生成不溶性的血纤维蛋白，从而促进血液凝固。凝血酶可以从人或动物血液中提取分离得到，也可以从蛇毒中分离得到。凝血酶可以直接作用于血浆纤维蛋白原，加速不溶性纤维蛋白凝块的产生，促使血液凝固。凝血酶常以干粉或溶液局部应用于伤口或手术处，控制毛细血管渗出，多用于骨出血、扁桃体摘除和拔牙等，有时也可以口服，用于胃和十二指肠出血；对动脉出血和纤维蛋白原缺乏所致的凝血障碍无效。现今在一些国家军队中使用一种快速止血的急救绷带，是将凝血酶和纤维蛋白原制成干粉，按照一定的比例附着在绷带上，当战场上出现急性出血时使用这种绷带，绷带上的纤维蛋白原在凝血酶的作用下迅速形成不溶的纤维蛋白，裹挟着血细胞形成血块，堵住伤口，起到紧急止血的作用。

蛇毒凝血酶是从巴西产美洲矛头蝮蛇蛇毒中分离精制而得的，临床用于治疗和预防各种出血，如手术前后毛细血管出血、咳血、胃出血、视网膜出血、鼻出血、肾出血及拔牙出血等。使用时可以采用皮下注射、肌肉注射或静脉注射，但要严格控制剂量；不良反应有呼吸困难、局部疼痛，偶有荨麻疹。

九、弹性蛋白酶

弹性蛋白酶或弹性酶（elastase），又称胰肽酶 E，是一种广泛存在于哺乳动物胰脏的肽键内切酶，根据它水解弹性蛋白的专一性又称为弹性水解酶。弹性蛋白酶原合成于胰脏的腺泡组织，经胰蛋白酶或肠激酶激活后成为活性酶。

弹性蛋白酶能水解结缔组织中的弹性蛋白，具有类似β-脂蛋白酶的作用效果，可以激活磷脂酶 A，降低血清中的胆固醇，促进胆固醇从粪便中排出；还能增强血管弹性，具有降低血压、扩张血管、提高心肌血流量的作用。弹性蛋白酶主要用于治疗高脂血症，预防脂肪肝和动脉粥样硬化等。

十、激肽释放酶

激肽释放酶（kallikrein）是内切性蛋白水解酶，最初是 1930 年由 Kraut 等在胰腺中发现。哺乳动物的激肽释放酶有血液激肽释放酶和组织激肽释放酶两大类，组织激肽释放酶主要分布在动物的胰、颌下腺、唾液、尿中，以胰中含量最为丰富。药用激肽释放酶又称血管舒缓素，商品名为帕杜丁（padutin），主要来自颌下腺和胰脏。

激肽释放酶作用于激肽原后释放出激素物质激肽，组织激肽释放酶水解激肽原释放出胰激肽（十肽），血液激肽释放酶则水解激肽原释放出舒缓激肽（九肽）。舒缓激肽具有舒张血管、增强毛细血管通透性的功效，所以激肽释放酶又称血管舒缓素。激肽释放酶主要应用于高血压、动脉硬化、心绞痛、微循环障碍等疾病的治疗。此外，它还具有利尿的作用。

十一、细胞色素 c 氧化酶

细胞色素 c 氧化酶（cytochrome c oxidase，EC 1.9.3.1，也称细胞色素氧化酶）是生物体内细胞呼吸的重要酶类。此酶在细胞呼吸中处于细胞色素系统的末端，把呼吸底物的电子经过细胞色素系统直接传递给分子态氧（即具有自动氧化作用）。凯林（D. Keilin，1930）在心肌提取物中首先发现此酶的活性。细胞色素 c 氧化酶最初是从酵母细胞抽提获得，现在可从哺乳动物牛或猪心脏中得到。该酶可用于治疗脑出血、脑软化症、脑血管障碍、窄心症、心肌梗死、头部外伤后遗症、一氧化碳中毒症、安眠药中毒症。

十二、其他酶类

近年来应用基因工程技术开发新的治疗用酶制剂，已显示出广阔的前景。1994 年美国 FDA 批准 Genzyme 公司应用基因工程法生产的葡萄糖脑苷酯酶可用于治疗高血症（葡萄糖脑苷酯酶缺乏症）。以前该酶是从人的肝脏中得到，售价很高，很多患者承担不起治疗费用。1998 年，美国 Genzyme 公司生产的新的基因工程药物葡萄糖脑苷酯酶（cerezyme）上市。与胎盘中分离得到的葡萄糖脑苷酯酶相比，工程菌得到的酶质量和价格均具有较大优势。

对囊泡性肺纤维病的治疗药物，美国 Genentech 公司开发的 DNA 分解酶“Pulmozyme”，在欧美各国、新西兰、阿根廷等地，该酶作为药品已有出售。它可以去除呼吸道的分泌物，达到祛痰的作用，解决了囊泡性纤维病患者呼吸困难的问题。该药对吸烟引起的慢性支气管炎的临床治疗效果已引起人们的注意。据报道，该酶对慢性支气管炎的治疗使再入院治疗和死亡人数明显减少。

由于大气层的破坏，紫外线照射量明显增强。长时间的日光照射会导致皮肤癌和鳞状细胞癌。这种病已被美国耶鲁大学医学院证明为 *p*53 基因突变所引起的。因而，能使发生变化的 DNA 分子恢复正常的内切酶备受关注。美国 Applied Genetics 公司等应用基因工程技术生产出了一类特殊的内切酶，用脂质体使之胶囊化后可以用来治疗导致皮肤癌的色素性干皮症（该种患者身体内不能产生酶）。随着对基本病因的分析，预计会产生新的酶类药物。基因工程技术的应用使酶的生产成本降低，但是在精制的酶制剂中，还要排除有含有病毒及病原体的可能性。因此，在使用时还需要做认真的安全检查。

知识点三　酶在药物生产方面的应用

酶在药物生产方面的应用是利用酶的催化作用将前体物质转变为药物，现已有不少药物（包括一些贵重药物）都是由酶法生产的（表 5-4）。下面举例说明一些酶的应用。

表 5-4　　酶法生产的药物及其应用

酶	主要来源	用途
青霉素酰化酶	微生物	制造半合成青霉素和头孢菌素
11-β-羟化酶	霉菌	制造氢化可的松
L-酪氨酸转氨酶	细菌	制造多巴（L-二羟苯丙氨酸）
β-酪氨酸酶	植物	制造多巴
α-甘露糖苷酶	链霉菌	制造高效链霉素
核苷磷酸化酶	微生物	生产阿拉伯糖腺嘌呤核苷（阿糖腺苷）
酰基氨基酸水解酶	微生物	生产 L-氨基酸
5′-磷酸二酯酶	桔青霉等微生物	生产各种核苷酸
多核苷酸磷酸化酶	微生物	生产聚肌胞、聚肌苷酸
无色杆菌蛋白酶	细菌	由猪胰岛素（Ala-30）转变为人胰岛素（Thr-30）
核糖核酸酶	微生物	生产核苷酸
蛋白酶	动物、植物、微生物	生产 L-氨基酸
β-葡萄糖苷酶	黑曲霉等微生物	生产人参皂苷-Rh2

一、青霉素酰化酶

人类最早于1928年首次发现了第一种抗生素（青霉素），其后抗生素作为一种广谱性药物，拯救了千万人的生命，但长期使用抗生素导致了细菌产生耐药性，天然的抗生素效果显著下降。为了解决此问题，最有效的办法就是研究细菌耐药性的原因，通过人工合成等方法改造原有青霉素的结构。目前，已经得到几十种半合成青霉素，它们都能作用于耐药性菌株，是疗效很好的广谱抗生素，要生产各种半合成青霉素，重要的问题是获得青霉素酰化酶。青霉素酰化酶（penicillin acylase，EC 3.5.1.11）是半合成抗生素中最重要的一种酶。它既可以催化青霉素或头孢霉素水解生成6-氨基青霉烷酸（6-APA）或7-氨基头孢霉烷酸（7-ACA），又可催化酰基化反应，由6-APA合成新型青霉素或由7-ACA合成新型头孢霉素。化学反应式如下：

青霉素　　　　　　6-APA

青霉素和头孢霉素同属β-内酰胺抗生素，被认为是最有发展的抗生素。该类抗生素可以通过青霉素酰化酶的作用，改变其侧链基团而获得具有新的抗菌特性及有抗β-内酰胺酶能力的新型抗生素。工业上已用固定化酶生产。

二、β-酪氨酸酶

3,4-二羟苯丙氨酸（3,4-dihydroxyphenylalanine，DOPA），俗称多巴，多巴是在神经和肾上腺髓质中经酪氨酸羟化酶催化使酪氨酸羟化而成，是合成多巴胺和肾上腺素的中间体。L-多巴用于治疗震颤麻痹。1950年，瑞典科学家Arvid Carlsson首次证明多巴可以用于减轻帕金森综合征，并因此获得了2000年的诺贝尔生理学或医学奖。所谓帕金森综合征，是1817年英国医师Parkinson所描述的一种大脑中枢神经系统发生病变的老年性疾病。其主要症状为手指颤抖、肌肉僵直、行动不便。病因是由于遗传原因或人体代谢失调，不能由酪氨酸生成多巴或多巴胺（一种神经传递介质）。β-酪氨酸酶可催化L-酪氨酸或邻苯二酚生成DOPA，β-酪氨酸酶已经制成固定化酶来使用。反应如下：

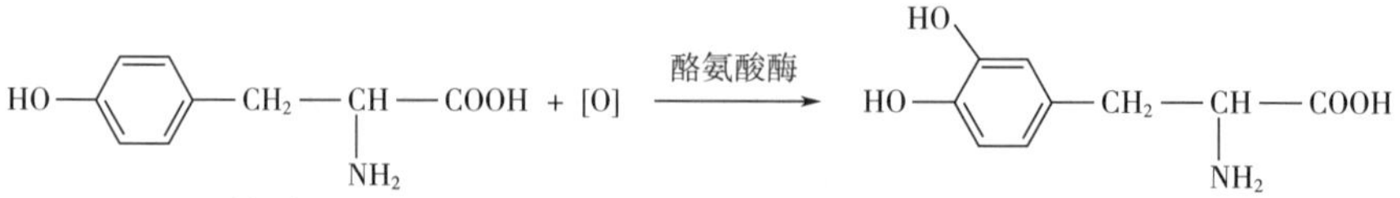

酪氨酸　　　　　　DOPA

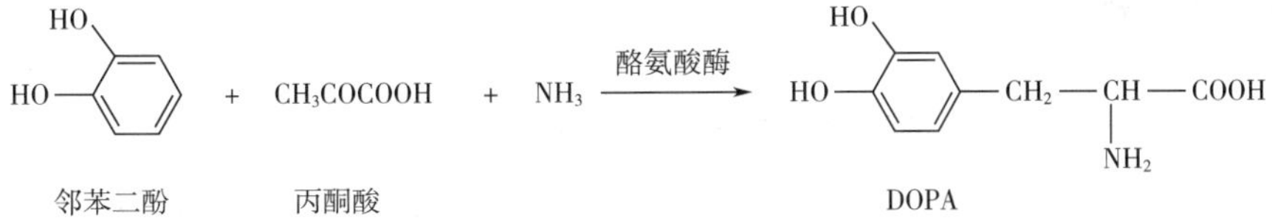

三、核苷磷酸化酶

核苷磷酸化酶（nucleoside phosphorylase）被阿拉伯糖取代可以形成阿糖苷。阿糖苷具有抗癌和抗病毒的作用，是一种重要的药物，其中阿糖腺苷疗效显著，是一种抗病毒药。阿糖腺苷（腺嘌呤阿拉伯糖苷）可由核苷磷酸化酶催化阿糖尿苷（尿嘧啶阿拉伯糖苷）转化而成。由阿糖尿苷生成阿糖腺苷的反应分两步完成。首先，阿糖尿苷在尿苷磷酸化酶的作用下生成阿拉伯糖-1-磷酸；然后，阿拉伯糖-1-磷酸再在嘌呤核苷磷酸化酶的作用下生成阿糖腺苷。

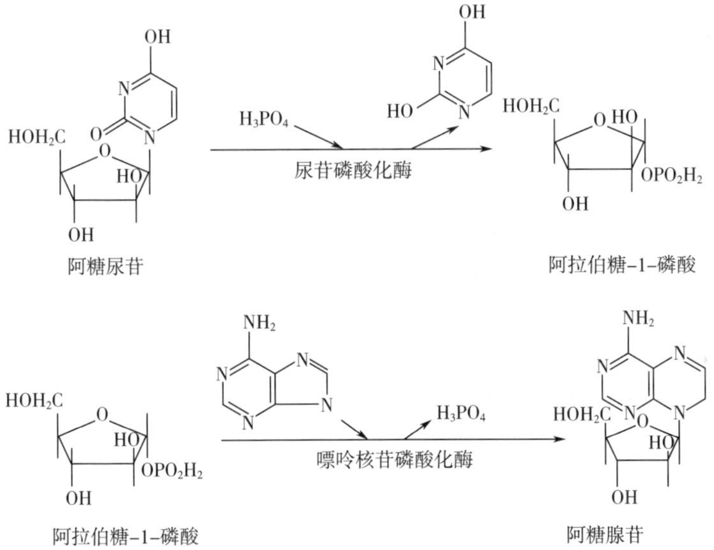

四、无色杆菌蛋白

人胰岛素与猪胰岛素只有在 B 链第 30 位的氨基酸有所不同。无色杆菌（*Achromobacter lydtcus*）产生的无色杆菌蛋白酶可以特异性地催化胰岛素 B 链羧基末端（第 30 位）上的氨基酸置换反应，由猪胰岛素（Ala30）转变为人胰岛素（Thr30），以增加疗效。在无色杆菌蛋白酶的作用下，猪胰岛素第 30 位的丙氨酸被水解除去，再在同一酶的作用下使之与苏氨酸丁酯偶联。再用三氟乙酸（TFA）和苯甲醚除去丁醇，即得到人胰岛素。

【知识链接】

纳米酶：中国引领的催化材料革命

纳米酶（nanozymes）是一类具有独特纳米材料性能和催化功能的模拟酶，它结合了纳米材料的独特理化性质与酶的催化功能，既不同于天然酶也不同于传统化学酶。其是由金属、金属氧化物、碳材料等纳米粒子构成，通过表面效应、尺寸效应等实现高效催化。这类材料在纳米尺度（1~100nm）下展现出与其宏观尺度截然不同的新特性，如高催化活性、稳定性和经济性。自2007年中国科学家首次发现Fe_3O_4纳米颗粒具有内在类过氧化物酶活性后，纳米酶研究领域逐渐发展起来。截至目前，已有540种不同组成、结构的纳米材料被发现具有类酶活性。近年来纳米酶被发现对生物体中的活性氧簇（reactive oxygen species，ROS）具有调节作用，随之纳米酶在活性氧相关疾病治疗中的研究也逐渐深入。纳米酶的发现打破了以往认为无机纳米材料是生物惰性物质的传统观念，揭示了纳米材料内在的生物效应及新特性。

【思考题】

1. 青霉素酰化酶可催化生成的抗生素为（　　）

A. 高效链霉素　　B. L-氨基酸　　C. 6-APA　　D. 7-ACA

E. 新型头孢霉素

2. 酶在医药领域的应用主要有哪些？

3. 简述酶制剂在医学领域中的应用前景。

任务二　酶在食品领域中的应用

学习目标

知识目标：

1. 了解酶在食品加工、食品保鲜、食品检测分析、食品风味和品质改善等方面的作用。

2. 掌握不同酶制剂（如α-淀粉酶、β-淀粉酶、蛋白酶等）在食品工业中的具体用途和效果。

技能目标：

1. 能够根据食品加工的具体需求选择合适的酶制剂，并设计合理的应用方案。

2. 能够运用酶制剂改善食品的色泽、风味、品质和产量，优化食品加工工艺。

素质目标：

1. 培养学生创新思维和解决问题的能力，能够提出新的酶制剂应用方案和改进措施。

2. 培养学生树立食品安全意识，了解食品安全法律法规和标准要求，确保食品加工过程中的安全性和合规性。

目前，酶已经被广泛使用在食品工业部门，可在食品保鲜、食品加工、食品添加剂的生产以及增强或改善食品的风味和品质等方面发挥重要作用，表 5-5 展示了酶制剂在食品工业中的应用。

表 5-5　　酶制剂在食品工业中的应用

酶	来源	主要用途
α-淀粉酶	枯草杆菌、米曲霉、黑曲霉	淀粉液化，制造糊精、葡萄糖、饴糖、果葡糖浆
β-淀粉酶	麦芽、巨大芽孢杆菌、多黏芽孢杆菌	啤酒酿造
糖化酶	根霉、黑曲霉、红曲霉、内孢霉	淀粉糖化，制造葡萄糖、果葡糖浆
异淀粉酶	气杆菌、假单胞杆菌	制造直链淀粉、麦芽糖
蛋白酶	胰脏、木瓜、枯草杆菌、霉菌	啤酒澄清，水解蛋白质、多肽
右旋糖酐酶	霉菌	糖果生产
果胶酶	霉菌	果汁、果酒的澄清
葡萄糖异构酶	放线菌、细菌	制造果葡糖、果糖
葡萄糖氧化酶	黑曲霉、青霉	蛋白加工、食品保鲜
橘苷酶	黑曲霉	水果加工，去除橘汁苦味
橙皮苷酶	黑曲霉	防止柑橘罐头及橘汁出现浑浊
氨基酰化酶	霉菌、细菌	由 DL-氨基酸生产 L-氨基酸
天冬氨酸酶	大肠杆菌、假单胞杆菌	由反丁烯二酸制造天冬氨酸
磷酸二酯酶	橘青霉、米曲霉	降解 RNA 生产单核苷酸用作食品增味剂
色氨酸合成酶	细菌	生产色氨酸
核苷磷酸化酶	酵母	生产 ATP
纤维素酶	木霉、青霉	水解纤维素生成葡萄糖
溶菌酶	蛋清、微生物	食品杀菌保鲜

知识点一　酶制剂在食品加工中的应用

酶作为原料已经被广泛应用于食品加工行业。以淀粉的加工为例，通过不同的淀粉酶分解淀粉可以生产出饴糖、麦芽糊精、麦芽糖浆（三糖、四糖）、高麦芽糖浆（麦芽糖达 60%）、麦芽糖、麦芽糖醇和果糖等甜味剂，可作为原料用于糖果、冰淇淋、饮料等各类食品的加工。用橙皮苷酶催化橙皮苷，可以生产新橙皮苷二氢查尔酮，这是一种对人体安全的甜味剂，其甜度为蔗糖的 70~100 倍。酶制剂还可用于异麦芽低聚糖、海藻糖、帕拉金糖、低聚果糖、低聚木糖、大豆低聚糖等功能性低聚糖的制造。

酶制剂可直接参与食品的生产过程，生产出某些产品。如利用凝乳酶生产干酪；淀粉酶可液化、糖化淀粉，促进酵母菌的生长，进而生产啤酒、酒精；如果利用棕榈油与硬脂酸进行酶促酯化，就可制得类似可可脂的产品——类可可脂或代可可脂。

知识点二　酶制剂在食品保鲜中的应用

酶的特异性催化作用还可用于降低或消除外界的不良因素对食品品质的影响，从而达到保鲜的作用，目前主要有应用葡萄糖氧化酶和溶菌酶于罐装果汁、果酒、水果罐头、脱水蔬菜、肉类及虾类食品等各种食品的防腐保鲜。

葡萄糖氧化酶（glucoseoxidase）对食品有多种作用，在食品保鲜及包装中最大的作用是除氧，延长食品的货架期。氧化变质是绝大多数食品，尤其是生鲜食品变质腐败的主要原因，许多物理化学方法除氧效果不能完全。葡萄糖氧化酶具有专一性的抗氧化作用，可预防组织、食品成分的氧化变质，且不会产生副作用。在啤酒加工过程中加入适量的葡萄糖氧化酶，可以除去啤酒中的溶解氧和瓶颈氧，阻止啤酒的氧化变质，且不会对啤酒中的其他物质产生作用。因此，葡萄糖氧化酶在防止啤酒老化，保持啤酒风味，延长保质期方面有显著的效果。研究表明：在果汁加工生产过程中添加葡萄糖氧化酶能把溶解氧迅速降低到 10^{-6}mg/L 以下，从而显著地保护柑橘果汁中的 L-抗坏血酸。国外已采用各种不同的方式应用于茶叶、冰淇淋、乳粉等产品的除氧包装或罐头生产中。

溶菌酶（lysozyme）又称胞壁质酶或 *N*-乙酰胞壁质聚糖水解酶，可以水解细菌细胞壁肽聚糖的 β-1,4 糖苷键，导致细菌自溶死亡。溶菌酶还可与带负电荷的病毒蛋白直接结合，与 DNA、RNA、脱辅基蛋白形成复合体，使病毒失活。溶菌酶在含食盐、糖等的溶液中稳定，耐酸性、耐热性强，故非常适合于各种食品的防腐。它对革兰氏阴性菌、好气性孢子形成菌、枯草杆菌、地衣芽孢杆菌等都有抗菌作用。它能杀死肠道腐败球菌，增加抗感染力，同时还能促进婴儿肠道双歧乳酸杆菌增殖，促进乳酪蛋白凝乳利于消化，所以是婴儿食品、饮料的优良添加剂。溶菌酶特异性作用于细胞壁，所以对人体完全无毒、无副作用，具有抗菌、抗病毒、抗肿瘤的功效，是一种安全的天然防腐剂。现已在香肠、鱼片、火腿、新鲜果蔬、豆腐、婴幼儿乳粉、酸乳、低度酒、奶油、糕点、面条及饮料等的防腐保鲜中广泛应用。

此外，木瓜蛋白酶、菠萝蛋白酶、霉菌酸性蛋白酶都可以降解啤酒浑浊的蛋白质组分，防止啤酒冷浑浊，延长啤酒贮存期。

知识点三　酶制剂在食品检测分析中的应用

酶检测法就是用酶来测定某些用一般化学方法难以检测的食品成分的含量或测定食品中某些特殊酶的活性或含量。其特点是准确、快速，具有特异性和灵敏性。酶法分析包括食品组分的酶法测定、食品质量的酶法评价及食品卫生与安全等方面的问题。目前应用比较广泛的有酶联免疫测定（enzyme linked immunosorbent assay，ELISA）、聚合酶链反应（PCR）、酶抑制率法等。

聚合酶链反应（PCR）以特定的基因片段为模板，利用人工合成的一对寡聚核苷酸为引物，以 4 种脱氧核苷酸为底物，在 DNA 聚合酶的作用下，通过 DNA 模板的变性，达到基因扩增的目的。PCR 是目前转基因食品检测较为成熟的方法。

现阶段，科学家们不断改进 PCR 食品检测技术，发展出了数字 PCR 技术。相比于传统的荧光定量 PCR，数字 PCR 技术可直接对样品中目标 DNA 片段的拷贝数浓度准确定量，更加的方便快捷，减少了检测误差。梁颖婕等（2022）开发设计了适用于赤小豆加工食品中红豆成分双重数字聚合酶链式反应（ddPCR）定量检测的通用引物探针，建立赤小豆加工食品中红豆成分质量百分比-DNA 拷贝数浓度百分比线性关系式。结果发现此方法对赤小豆和红豆基因组 DNA 检测低限分别为 0.1 和 0.01 ng/μL，对赤小豆和红豆基因组 DNA 拷贝数浓度定量检测限均为 6 copies/μL，可对赤小豆加工食品中质量百分比为 5%～80%的红豆成分准确定量。PCR 技术也被广泛应用于转基因食物的检测筛查。敖金霞等（2010）针对 3 种物种的 4 种外源基因和一种内源基因片段设计 10 对 PCR 引物，经过两轮五重 PCR 扩增可检测到经试剂盒提取的低含量 DNA，适用于检测转基因大豆、玉米、水稻和深加工产品如卵磷脂、大豆蛋白粉、大豆精炼油等。此方法结合了多重 PCR 的高效性和巢式 PCR 的高灵敏性，实现了不同物种和不同品系深加工食品转基因成分的高通量检测。

PCR 也用于食品中腐败菌、病原菌，如肠道出血性大肠杆菌、沙门菌、弧菌、金黄色葡萄球菌等的检测。

知识点四　酶制剂在食品品质改良中的应用

酶在食品中应用的一个重要方面就是改善食品的色泽、风味、品质、产量。如在韧性饼干的生产过程中添加中性蛋白酶，能改变面团的流变学性质，使面团的弹性和稳定时间显著降低，衰落度明显增加，对韧性饼干自然断裂有明显的抑制作用；在白酒生产中用糖化酶代替麸曲，可提高出酒率，节约粮食，提高经济效益。酶制剂应用于果蔬汁加工中可增加出汁率，降低黏度，增加产品色泽风味的稳定性、澄清度、减少苦涩味。例如在果汁生产过程中，应用果胶酶处理，有利于压榨及提高出汁率。在沉淀、过滤、离心分离过程中，果胶酶能促进凝聚沉淀物的分离，使果汁澄清。果胶酶已广泛用于苹果汁、葡萄汁、柑橘汁等的生产。在应用果胶酶处理苹果汁时，要特别注意 pH、温度、作用时间、酶量等对果汁澄清速度的影响。大豆制品中含有水苏糖和棉籽糖，食用后感觉气胀，原因是上述两类低聚糖在胃肠道内不能被分解，进入大肠后，在大肠内的微生物菌群的作用下发酵产气。在生产过程中加入水苏四糖酶可分解水苏四糖和棉籽糖形成的低聚糖，则食后不会气胀，该法已用于大豆制品的加工过程中。牛乳中含有乳糖，乳糖为葡萄糖和半乳糖结合而成的二糖，我国大多数成年人因缺乏分解乳糖的酶而具有乳糖不耐症，因而不能喝牛乳。生产中可以采用固定化的半乳糖苷酶水解乳糖，从而提高牛乳的消化性能。

焙烤业是酶工程技术应用的一个非常活跃的领域。淀粉酶可加快面团发酵速度，促进酵母繁殖，增大面包体积，改善风味；蛋白酶能水解蛋白质，从而降低面筋筋力，使面团弹性降低，易于伸展和延伸；木聚糖酶在面粉中能提高面筋的网络结构和弹性，增强面团的稳定性，改善加工性能，如用于面包生产，可以改善面包的组织结构，增大面包体积；葡萄糖氧化酶能使面粉蛋白质中的巯基氧化成二硫键，故具有增筋的作用；脂肪酶也可用于面粉，它具有增筋和增白的双重作用，提高面团稳定性，增大产品体积，改善组织结构。

【思考题】

1. 酶在食品保鲜和食品生产方面有哪些重要应用？
2. 简述果蔬汁加工中常用的酶制剂及其用途。

任务三 酶制剂在农业领域中的应用

学习目标

知识目标：

1. 理解酶在提高生物肥料肥力、病虫害防治、降低农药残留危害及饲料生产等方面的关键作用。
2. 掌握酶制剂在农业可持续发展中的理论基础和应用前景。

技能目标：

1. 能够根据农作物秸秆的组成成分选择合适的酶制剂进行生物肥料的制备。

2. 能够根据动物的种类、生长阶段及饲料原料的特点，合理选用和配制饲用酶制剂。

素质目标：

1. 培养学生环保意识，通过酶制剂的应用减少化学农药的使用和环境污染。

2. 培养学生关注农业废弃物的资源化利用，促进资源循环和生态保护。

酶在农业领域中发挥着重要的作用，主要体现在提高生物肥料肥力、提高农作物病虫害防治效果、降低农药残留危害及饲料生产等方面。

知识点一　生物肥料

由于化肥的过度使用，农田土壤结构破坏严重，肥力下降迅速，土壤理化性质变差，从而导致农作物产量、品质下降，生态环境污染严重。采用生物肥料逐步替代化学肥料是改变这一状况的主要途径之一。生物肥料又称微生物肥料、接种剂或菌肥（bacterial manure）等，是通过微生物发酵生产的一类肥料产品。这种肥料基质本身可能不具备肥料效应，通过微生物的生命活动和新陈代谢可以产生或增加肥料效应。一方面，生物肥料所含有的有益微生物产生糖类物质与植物黏液、矿物胚体和有机胶体结合在一起，可以改善土壤团粒结构、增强土壤的物理性能和减少土壤颗粒损失，进而有利于提高土壤肥力；另一方面，生物肥料中各种微生物能够在生产繁殖的过程中分泌大量的纤维质降解酶系，如纤维素酶、木聚糖酶、木质素过氧化物酶、锰过氧化物酶和漆酶等，这些酶类能够快速高效地将秸秆中的有机化合物转化为腐殖质，增加土壤有机质（soil organic matter）含量，从而提高土壤肥力。

酶在生物肥料领域中主要是用于降解农作物秸秆。农作物秸秆是主要的农业废弃物，包括秸秆、稻草、木屑、蔗渣等，富含纤维素、半纤维素和木质素等有机碳水化合物（表5-6），是地球上最丰富最廉价的可再生资源。但是目前由于大量农作物秸秆缺乏有效的利用途径，绝大部分被丢弃或焚烧，利用率极低。采用微生物发酵，结合酶降解作用将农作物秸秆转化为生物肥料返回到土壤，对于保护土壤、提高土壤肥力、增加粮食产量具有重要的意义。依据农作物秸秆的主要组成成分，可以将秸秆转化生物肥料过程中涉及到的酶划分为三类，即纤维素降解酶、半纤维素降解酶和木质素降解酶。

表 5-6　几种主要农作物秸秆的组分含量比较　单位:%

原料	粗纤维	灰分	果胶质	木质素	纤维素	半纤维素
稻草	35.60	13.39	—	12.50	32.00	24.0
麦秸秆	36.70	6.04	0.30	18.00	30.50	23.50
玉米秸秆	29.30	4.66	0.45	22.00	34.00	37.50
大豆秸秆	38.70	—	—	—	33.00	18.50

知识点二　病虫害防治

农作物病虫害防治是农业生产的重要课题。随着农业现代化、规模化发展，化学农药的依赖性使用导致病虫害抗药、抗逆性增强。寻找一条绿色健康的生物防治方法是当下的研究热点问题。目前，已有多位研究者在此领域取得了很大成就，达到了提高农产品质量、降低环境污染的目的，酶在其中发挥了重要的作用。目前在农作物病虫害生物防治方面应用较为广泛的酶主要有几丁质酶和β-1,3-葡聚糖酶。

一、几丁质酶在病虫害防治方面的应用

几丁质是*N*-乙酰氨基葡萄糖组成的线性聚合物，其化学结构与植物纤维素相似，因此也被称为动物纤维素。几丁质对昆虫的生长发育至关重要，存在于昆虫表皮、腔肠、呼吸道和生殖系统中，在昆虫生长发育的各个时期都需要一定量的几丁质来维持其代谢平衡。几丁质不存在于植物和哺乳动物中，因此以几丁质酶作为生物农药进行病虫害防治具有绿色高效、特异性强的优点。

几丁质酶主要催化几丁质水解生成几丁寡糖或乙酰葡糖胺，在降解几丁质（自然界含量仅次于纤维素）、促进自然界碳素循环中发挥着重要的作用。几丁质酶由于可以水解昆虫的身体主要组分几丁质，因此可以直接作为杀虫剂防治害虫。昆虫的表皮和围食膜作为物理化学屏障用以抵抗捕食者和不良环境，其主要成分是几丁质、蛋白质和透明质酸。因此可以在农作物上直接喷洒几丁质酶液，利用几丁质酶来分解昆虫含几丁质的组织，将几丁质成分水解成低分子质量的几丁寡糖，从而影响昆虫生长发育、抑制害虫的正常生理活动，达到防治农作物病虫害的目的。

二、β-1,3-葡聚糖酶在病虫害防治方面的应用

β-1,3-葡聚糖酶又称昆布多糖酶，是由β-1,3 糖苷键连接的 D 型葡萄糖聚合物。真菌的细胞壁中含有超过 60%的昆布多糖，无定形地填充在规则排列的几丁

质结构骨架中。β-1,3-葡聚糖酶能够水解微生物的细胞壁，因此具有一定的植物抗病性。真菌的β-1,3-葡聚糖酶分组成型和诱导型，组成型β-1,3-葡聚糖酶是通过破坏病原菌细胞壁达到抗病作用；诱导型β-1,3-葡聚糖酶通过从病原菌细胞壁中释放激发信号，诱导农作物植株产生系统抗性。β-1,3-葡聚糖酶可单独发挥作用，但在植物整个抗病系统反应中，β-1,3-葡聚糖酶可以与几丁质酶或者其他病原体相关保护蛋白进行协同表达。目前已有许多利用β-1,3-葡聚糖酶防治病虫害的成功案例，朱荷琴等研究了转双价几丁质酶和葡聚糖酶基因对棉花主要病虫害及天敌发生的影响，结果表明，转基因棉花的抗黄萎病性较受体品种显著提高，同时对苗病、早衰和铃病具有显著的控制作用；蚜虫、棉铃虫和棉盲蝽发生危害显著减轻。

知识点三　降低农药残留危害

一、酶在农药残留降解中的应用

化学农药的使用保证了农业的高产稳产，但由于其化学结构稳定，一些化学农药在自然界难以被自然降解或通过物理化学方法除去。生物降解法是一种安全、高效的农药残留降解法。生物降解法又分为微生物降解法和酶降解法，微生物对农药残留的降解也是通过分泌酶来实现的，因此，生物降解法的核心是酶。尤其是在农药残留量很低的情况下，直接采用酶降解法比微生物法要高效、快捷、彻底得多。目前，研究和应用最多的农药降解用酶主要是针对有机磷农药的水解酶类，如对硫磷水解酶（parathion hydrolase，EC 3. 1. 8. 1）、有机磷酸脱水酶（organophosphate dehydratase，EC 4. 2. 1）。磷酸三酯酶（phosphotriesterase，EC 3. 1. 4. 1 ）。乙基对硫磷水解酶（parathionethyl hydrolase，EC 3. 1. 8. 1）等。酶法去除农药残留的机制主要是通过酶的催化水解作用将存在毒性的有机大分子降解为无毒的小分子。

二、应用酶减轻植物代谢污染

多环芳烃（polycyclic aromatic hydrocarbon，PAH）是指具有两个或两个以上苯环的一类有机化合物，是一类很强的致癌物质，可通过接触导致人体致癌。自然界 PAH 的来源很多，其中植物代谢作用直接影响 PAH 等有机污染物污染风险，是污染防治的重点之一。单加氧酶能够直接降解 PAH，通过单加氧酶能把一个氧原子加到底物中形成芳烃化合物，继而氧化成为反式双氢乙醇和酚类；而双加氧酶（dioxygenase）把两个氧原子加到底物中形成双氧乙烷，进一步氧化为顺式双氢乙醇。图 5-1 为多环芳烃酶法降解示意图。

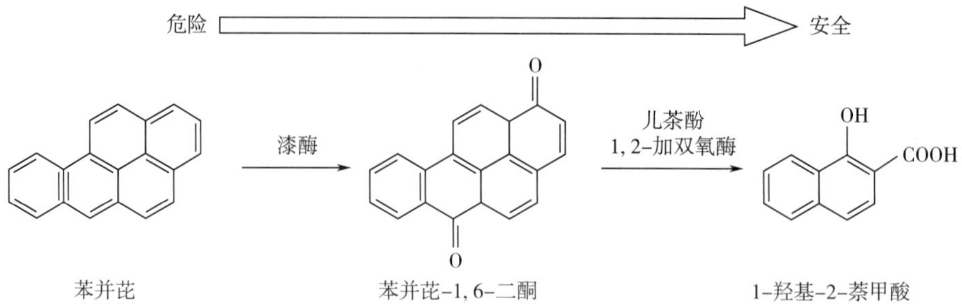

图 5-1　多环芳烃（苯并芘）酶法降解示意图

知识点四　在饲料生产方面的应用

酶在动物体内的营养物质的消化、吸收等代谢过程中起着非常重要的作用。动物体内能分泌到消化道内的酶主要属于蛋白酶、脂肪酶和淀粉酶类，在这些消化酶的作用下，蛋白质、脂肪、多糖等大分子物质可降解为易被吸收的小分子物质（如寡肽、氨基酸、脂肪酸、葡萄糖等）。另外，饲料中存在大量纤维素、半纤维素、果胶等非消化性物质，以及抑制动物肠道营养吸收的植酸类抗营养因子等，动物尤其是非反刍动物体内不能合成与分泌且需要在饲料中添加的木聚糖酶、果胶酶、甘露聚糖酶、β-葡聚糖酶、纤维素酶、植酸酶等非消化性酶。因此，饲用酶制剂一般可分为消化酶和非消化酶两大类。

饲用酶制剂是一类重要的饲料添加剂，至今已开发的饲用酶有 20 多种，并在猪饲料、家禽饲料、反刍动物饲料、水产饲料等生产中得到了广泛应用。我国作为世界第一大饲料生产国，饲用酶作为高效、无毒性的绿色饲料添加剂在实现畜牧业可持续发展中有着极为广泛的应用前景。

一、饲用酶对动物养殖的影响

目前，畜牧业生产过程中大量使用各种饲料，广泛用于家禽、家畜、水产等养殖。许多研究与实践证明，饲用酶制剂能补充内源消化酶的不足，促进消化机能的改善与养分的吸收利用，提高饲料利用率，增进畜禽的生长发育及生产性能；能破坏植物细胞壁，消除饲料抗营养因子。

二、饲用酶制剂的种类、特性和作用

饲用酶制剂一般都属于水解酶类，可根据饲用酶制剂中所含酶种类的多少，分为饲用单酶制剂和饲用复合酶制剂两大类，其中复合酶制剂较为常用。

1. 单酶制剂

作为饲用的单酶制剂，其效果不如复合酶制剂，而且使用的相对较少，主要

的单酶制剂有：淀粉酶、蛋白酶、植酸酶、纤维素酶、木聚糖酶、β-葡聚糖酶、果胶酶等。

2. 复合酶

复合酶是由2种或2种以上单一酶制剂混合而成的，可根据不同动物及不同生长阶段的特点来确定复合酶主体成分，并配制其他辅助酶制剂，其效果优于单酶制剂。常用的复合酶制剂主要有以下几类。

（1）以蛋白酶、淀粉酶为主的饲用复合酶　主要用于补充动物内源消化酶的不足，尤其适用于幼小、年老畜禽，以及断乳、疾病感染、应激状态下的畜禽。

（2）以β-葡聚糖酶为主的饲用复合酶　可有效消除大麦、黑麦型日粮的黏性抗营养因子，主要用于以大麦为主的饲料。

（3）以木聚糖酶、果胶酶、甘露聚糖酶为主的饲用复合酶　可消除玉米、小麦等豆粕类型口粮的黏性抗营养因子。

（4）以蛋白酶、淀粉酶、木聚糖酶、果胶酶、纤维素酶等为主的饲用复合酶　为通用型饲用酶制剂，具有多酶系的协同作用效应，可有效降低动物肠道内容物的黏度，有利于营养的吸收。

（5）以β-葡聚糖酶、蛋白酶、纤维素酶、木聚糖酶组成的饲用复合酶，不仅可强化对非淀粉多糖的消化吸收及有效提高半纤维素的分解利用，而且可改善畜禽消化道功能、降低食糜黏度和抗营养性、提高饲料利用率，主要用于以麦类为主的饲料。

三、饲用酶制剂的合理使用

由于不同类型饲料所含的抗营养因子的种类和比例不同，以及不同动物种类和生长阶段所需要的营养成分的种类和比例也有所不同，这就需要饲料中所添加的饲用酶制剂的种类和比例也不同。因此，在饲料工业和养殖业中如何正确合理地应用饲用酶制剂则显得非常重要。

1. 依据不同动物种类和生长阶段合理选择饲用酶

不同动物种类的相同生长阶段，以及同一种类动物的不同生长阶段所需要的营养成分的种类和比例及消化能力均有所不同。例如，对于在幼龄动物消化酶发育不完善、年老动物消化酶分泌能力降低、受到应激或疾病感染后的动物消化酶分泌紊乱，以及不合理饲养管理条件下出现内源消化酶分泌不足等情况下的畜禽，应选用适当的外源消化酶，可有效弥补内源消化酶的不足，提高畜禽生产力和改善饲料利用效率。肉仔鸡的食量远大于蛋用雏鸡，但两者胰腺消化酶的分泌水平近似，在同样的消化酶水平下要处理更多的食糜，在肉仔鸡日粮中添加外源性消化酶饲喂效果比蛋用雏鸡显著。因此，应根据不同动物种类和生长阶段，合理选择使用不同类型的饲用酶。

酸碱度是影响酶催化作用效果的主要因素之一，不同种类动物肠道的酸碱度有所差异；不同来源的同一类酶有不同的环境适应性。因此，在选择饲用酶时应注意不同动物种类及酶的来源。

2. 依据不同饲料原料合理选用酶制剂种类

由于酶的催化作用具有高度的专一性，而且不同饲料原料的组成和化学结构也有所不同。因此，在实际应用中需要深入了解各种饲料原料的特性以及与之相匹配的酶制剂类型。

3. 依据目标底物含量确定酶制剂的适宜用量

为了提高饲料中依靠畜禽自身内源消化酶所不能消化物质的利用率或消除其抗营养因子的有害作用，在饲料中往往添加一些非消化酶类，但所添加的酶制剂用量与其所作用的目标底物的含量之间应有适宜的比例关系，否则会影响酶制剂使用效果。因此，应根据酶制剂所作用的目标底物的含量，确定添加酶制剂的适宜用量。

4. 依据酶制剂的营养当量进行日粮配方优化，降低饲料成本

通常情况下，可在根据经典的饲料营养参数设计的日粮中直接添加酶制剂，该方式简单易行，并可提高畜禽生产性能，但存在饲料成本增加问题。因此，为了在保证动物生产性能不下降的前提下，达到有效降低饲料成本目的，有必要对日粮配方进行优化。而日粮配方的有效优化，需对日粮的营养平衡进行全面考虑，并根据酶制剂提高畜禽生产性能和改善饲料利用的程度，开展酶制剂营养当量的确定，进而通过适当降低根据经典饲料营养参数设计的日粮营养水平，或利用廉价饲料原料配制日粮，以达到日粮配方的有效优化和饲料成本的显著降低的目的。

【思考题】

酶制剂在饲料工业方面有哪些应用？

任务四　酶制剂在轻化工领域中的应用

学习目标

知识目标：

1. 掌握酶在洗涤、制浆造纸、发酵及制革等轻化工业中的主要应用领域及其分类。

2. 了解不同行业中使用的关键酶类（如蛋白酶、纤维素酶、糖化酶等）及其具体作用机制和效果。

技能目标：

1. 能根据具体工艺需求选择合适的酶制剂并进行有效应用。

2. 能够设计包含酶应用的轻化工业工艺流程，包括洗涤、制浆造纸、发酵及制革等环节的酶法处理步骤。

素质目标：

1. 培养学生在轻化工业中应用酶制剂时的环境保护意识和可持续发展意识。

2. 培养学生勇于创新，通过新思路、新技术解决生产中的实际问题，提高生产效率和产品质量。

酶在轻化工领域也发挥着重要作用，目前已广泛应用于洗涤、制浆造纸、发酵以及制革等不同行业（表 5-7）。酶在轻化工业中主要发挥 3 种功效：①增强产品的使用效果，如用于洗涤剂、纸浆助漂等；②处理生产的原材料，如用于皮革脱毛、抛光等；③直接生产发酵产品，如用于啤酒酿造等。下面分别介绍轻化工业领域里不同行业应用的主要酶及其作用机制与应用效果。

表 5-7　　轻工领域不同行业中应用的主要酶及其应用效果

行业	酶类	作用机制或效果
洗涤	蛋白酶、淀粉酶、脂肪酶	降解汗渍、乳渍、血渍及食物液汁等含蛋白质、淀粉和脂肪的污渍
	纤维素酶	水解脱除纤维素构成的纤丝和绒球，从而软化、亮丽化衣物
	甘露聚糖酶	水解由食物中带来的瓜尔豆胶，避免其吸附尘土微粒
制浆造纸	纤维素酶	降解纤维素、减少能耗、增强纤维弹性、增强纸张机械性能
	木聚糖酶	降解半纤维素，促进木质素溶出，有助于漂白
	甘露聚糖酶	降解甘露聚糖，提高纸浆产量和纸张强度
	果胶酶	降解果胶，节约能耗，促进木质素溶出，有助于漂白
发酵	糖化酶、β-淀粉酶、普鲁兰酶、中性蛋白酶等	促进酿酒辅料中淀粉原料糖化、提高发酵度
	蛋白酶、葡聚糖酶	加快啤酒过滤速度，促进啤酒快速澄清
	溶菌酶、葡糖氧化酶	有助于啤酒杀菌、保鲜
	精氨酸酶、转氨基酶等	氨基酸的酶法合成或转化
制革	蛋白酶、脂肪酶	脱去皮革中的毛发、脂肪，软化皮革
	角质酶、酯酶	软化皮革、抛光

知识点一　洗涤工业

酶可利用其特异性高效催化的功效作为洗涤剂的辅助去除一些顽固污渍，使得表面活性剂等洗涤成分的作用更容易、更彻底。同时，由于酶的特异性催化作用，不同污垢需要不同的酶进行洗涤，且酶需要与不同的表面活性剂等洗涤剂配合使用，相互间可以合理搭配发挥一加一大于二的效果。目前已商品化的洗涤剂用酶主要为不同水解酶类，包括碱性蛋白酶、淀粉酶、脂肪酶以及碱性纤维素酶等。

一、蛋白酶

蛋白污垢作为生活中污垢的主要组成，其来源于血渍、鸡蛋清渍和人体汗液等。因此，蛋白酶是目前洗涤剂中最常用的酶之一。在日常生活中衣物、餐具的洗涤剂都会加入蛋白酶。蛋白酶促进洗涤剂去除污渍的作用机制非常直接，即蛋白酶催化水解污垢蛋白质链内的肽键使其转化成为肽和氨基酸，促进乳化和发泡，降低表面张力，阻止已降解蛋白质的再沉积，从而使织物表面清洁。目前在洗涤剂中应用最为广泛的蛋白酶是在碱性和表面活性剂存在的条件下稳定的枯草芽孢杆菌（*Bacillus subtilis*）蛋白酶。

二、淀粉酶

淀粉酶同样被广泛应用于洗涤剂中。在日常生活中，含淀粉食物是衣物污垢的重要来源，常温及低温情况下淀粉类污垢难以清洗干净，添加淀粉酶可以帮助解决这个问题。商品化洗涤剂用淀粉酶均为 α-淀粉酶。未经胶化的淀粉只能被 α-淀粉酶缓慢地降解，但是淀粉在胶化和溶胀后易于被酶水解。对多数食品来说，煮熟过程可以达到不同程度胶化，因此在洗涤剂中加入淀粉酶能够有效去除淀粉污渍。淀粉酶还可以防止溶胀淀粉附着在衣服表面形成一种微粒污垢的胶黏剂，因而可以维持织物白度甚至还有使发暗的织物增白的作用。目前洗涤剂中应用最多的淀粉酶主要是来自于解淀粉芽孢杆菌（*Bacillus amyloliquefaciens*）的 α-淀粉酶和地衣芽孢杆菌（*Bacillus licheniformis*）与曲霉属（*Aspergillus*）的热稳定 α-淀粉酶。

三、碱性脂肪酶

碱性脂肪酶能够将不溶于水的甘油三酯（即油脂）水解，生成更亲水的甘油单酯或二酯、游离脂肪酸和甘油。因此能够应用于洗涤剂中以去除衣物、餐具等物体表面的油污。相较于中性脂肪酶，碱性脂肪酶在洗涤剂行业中具有更大的应用优势，因为洗涤剂的配方一般是偏碱性的（由于油污的水解产物在碱性条件下可溶），而碱性脂肪酶在碱性条件下稳定且酶活性更高。脂肪酶是洗涤剂中应用最多的酶之一，目前应用的脂肪酶主要来源于嗜热棉毛菌（*Thermomyces lanuginosus*）或米黑根毛霉（*Rhizomucor miehei*）的脂肪酶基因在米曲霉（*Aspergillus oryzae*）中表达的重组酶。

四、纤维素酶

纤维素酶可特异性催化剪切纤维素中的β-1,4糖苷键，因此对于含有纤维素的衣物，其均具有催化效果。纤维素酶剪切织物表面的微绒毛，是指水解弱化，从而使附着在表面的污垢更容易被去除干净，同时起到了增白、显色的作用，使衣物更鲜亮和柔软。但另一方面，此作用也会减弱织物本身的纤维强度，使之更易损坏，因此需要充分考虑这两种作用，控制纤维素酶添加量。目前用于洗涤剂中的纤维素酶主要来源于黑曲霉（*Aspergillus niger*）和里氏木霉菌（*Trichoderma reesei*）等。

知识点二　制浆造纸工业

制浆造纸工业是一个重污染，高能耗，需要大量木质资源的行业，目前环境和资源保护已经成为全人类的共同追求，很多企业都已采取了一定的措施用以降低污染、节约资源。随着酶制剂工业的发展，酶在制浆造纸工业中的应用日趋广泛。到目前为止，应用于制浆造纸工业的酶主要有半纤维素酶（主要为木聚糖酶）、纤维素酶、果胶酶、淀粉酶和脂肪酶等。酶在制浆造纸工业中的应用主要体现在以下几个方面。

一、原料处理

制浆造纸工业在不同的处理步骤都会用到不同的酶，包括木质资源的预处理，材料的脱墨等，以下将做简单介绍。

1. 控制树脂障碍

由于木材中含有脂肪酸、松香酸、固醇、脂肪酸甘油和其他脂肪酸与蜡的混合物，这些树脂多溶于二氯甲烷、乙醚或其他非极性溶剂，因此在机械制浆和亚硫酸盐制浆造纸中会造成树脂障碍，导致纸机发生断头、纸张强度下降、增加废水毒性，以及导致工艺设备的堵塞等诸多问题。采用脂肪酶处理木材原料，将其中的树脂快速水解就能很好地解决这一问题。

2. 废纸脱墨

为了节约能源资源，造纸工业会对废纸进行回收利用，但其中存在脱去废纸中油墨的问题。酶法脱墨是一种新型有效的脱墨方法，和化学脱墨法相比，酶法脱墨后的纸浆具有较高的白度、较低的尘埃度、较好的滤水性能和较强的可漂性，且脱墨工艺相对更加环保。用于废纸脱墨的酶主要有脂肪酶、酯酶、果胶酶、半纤维素酶、纤维素酶、淀粉酶和木素降解酶。其作用方式主要有两种：脂肪酶和酯酶主要是通过降解植物油基油墨来达到脱墨的目的；而果胶酶、淀粉酶、半纤维素酶、纤维素酶和木素降解酶则是通过改变纤维表面或油墨粒子附近的结合键，然后通过洗涤或浮选去除油墨（图 5-2）。

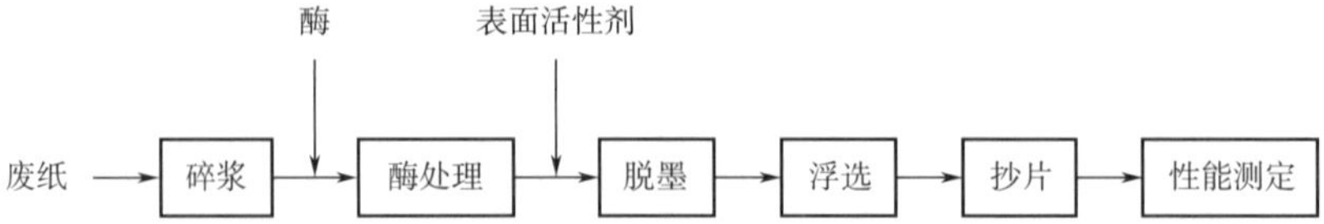

图 5-2　生物酶和表面活性剂协同脱墨流程

二、酶法助漂

酶法助漂（enzymatic bleaching）是指利用酶作用于纸浆中的某些成分，进行脱木素过程，从而改善纸浆可漂性，提高纸浆白度的过程。酶法辅助漂白不仅可以降低漂白剂的使用量，减少其排放对环境的污染，还能够改善纸浆的性能。

目前应用于纸浆助漂工序中的酶主要有两大类：半纤维素酶和木素降解酶。其中半纤维素酶主要有木聚糖酶和甘露聚糖酶，木素降解酶主要有漆酶、过氧化物酶和锰过氧化物酶。木聚糖酶是助漂工序中应用最多的酶，研究也最为深入，其作用主要机制是：木聚糖酶将木聚糖水解，使木质素与纤维素和半纤维素的致密结构遭到破坏，提高木质素的溶出率，从而使漂白剂更容易接触到木质素，降低漂白剂的用量；蒸煮后残余的部分木聚糖会发生沉淀并附着于纤维表面，从而阻碍漂白剂的作用。甘露聚糖酶的作用机制与木聚糖酶相似，只是水解对象是纸浆中的甘露聚糖。锰过氧化物酶和漆酶的作用机制是直接将纸浆中的木质素通过催化氧化降解除去，但是这两种酶都需要在添加剂介质存在情况下才能发挥作用。

知识点三　发酵工业

随着生物工程技术的飞速发展，发酵在轻化工领域的应用也越来越广泛，其中酵母细菌等微生物发挥着关键作用。由于微生物本身的限制，在乙醇、味精、有机酸、抗生素等发酵过程中，它们不能直接利用淀粉或纤维素进行发酵，因此需要对含淀粉的发酵原料先利用 α-淀粉酶和糖化酶进行前期处理，对含纤维素的发酵原料先经纤维素酶的水解转化，转变为可发酵的葡萄糖。酶应用于这些产品的生产中不仅可以提高产品的生产效率和产量，而且还可以改善部分产品的质量和风味。

一、酒类酿造

啤酒的生产与酶的作用联系密切，传统啤酒糖化是利用大麦发芽所产生的内源性酶类实现物质转化。近年来，已有玉米、小麦等粮食开始用于啤酒的酿造，而其中耐高温 α-淀粉酶、糖化酶、木聚糖酶、β-葡聚糖酶、葡糖氧化酶等酶在其中发挥着重要的作用。

表 5-8 列出了部分常用啤酒发酵的酶的种类来源菌种及作用效果。不同酶在啤酒酿造过程中发挥着不同的作用，α-淀粉酶和糖化酶主要可以水解酿酒原料中的淀粉成分，使淀粉液化生成能够被微生物利用的可发酵性糖；蛋白酶、木聚糖酶和葡聚糖酶主要作用于水解原料中的蛋白质和多糖，防止其聚集沉淀影响最终的啤酒过滤速度，提高啤酒的生产效率。此外，一些新型的酶也逐渐应用到啤酒的生产过程中，用以提高产品的质量和风味，如葡糖氧化酶能够除去啤酒中的溶解氧和瓶颈氧，防止啤酒的氧化变质，起到抗氧化、保鲜和防褐变的作用，同时还能够改善啤酒口味，提高啤酒澄清度与风味稳定性，延长啤酒的保存期。

表 5-8　用于啤酒酿造的部分酶及其来源与作用效果

酶类	来源菌种	作用效果
α-淀粉酶	枯草芽孢杆菌、解淀粉芽孢杆菌	用于辅料液化
糖化酶	黑曲霉、米曲霉	增加可发酵性糖含量
蛋白酶	黑曲霉、放线菌、地衣芽孢杆菌	增加氨基氮含量、改善麦芽质量、加快过滤速度
β-葡聚糖酶	枯草芽孢杆菌、地衣芽孢杆菌	改善过滤速度
α-乙酰脱梭酶	枯草芽孢杆菌	减少双乙酰含量
β-淀粉酶	植物提取	增加可发酵性糖含量

二、氨基酸生产

氨基酸是构成蛋白质的基本单位，被广泛应用于食品、医药和饲料添加剂行业。常见氨基酸有 20 多种，且除甘氨酸外，都存在手性，以 L-氨基酸（左旋-氨基酸，LA）构型存在，或是 LA 构型衍生物。人类只能吸收代谢 L-氨基酸，因此可通过酶法拆分生产 L-氨基酸。酶在氨基酸的水解生产以及 DL-氨基酸（消旋型-氨基酸）的拆分中发挥着重要的作用。常见的部分氨基酸生产所用酶列举如表 5-9 所示：

表 5-9　部分氨基酸生产用酶及其来源与产物

来源	酶类	底物	产物氨基酸
曲酶（*Aspergillus*）	氨基酸脱乙酰酶	*N*-乙酰-DL-氨基酸	L-氨基酸
罗伦隐球酵母（*Cryptococcus laurenti*）	消旋酶、水解酶	DL-α-氨基己内酰胺	L-赖氨酸

续表

来源	酶类	底物	产物氨基酸
草生欧文氏菌（*Erwinia herlicola*）	β-酪氨酸酶	DL-丝氨酸、邻苯二酚	L-多巴
草生欧文氏菌（*Erwinia herlicola*）	β-酪氨酸酶	苯酚、丙酮酸	L-酪氨酸
大肠杆菌（*Escherichia coli*）	L-天冬氨酸酶	反丁烯二酸的铵盐	L-天冬氨酸
大肠杆菌（*Escherichia coli*）	谷氨酰胺合成酶	L-谷氨酸与氨	L-谷氨酰胺
大肠杆菌（*Escherichia coli*）	谷氨酸脱羧酶	L-谷氨酸	γ-氨基丁酸
大肠杆菌（*Escherichia coli*）	丝氨酸羟甲基转移酶	甘氨酸、甲醛	L-丝氨酸
大肠杆菌（*Escherichia coli*）	色氨酸合成酶	5-羟吲哚、L-丝氨酸	L-5-羟色氨酸
雷氏变形杆菌（*Proteus rettgeri*）	L-色氨酸酶	吲哚和丙酮酸、氨	L-色氨酸
达氏假单胞菌（*Pseudomonas dacunhae*）	L-天冬氨酸-β-脱羧酶	L-天冬氨酸的铵	L-丙氨酸
恶臭假单胞菌（*Pseudomonas putida*）	2-氯-D-丙氨酸裂酶	2-氯-D-丙氨酸、硫氢化钠	D-半胱氨酸
荧光假单胞菌（*Pseudomonas fluorescens*）	转氨酶	苯丙酮酸、L-天冬氨酸	L-苯丙氨酸
恶臭假单胞菌（*Pseudomonas putida*）	精氨酸脱亚胺酶	L-精氨酸	L-瓜氨酸
粪链球菌（*Streptococcus faecalis*）	精氨酸酶	L-精氨酸	L-鸟氨酸

知识点四　制革工业

近年来，酶在制革工业中的应用日益广泛，尤其是在制革准备工段，如浸水、浸灰、脱毛、软化、脱脂等工序。制革过程中浸水工序是为了除去表面掺杂的盐、粪、血等杂质污物，使皮革恢复到原来的柔软状态。此段工序中蛋白酶可以除去皮内胶原纤维间质，使皮纤维之间黏接性降低，有利于水的渗透，缩短浸水时间。另外，纤维间质的去除松散了胶原纤维，使革制品更加柔软和丰满。浸灰工序主要是除去对制革无用的成分，如白蛋白、球蛋白、类黏蛋白等，并适当分散胶原纤维。此工序中可以利用蛋白酶破坏蛋白多糖的结构，从而加速蛋白多糖的去除效率。

脱脂工序旨在除去皮中过多脂肪，以免妨碍化学材料的渗透，影响鞣制、染色和涂饰等工艺。脂肪酶可以用于皮革的脱脂，但由于脂肪主要存在于细胞膜中，单独脂肪酶对细胞膜几乎无作用，因此，一般需要蛋白酶、脂肪酶和表面活性剂配合使用。用蛋白酶破坏细胞膜，再用脂肪酶水解脂肪，表面活性剂进行乳化，从而除去脂肪。

随着人们对酶性质、酶促反应动力学的深入研究以及新酶种的不断发现，一些新酶种也逐步应用到制革行业中，如角质酶、酯酶等。有研究报道来源于腐皮镰刀菌（*Fusarium solani*）、尖孢镰刀菌（*Fusarium oxysporum*）、云苔叶斑病菌（*Pyrenopeziza brassicae*）和腐质霉菌（*Humicolainsolens*）等真菌的角质酶能够催化涤纶纤维部分水解，使涤纶纤维表面上的羧基和羟基增加，从而提高涤纶的亲水性和染色性能。

【思考题】

1. 纸浆漂白是造纸过程的重要环节。通常采用二氯化盐进行漂白，一则影响环境，二则影响纸的光泽和强度。国际上已经采用（　　）等进行漂白，不仅减轻了环境污染程度，而且使纸的强度和光泽得以改善。

A. 木聚糖酶　　B. 半纤维素酶　　C. 木质素过氧化物酶　　D. 蛋白酶

E. 脂肪酶

2. （　　）的作用是将三酰甘油水解生成甘油单酯，是一种广泛应用的食品乳化剂。

A. 淀粉酶　　B. 蛋白酶　　C. 脂肪酶　　D. 脱支酶

3. 举例说明酶在工业生产方面的应用。

任务五　酶制剂在环保及能源开发领域中的应用

学习目标

知识目标：

1. 了解酶在环境监测与治理（如农药污染、重金属污染监测）及废水净化、石油和工业废油治理等方面的应用原理与成效。

2. 掌握酶在燃料乙醇生产、生物柴油加工及可生物降解高分子材料开发中的关键作用及其技术原理。

技能目标：

1. 能够运用酶制剂进行环境监测与治理，包括废水处理、石油和工业废油降解等。

2. 能够利用酶法初步生产燃料乙醇、生物柴油及开发可生物降解高分子材料。

素质目标：

1. 培养学生可持续发展理念，关注资源的高效利用与循环利用，为构建可持续社会贡献力量。

2. 培养学生跨学科学习合作素养，共同解决环境与能源领域的挑战。

当前地球环境日益恶劣，生态环境保护已成为了全人类共同的话题。人类的生产生活都离不开能源供给，随着现代化和工业化的不断深化，能源消耗也逐年增加。目前，我们主要使用的还是石油煤炭等不可再生资源，资源短缺的问题也不断给人们敲响警钟。为此，环境和能源问题已成为当今举世瞩目的国际重大问题。如何保护和改善环境质量，以及寻找开发新的可再生能源，是人类面临的重大课题。

知识点一　酶在环境监测与治理方面的应用

随着日益突出的环境污染问题，环境监测及污染治理已受到广泛关注，如何提升发展环境工程技术以更好地服务社会需要是此领域发展的一个重要方向。将酶工程技术与环境工程技术的有机结合，用于环境监测及污染治理已取得了显著的成效。

一、酶在环境监测方面的应用

环境监测是为了监督环境的动态变化情况，了解环境状况，为环境相关政策办法制定及污染治理提供科学依据，是环境保护的一个重要的必不可少的手段或环节。目前，酶已广泛应用于农药污染监测、重金属污染监测、微生物污染监测等方面。

有机磷农药是胆碱酯酶的抑制剂，通过检测胆碱酯酶的活性变化，可判定对象是否受到有机磷农药的污染。乙酰胆碱酯酶（acetylcholinesterase，AChE，EC 3. 1. 1. 7）是生物神经传导中的一种关键性的酶，主要分布于脑、神经细胞和肌肉等组织中。早在20世纪50年代末，H Tomholland等已采用通过检测鱼脑乙酰胆碱酯酶活性受抑制程度的技术来检测水中极低浓度的有机磷农药。目前，胆碱酯酶的使用已成为监测有机磷农药污染的一种有效方法。宋燕华等选择钱塘江7个代表性采样点位，考察了钱塘江野生鲫鱼有机磷农药的暴露情况以及野生鲫鱼乙酰胆碱酯酶活性变化。结构显示，钱塘江野生鲫鱼肌肉中检出一定量的有机磷农药，表明有机磷农药在生物体内蓄积；严东关和闻堰点位野生鲫鱼血乙酰胆碱酯酶活性抑制，反映水环境中有机磷农药的污染。

此外蛋白磷酸酶活性的变化可用来检测微囊藻毒素含量，最低检出限量可达0. 01mg/L，灵敏度极高，目前已应用于监测水体的富营养化。另外，亚硝酸还原酶可催化亚硝酸还原生成一氧化氮，可利用亚硝酸还原酶检测水中亚硝酸盐浓度。

二、酶在环境治理方面的应用

1. 废水净化

废水净化就是利用物理、化学和生物的方法对废水进行处理，使废水净化，减少污染，以至达到废水回收、复用，充分利用水资源。生活污水、工业废水、垃圾渗滤液等所造成的水污染问题是目前人类最关心的环境问题。实践证明，酶对这些废水的处理及净化具有高效、快速、成本低、操作安全简便等优点。因此，酶制剂及酶工程技术在废水的处理及净化领域具有广阔的应用前景。

酶的温度稳定性、化学稳定性、酸碱稳定性都较差，而大部分酶经过固定之后，都会具有更强的活性，适用范围更广，储存时间更长，所以一般采用固定化酶技术进行废水处理。固定化漆酶的使用寿命要比普通漆酶的使用寿命长，稳定性更高，耐受性更强，被视作是一种高效催化剂，同时不需要较高的成本，因此被广泛的应用于废水处理中。刘娜娜运用固定化漆酶处理造纸废水，当进水 COD 浓度为 1265. 87mg/L 时，固定化漆酶对化学需氧量 COD 的去除率为 65. 64%。

2. 石油和工业废油的治理

石油开采、炼制及运输过程中产生的油泄漏，以及油脂加工过程中产生的含脂废物，均会对环境造成极大的污染与破坏。人们常利用假单胞杆菌、分枝杆菌和节杆菌等微生物来降解引起污染的石油，但由于这些微生物在低温海水中繁殖能力低，污染的石油的降解效果不太理想。利用含有酶及其他成分的复合制剂处理海中的石油，可将石油降解成适合微生物的营养成分，促进分解石油的细菌迅速繁殖，可达到有效快速降解石油的目的。微生物脂肪酶已广泛应用于油脂加工过程中产生的含脂废物，以及饮食业产生的废食用油等的处理。另外，有研究发现，加入粗蛋白及蛋白酶可有效加速微生物对工业废油的生物降解。

知识点二　酶在能源开发领域中的应用

一、在燃料乙醇生产中的应用

燃料乙醇是高辛烷值的可再生清洁燃料，其燃烧后直接产生水，不会造成环境污染，其可部分代替石油。它还是优良的燃油品改善剂，使汽油增加内氧，充分燃烧，达到节能和环保的目的。我国已在吉林、黑龙江、河南和安徽等地建立年产数十万吨燃料乙醇的工厂。采用发酵法生产燃料乙醇时是以各种含糖（双糖）、淀粉（多糖）、纤维素（多缩己糖）的农产品、农林业副产物及野生植物为原料，经过水解（即糖化）、发酵使双糖、多糖转化为单糖并进一步转化为乙醇。以淀粉为原料应用发酵法生产乙醇时，原料淀粉需经 α-淀粉酶和糖化酶水解为单糖，才可被酿酒酵母或运动单胞菌转化生成乙醇。

目前，乙醇生产的主要原料包括：甘蔗、甜菜、甜高粱等糖料作物和木薯、小麦、马铃薯、玉米等淀粉作物。但考虑到此类物质多为人类生活的食物来源及饲料用粮，为此开发利用纤维素、半纤维素等新的乙醇生产资源成为燃料乙醇生产的重要方向。应用纤维素酶和半纤维素酶可将一些含有纤维的农产品废弃物、垃圾或工业低价值副产品（如秸秆、蔗渣、木材加工废物、废弃报纸等）转化为葡萄糖和戊糖，并通过酿酒酵母工程菌株发酵生产乙醇。例如，罗虎等通过现代生物技术构建的产糖化酶酵母，在酒精生产过程中既能够高效产酒、又能够替代部分糖化酶。具有降低发酵体系中还原糖，稳定发酵酒份，抑制挥发酸，减少安菌泰的使用等优势，同时一定程度下，降低了酒精废水的COD值，减轻了环保压力。

二、在生物柴油加工方面的应用

生物柴油是指由植物油（如菜籽油、大豆油、花生油、玉米油、棉籽油等）、动物油（如鱼油、猪油、牛油、羊油等）、废弃油脂或微生物油脂与小分子醇类（甲醇或乙醇）经过酯交换反应而得到的脂肪酸单烷基酯类物质。生物柴油的燃料性能与石油基柴油较为接近，且在点火性能、燃烧性能、通用性、可靠性等诸多方面都优于石油基柴油。与石油基柴油相比，生物柴油不含芳香烃且含硫量很低，可减少主要污染物的排放；且具有再生性、燃烧充分、润滑性能好、运输与使用安全等优点。由此可见，生物柴油是一种清洁可再生的新型生物能源，具有极大的发展前景。

目前，生物柴油主要用化学法生产，即用动植物油脂与甲醇或乙醇在230~250℃、酸或碱催化剂的作用下生成。化学催化法存在工艺复杂、耗能高、醇必须过量、反应液色泽深、杂质多、甘油回收困难以及产生较多废水等问题。酶法反应具有反应条件温和（一般在40℃反应）、醇用量小、甘油易回收、废水少、设备要求低等优点，实现节能减排，日益受到人们的重视。可用于催化合成生物柴油的脂肪酶主要有酵母脂肪酶、根霉脂肪酶、毛霉脂肪酶、猪胰脂肪酶等，直接使用游离脂肪酶进行生物柴油生产，存在着分散性差、催化效率低、对短链醇耐受性差、酶使用寿命短、生产成本高等问题。脂肪酶固定化技术因其稳定性高、可重复使用、可有效保留酶活性、易从产品中分离等特点，在生物柴油工业规模生产中具有广泛的应用前景，并取得了可喜进展。例如，利用来源于南极假丝酵母的已固定化的脂肪酶No-vozym435在无溶剂媒介中成功催化棉籽油的醇解，并建立了固定化脂肪酶分步醇解废弃食用油的反应系统；利用大孔树脂和阴离子交换树脂固定化脂肪酶，可催化黄连木籽油转化为生物柴油，产率高达94%。采用脂肪酶的膜固定化技术，不仅具有其他载体不可比拟的优点，而且膜还可作为酶催化反应的反应界面、接触界面和分离界面；另外，固定有脂肪酶的膜可构成多相酶膜反应器，有利于集酶催化反应、产物分离及催化剂的回收于一体，进而提高生产效率，在生物柴油的生产中有着广泛的应用前景。

细胞展示技术可将异源脂肪酶蛋白固定在细胞表面，可以作为全细胞生物催化剂，用于催化合成生物柴油。利用基因重组技术构建含有来自米根霉的先导序列（rProROL）的重组脂肪酶蛋白，且具有较强絮凝能力的酵母工程菌株，其表达并分布在新构建的酵母细胞表面的重组脂肪酶能成功催化甘油三酯和甲醇反应而生产脂肪酸甲酯。

三、在可生物降解高分子材料开发方面的应用

高分子材料因其具有较小的密度、较高的力学、耐磨性、耐腐蚀性、电绝缘性等，在近代被广泛应用于工业、农业、林业、纺织业、包装业、医疗等领域。但同时，大部分高分子材料都难以被自然降解或降解不完全，带来了严重的污染。例如平时生活中使用最多的塑料袋，自然降解需要几百年的时间，造成了恐怖的白色污染。因此，研发可生物降解的高分子功能材料，已经成为当今国内外的重要课题。

可生物降解高分子材料是指在一定条件下可被生物体侵蚀或代谢而降解的材料。基于非水酶学原理的酶法合成可生物降解高分子材料兼有化学法和微生物法的优点，既可克服微生物法代谢产物复杂、产物分离困难的缺点，又能弥补化学传统方法的缺陷，且具有高效率、高选择性及反应条件温和等特点，已逐渐成为开发可生物降解高分子材料的重要途径。目前，酶法合成技术已成功应用在聚酯类、聚糖酯类、聚酰胺类等可生物降解高分子材料的生产中，如利用脂肪酶的催化作用合成聚酯类物质、聚糖酯类物质（如聚糖酯胶）；利用蛋白酶或脂肪酶合成多肽类或聚酰胺类物质等。

【素质拓展】

酶工程先驱——程玉华教授

程玉华教授于1928年在吉林省长春市出生，是我国著名生物学家、吉林大学生物系创始人、中国酶工程创始人、博士生导师、国家级教授。1958年，他出国留学于苏联列宁格勒大学，攻读当时世界上生物学的尖端学科——生物化学、分子生物学、酶工程学。回国后，他建立起吉林大学生物系、生化专业，并在吉林大学建立起我国第一个国家重点实验室——酶工程实验室。在能源开发领域，程玉华教授致力于推动酶工程技术的应用。他深知酶作为一种生物催化剂，具有高效性、特异性和温和的反应条件等优点，若能将其应用于能源生产过程，将为解决能源问题带来新的契机。程玉华教授带领团队开展了一系列关于酶在能源开发方面的研究。他们针对传统能源生产过程中存在的高能耗、高污染等问题，探索利用酶的催化作用来优化能源生产工艺。例如，在生物乙醇的生产中，传统方法需要高温、高压等较为苛刻的条件，且能耗较大。程玉华教授的团队通过筛选和改造特定的酶，使其能够在更温和的条件下催化纤维素等生物质转化为可发酵性糖，进而转化为乙醇。这不仅降低了生产过程中的能源消耗，还减少了对环境的污染。此外，程玉华教授还关注酶在其他能源领域的应用，如利用酶催化二氧化碳的固

定和转化，为实现碳循环利用和清洁能源的生产提供了新的思路。他的研究成果为我国能源开发领域带来了新的技术和方法，推动了能源产业的可持续发展。

程玉华教授不仅在科研上取得了丰硕的成果，还培养了大批优秀的专业人才，为我国酶工程领域的发展奠定了坚实的基础。他的贡献不仅仅局限于学术研究，更在于将酶工程技术广泛应用于社会生活的各个领域，为我国的经济发展和环境保护做出了重要贡献。

【思考题】

1. 简述酶技术在生物质能源中的应用前景。
2. 举例说明酶在环境保护方面的应用及其意义。

任务六 酶制剂在分子生物技术研究领域中的应用

学习目标

知识目标：

1. 理解酶在细胞生物学、微生物学及生物化学等基础研究中的重要性，以及酶在微生物、植物细胞壁水解、遗传物质 DNA 的水解、合成与连接等方面的具体应用。

2. 掌握细菌、霉菌、酵母及植物细胞壁的主要成分及其对应的细胞壁水解酶的种类和作用机制。

技能目标：

1. 能够根据不同细胞的特性，选择合适的酶组合进行细胞壁去除实验。

2. 掌握限制性核酸内切酶、DNA 外切核酸酶、碱性磷酸酶等在大分子切割中的应用，以及 DNA 连接酶、DNA 聚合酶、反转录酶等在分子拼接方面的操作。

素质目标：

1. 培养学生对生物技术的兴趣，提高其科学素养。

2. 培养学生在实验中保持严谨的科学态度，遵循实验规程，确保实验数据的准确性和可靠性。

生物技术领域许多地方也需要酶的作用。在细胞生物学、微生物及生物化学等基础研究领域，没有酶的参与几乎无法开展正常工作。酶在生物技术研究领域中主要用在以下几个方面：微生物、植物细胞壁的水解、遗传物质 DNA 的水解、合成与连接（作为工具酶）等。

知识点一　细胞壁水解酶

细胞壁存在于细菌、真菌（酵母）和植物细胞中，其较厚、较坚韧并略具弹性，能够维持细胞的形态，具有保护细胞的作用。但另一方面也会成为生物技术应用的障碍，需要进行剥离去除。一般可以采用机械方法、化学方法除去细胞壁，但也有很大程度上造成细胞内生物物质的损伤，甚至导致细胞的破裂死亡，得不到想要的效果。酶法破壁可以很好地避免这些缺陷，其作用条件温和，特异性强，现已广泛应用于各种细胞原生质体的制备。由于细菌、真菌（酵母）和植物细胞壁成分不同，相应的细胞壁水解酶也不同。

一、细菌细胞壁水解酶

细菌细胞壁主要成分是肽聚糖以 β-1,4 糖苷键链接构成。细菌细胞壁水解酶主要是通过水解 β-1,4 糖苷键，从而形成原生质体。目前，常用的细菌细胞壁水解酶有 3 种：糖苷水解酶、内肽酶和酰胺酶。溶菌酶属于糖苷水解酶，可催化绝大多数革兰氏阳性细菌细胞壁的分解，而对于还含有一层脂多糖的革兰氏阴性菌则需由溶菌酶和 EDTA 共同作用方可有效除去细胞壁。

二、霉菌细胞壁的去除

不同种属的霉菌，其细胞壁结构和组分差异较大，总的来说主要有壳多糖、几丁质及蛋白质等物质。需要根据不同细胞壁的组成确定所用的酶，一般是使用混合酶进行试验。毛霉、根霉等藻菌纲霉菌的细胞壁主要由几丁质和壳多糖等多种物质组成，破壁时主要采用放线菌或细菌产生的壳多糖酶、几丁质酶及蛋白质酶等多种酶的混合物。而对于细胞壁的主要成分为几丁质和 β-葡聚糖等的米曲霉、黑曲霉和青霉等半知菌纲霉菌，其细胞壁的破除主要采用 β-1,3-葡聚糖酶和几丁质酶的混合物。

三、酵母细胞壁的去除

酵母的细胞壁分为两层，骨架主要由甘露糖、β-葡聚糖和蛋白质组成。为了将酵母细胞的细胞壁去除完整，一般可采用 β-葡聚糖酶与磷酸甘露糖酶及蛋白酶的联合作用。

四、植物细胞壁的去除

植物细胞壁主要由纤维素、半纤维素、木质素和果胶等组成，因此用于破除植物细胞壁的酶主要由纤维素酶、半纤维素酶和果胶酶等组成。

知识点二　酶在大分子切割方面的应用

在基因工程领域，常常需要对 DNA、RNA 等生物大分子进行准确切割，已完成特定任务。因此，一些专一性的水解酶被广泛应用，它们可识别特定链接结构，将大分子切割成较小的分子或片段。目前，用于 DNA、RNA 等生物大分子定点水解的酶很多，其中限制性核酸内切酶、DNA 外切核酸酶、碱性磷酸酶、自我剪切酶、RNA 剪切酶等已是基因工程中大分子切割必不可少的工具酶。

一、限制性核酸内切酶

限制性核酸内切酶可水解分子链内部磷酸二酯键生成寡核苷酸，其与核酸外切酶相对应，主要来源于原核生物，具有高度专一性，能够识别 DNA 特异序列，并在识别位点或周围切割双链 DNA。目前已找到的限制性内切酶有数千种，许多酶广泛应用于各种 DNA 分子的体外重组、限制酶谱的绘制、基因的亚克隆分析、基因和染色体结构的分析、基因的体外突变等研究，已成为基因工程最重要的工具酶。

二、 DNA 外切核酸酶

DNA 外切核酸酶又称脱氧核糖核酸外切酶，可以从 DNA 一端逐个水解下单核苷酸，所以称为核酸外切酶，在基因工程中主要用于载体或基因片段的切割加工。

三、碱性磷酸酶

碱性磷酸酶能催化核酸分子脱掉 5′磷酸基团，从而使 DNA 或 RNA 片段的 5′-P 末端转换成 5′-OH 末端。但它不是单一的酶，而是一组同工酶。在基因工程操作中，为了防止质粒 DNA 的自我环化或便于使用^{32}P 对 DNA 或 RNA 进行 5′端标记，常使用该酶来除去 5′-磷酸。

四、核酸酶 S1

核酸酶 S1 是一种特异性单链核苷酸内切酶，可作用于单链 DNA 或 RNA，产生 5′-单链核苷酸或寡核苷酸，而对双链核苷酸不敏感。核酸酶 S1 可精确作用到单个碱基对，因此可以用于分析单链核苷酸结构、测定真核基因中间隔子序列的位置、去除 DNA 片段中突出的单链尾，以及打开在双链 cDNA 合成期间形成的“发夹环”。

知识点三　酶在分子拼接方面的应用

酶在基因的扩增、检测、修复添加及体外重组等方面也发挥着重要作用。其中主要是DNA连接酶、DNA聚合酶、反转录酶、自我剪接酶等具有分子拼接能力的酶。

一、DNA连接酶

DNA连接酶是一类能催化DNA片段的5′-磷酸基与另一DNA片段的3′-OH生成磷酸二酯键，进而使双链DNA的缺口封闭的酶。在基因工程中较为常用的是T4 DNA连接酶。

二、DNA聚合酶

DNA聚合酶是一类在DNA的复制及损伤修复中发挥重要作用的酶。在基因工程操作中，DNA聚合酶主要用于通过聚合酶链式反应技术而进行基因扩增。

三、末端脱氧核苷酸转移酶

末端脱氧核苷酸转移酶主要作用是向DNA的3′-OH端转移脱氧核苷酸。在基因工程中，可利用该酶催化DNA片段加上一段同聚体而形成附加末端；或对脱氧核苷酸的3′端进行^{32}P或荧光标记，以便于DNA的分离检测。

四、反转录酶

反转录酶具有依赖于RNA的DNA聚合酶活性和RNase H酶活性，该酶在基因工程操作中主要用于从mRNA反转录生成互补的DNA（cDNA），以获得所需的基因。

【思考题】

1. 酶在生物技术研究领域中有何应用？
2. 限制性内切核酸酶切割DNA后可能会出现什么样的DNA片段末端？

任务七 核酶的应用

学习目标

知识目标：

1. 认识核酶的基本特性与功能。
2. 理解核酶（ribozyme）作为一种具有催化作用的短链RNA分子的基本定义和特性，以及其“基因剪刀”的称谓由来。

3. 了解核酶在抗肿瘤、抗病毒、治疗遗传性疾病及特定靶基因上的应用现状和潜在治疗效果。

技能目标：

1. 能够根据核酶的结构特点及其与靶RNA的特异性结合方式，选择合适的核酶治疗相关疾病。

2. 能够分析核酶在生物体内的作用效果，包括其切割效率、特异性及潜在副作用等。

素质目标：

1. 培养学生的科研伦理意识，了解在基因治疗等前沿领域进行科学研究时应遵循的伦理规范和法律法规。

2. 培养学生的社会责任感，认识到科学研究对于推动社会进步、改善人类健康的重要性，积极投身到科学事业中去。

核酶（ribozyme）是一类具有催化作用的短链RNA分子，其本质是RNA，且不参与生物体的翻译工作，属于组成型非编码RNA。与一般的翻译RNA相比，核酶具有较稳定的空间结构，不易受到RNA酶的攻击。更重要的是，核酶在切断mRNA后，又可从杂交链上解脱下来，重新结合和切割其他的mRNA分子。核酶由美国科学家T. Cech在1982年首次发现，并因此获得了1989年诺贝尔化学奖。核酶可以特异结合靶RNA或靶DNA，对遗传信息分子DNA和RNA具有封闭和切割双重作用，因而有“基因剪刀”之称。治疗性核酶通过利用核酶对关键靶mRNA的封闭、切割或其他作用而达到基因治疗目的。研究发现，核酶在抗肿瘤、抗病毒及治疗遗传性疾病方面具有很好的效果。

知识点一　抗HIV感染

人类免疫缺陷病毒（human immunodeficiency virus，HIV）是引起获得性免疫缺陷综合征（acquired immune deficiency syndrome，AIDS）的致病因子，是一种反转录病毒，由单股RNA链组成，可引起各种严重的并发症，包括HIV-1和HIV-2两种类型，其中HIV-1是引起艾滋病的主要病原。目前，科学家们已研制出了多种不同的艾滋病RNA标靶，如Gag、LTR、Pol、Tat、Tar、Nef及Env等，其中靶标Gag mRNA锤头状核酶不仅可以显著降低Gag mRNA和它编码的p24抗原，还降低了HIV-1前病毒DNA 100倍以上，显示出了积极的治疗效果。

核酶还可以作用于HIV受体的RNA靶标，如CD4和共受体CCR5。人CCR5蛋白质是HIV-1病毒进入细胞的主要通道，对其进行切割分解即可有效地阻止HIV病毒的扩散和传染。科学家设计出了一种3位点切割的CCR5 mRNA三联体核酶，将其转导至造血祖细胞中，可大幅降低HIV的感染率。

核酶还曾被用来切割过 HIV-1 的其他一些功能片段，包括 RNA 编码区的基因片段和非编码区的信号序列及 5′和 3′长末端重复区等。HIV 的长末端重复序列参与病毒蛋白生成的调节。当 HIV 病毒感染人体细胞后，需要一些特定的激活因子作用于 HIV 前病毒 LTR 区，HIV 病毒蛋白表达才能被启动。因此，利用特异性核酶在细胞内攻击 HIV-1 病毒 LTR 的 mRNA，可以明显降低细胞内 HIV-1 病毒蛋白的表达水平，从而抑制病毒的复制。Koizumi 等设计了 3 种核酶，分别导入 CEM 细胞系中，特异性地切割 HIV-1 病毒 LTR 区 RNA 的 U5 区，结果显示此 3 种核酶具有抗 HIV-1 mRNA 的作用。HIV-1 病毒的 *tat* 基因是一种反式激活基因，对 HIV 的复制起着至关重要的作用。Konopka 等针对他基因的编码区设计出了可以有效抑制 HIV-1 mRNA 的复制锤头状核酶 RZ2。

知识点二　抗肝炎病毒感染

病毒性肝炎是危害人类健康的重要公共卫生问题之一，造成的健康危害十分严重。我国属于肝炎的高发区，一直以来肝炎的治疗是临床医生颇为关注的问题。肝炎病毒一般有甲型肝炎病毒（HAV）、乙型肝炎病毒（HBV）及丙型肝炎病毒（HCV）三种结构。应用于抗肝炎病毒的人工设计核酶多为锤头状结构，也有极少部分是采用发夹状核酶。

乙型肝炎病毒是一种双链、环形、不完全闭合 DNA 类病毒，其基因组大小为 3.2kb。其内层核心的核蛋白即是核心抗原（HBcAg）。目前已确定 HBV 的基因组 DNA 有 4 个主要的开放阅读框，分别负责编码核心抗原（preC/C）、核酸聚合酶（P）、表面抗原（preS/S）和 X 蛋白（X）。HBV 基因组 DNA 的复制过程是首先以自身为模板转录成前基因组 RNA（pgRNA），然后再以 pgRNA 为模版反转录成 DNA。

Tan 等将加工过的锤头状核酶转导至 PLC/PRF5 细胞，特异性地抑制了 80%的表面抗原的表达。核酶对 HBV 的特异性作用主要是抑制 HBV 的复制，从而达到防治乙型肝炎的目的。Weizscker F V 等研究发现，可以用从同一 DNA 模板转录得到的 3 条核酶同时对 HBV 的 RNA 进行介导切割。这种多核酶的表达将有助于对抗病毒目标序列的高变异。

知识点三　肿瘤治疗

癌症是由基因异常导致的基因疾病。目前，常常采用化疗进行癌症治疗，但此类治疗方法是通过感染细胞增殖代谢的方式达到治疗效果，其特异性弱，毒副作用强。越来越多的研究表明，核酶能在特定的位点准确有效地识别和切割肿瘤细胞的 mRNA，从而阻断肿瘤基因的表达，进而抑制肿瘤细胞恶性增殖，并诱导其分化和凋亡。目前，核酶介导的肿瘤治疗的靶基因主要有肿瘤基因、生长因子和转移因子等。

在基因治疗时脱氧核酶兼具 Rz 和反义寡脱氧核苷酸的优势，不仅对底物 RNA 具有一定的反义抑制效果，而且能通过“剪切作用”直接杀灭有害 RNA。陆建萍等通过转染核转录因子（NF-κB）诱捕物脱氧寡核苷酸（ODN），发现其可抑制 NF-κB 活性，从而抑制-ICAM-1 和 VEGF、uPA 的表达，结果显示，NF-κB 诱捕物 ODN 有望应用于卵巢癌的基因治疗。研究表明，亮氨酸拉链蛋白（c-Jun）参与调控癌细胞的增殖、分化和凋亡，Zhang 等设计合成出一种针对 c-Jun mRNA 的 DRz（Dz13）及有关寡核苷酸或载体，将其转染至人的血管内皮细胞，发现 Dz13 可有效地抑制血管内皮细胞的生长增殖和迁移浸润，其可抑制内皮细胞中 c-jun 依赖性基因 MMP-2 的表达和蛋白水解活性，这些说明靶向 c-jun 的 DNA 酶可能具有抑制肿瘤血管生成和生长的治疗潜力。

前面已有介绍，端粒酶（telomerase）可以延长缩短的端粒从而达到无限增殖的能力，其在肿瘤细胞中活性较强。因此，正常细胞及肿瘤细胞中端粒及端粒酶活性状态的差异，使其可能成为天然有效的抗肿瘤治疗靶标。人类的端粒酶主要以 hTR 和 hTERT 为底物合成端粒系列，使之维持一定长度，从而使细胞永生。Yakoyama 等设计了 7 个核酶对应于 hTERT mRNA 的不同靶点，将这些核酶导入 Iskikawa 细胞后发现，其中针对 hTERT mRNA 5′和 3′端区的核酶可有效抑制端粒酶的活性。由此可推测 hTERT mRNA 端区是核酶作用的较好靶点。屈艺等又根据这一原理设计合成了针对 hTERT mRNA 5′端区的核酶基因，将其克隆入体外转录载体，再经体外转录试验得到了小片段 RNA 核酶，该核酶经细胞实验证明能有效抑制体外培养的 Hela 细胞的端粒酶活性。这表明通过核酶可以通过抑制 hTERT mRNA 用于肿瘤基因的治疗，这对肿瘤基因治疗的发展奠定了基础，具有重要意义。

知识点四　白血病治疗

除了以上疾病外，在白血病的治疗中，核酶也发挥着重要作用。慢粒细胞白血病（chronic myelogenals leukemia，CML）的肿瘤细胞以费城染色体为特征，在分子水平上是由 22 号染色体上的 *bcr* 基因和 9 号染色体上的 *abl* 基因融合而成。*bcr-abl* 可编码合成具有异常蛋白酪氨酸激酶活性的 p210 蛋白，从而导致 CML。Leoplod 等合成了一种靶向 bcr-abl mRNA 的多位点核酶。体外核酶裂解实验表明，与单核酶或双核酶相比，这种多单元核酶的裂解效率更高。然后将多单位核酶转染到转化了 *bcr-abl* 基因的小鼠成髓细胞（32D 细胞）中。结果显示，多单位核酶转染降低了 bcr-abl mRNA 的水平，这表明多单位核酶可能是治疗费城染色体阳性慢性粒细胞白血病的有效药物。Soda 等设计了一个特异性切割 *bcr-abl* 融合基因 mRNA 的核酶（Mz），并使用第三代慢病毒载体系统将 Mz 转导到 Ph + ALL 细胞中。结果显示，大部分的 Ph+ ALL 细胞系经 Mz 转导后都出现了细胞活力显著降低，细胞凋亡增加的现象。检测发现所有转导后的 Ph+ ALL 细胞系 *bcr-abl* 融合基因 mRNA 表达水平均有下降。这表明特异性的 *bcr-abl* 融合基因 mRNA 切割核酶可作为治疗 CML 的一个重要研究对象。

核酶作为一种短链 RNA 分子，其可切割降解特定的 mRNA 序列，且可在体外循环使用，理论上可用于各种基因性疾病的治疗。随着深入研究，各种准确位点切割的核酶被设计合成出来，且在基础研究及临床医疗中取得了很大成就。不过当下此技术还存在诸多问题需要解决，如对于目标 mRNA 靶位点的最佳选择、转导载体的选择、核酶实际的切割效果、切割的机制原理等。但相信在不久的将来，核酶一定会发展成为一种极有前途的抗病药物，在人类基因治疗领域中取得辉煌的成果。

【素质拓展】

曲糵三千年：中国古代酿酒中酶制剂应用

中国，作为世界文明古国之一，拥有着悠久的酿酒历史，是世界上最早利用酶反应原理进行酿酒的国家。早在 3000 多年前的商周时期，我们的祖先就已经掌握了酿酒技术，利用自然界中的微生物酶系，将谷物转化为甘醇的美酒。北魏时期，农业科学家贾思勰在其著作《齐民要术》中，更是对酿酒技艺进行了详尽而系统的记录。这部农学巨著详细记载了“大曲”的生产工艺，这里的大曲就是最早的粗酶制剂，记录里对大曲的巧妙运用，独特的发酵方式，无一不展现出古代中国人对酶技术的深刻理解和高超技艺。

【思考题】

简要介绍核酶的应用。

实训七　大豆肽的制备

【实训目的】

1. 掌握酶法水解蛋白质的基本知识。
2. 学习多肽的制备方法。

实训七
大豆肽的制备

【实训原理】

大豆蛋白是优秀的植物蛋白质，其氨基酸含量和比例较为符合人类的需要，但其相对分子质量较大，在 10 万以上，且含有抗营养因子，难以消化。利用高效的蛋白酶将大豆蛋白水解成小肽则可通过小肠上皮直接吸收，使其营养价值大为提高。

【实训仪器】

恒温水浴、精密 pH 计、离心机、磁力搅拌器、水解锅（恒温、恒定 pH、匀速搅拌）等。

【试材准备】

1. 生物材料

大豆分离蛋白、Alcalase 碱性蛋白酶。

2. 试剂

浓盐酸（HCl）、氢氧化钠（NaOH）。

3. 其他

锥形瓶（300mL）、烧杯等。

【试剂配制】

1. 4mol/L HCl

加 34.4mL 的浓盐酸至 65.6mL 的蒸馏水中。

2. 4mol/L NaOH

溶解 160g 氢氧化钠颗粒于装有约 0.9L 水的烧杯中（磁力搅拌器搅拌），氢氧化钠完全溶解后用水定容至 1L。

3. 稀释酶液（1mg/mL）

称取 1g Alcalase 碱性蛋白酶溶解于 1000mL 蒸馏水中。

【操作步骤】

①取 8g 大豆分离蛋白和 92mL 蒸馏水加入 300mL 锥形瓶中，搅匀。

②在 75℃ 水浴中预处理 15min。

③调整温度至 60℃，pH 8（酸性、中性蛋白酶不要调 pH）。

④按酶与底物比为 5% 加入稀释后的酶液开始水解，水解过程中保持温度和 pH 恒定。

⑤水解 90min 后在 90℃ 水浴上终止反应。

⑥4000r/min 离心取上清，即为大豆肽溶液。

⑦烘干沉淀，按式（5-1）计算得率。

$$X = \frac{M_1 - M_2}{M_1} \times 100\% \tag{5-1}$$

式中 X——大豆肽得率；

M_1——大豆蛋白质量，g；

M_2——水解后沉淀质量，g。

【注意事项】

1. 水解过程中温度一定要稳定，防止酶失活。

2. 终止反应一定要彻底，否则得率不准确。

【实验后分析】

1. 酶解蛋白质有哪些优缺点？
2. 为什么说多肽更容易被人体吸收？
3. 不同酸碱性蛋白酶提出的大豆肽得率有何差别？

项目六

常见酶制剂生产技术实例

任务一 蛋白酶生产技术实例

学习目标

知识目标：

1. 了解蛋白酶的作用与种类。
2. 掌握相关蛋白酶制剂生产工艺。

技能目标：

能够进行蛋白酶制剂的生产实践。

素质目标：

理解蛋白酶制剂生产工艺流程，激发酶制剂生产工艺革新理念。

知识点一 蛋白酶简介

蛋白酶（protease）是一类酶的总称，这类酶能水解蛋白质里面的肽键。蛋白酶种类很多，重要的有胃蛋白酶、胰蛋白酶、组织蛋白酶、木瓜蛋白酶和枯草杆菌蛋白酶等。蛋白酶对所作用的反应底物有严格的选择性，一种蛋白酶仅能作用于蛋白质分子中一定的肽键，如胰蛋白酶催化水解碱性氨基酸所形成的肽键。

一、按水解方式分类

按蛋白酶水解多肽的方式，可以将蛋白酶分为内肽酶和外肽酶两类。内肽酶将蛋白质分子内部切断，形成分子质量较小的肽。工业生产上应用的蛋白酶，主要是内肽酶。例如动物脏器中胃蛋白酶、胰蛋白酶；植物中提取的木瓜蛋白酶、无花果蛋白酶、菠萝蛋白酶等都属于这种酶。外肽酶从蛋白质分子的游离氨基或羧基的末端逐个将肽键水解，从而游离出氨基酸。从游离氨基末端水解的外肽酶称为氨基肽酶，从游离羧基末端水解的则称为羧基肽酶。

二、按活性中心分类

按活性中心可将蛋白酶分为丝氨酸蛋白酶、巯基蛋白酶、金属蛋白酶和天冬氨酸蛋白酶。丝氨酸蛋白酶是一个蛋白酶家族，它们的作用是断裂大分子蛋白质中的肽键，使之成为小分子蛋白质。丝氨酸蛋白酶的激活是通过活性中心一组氨基酸残基变化实现的，它们之中一定有一个是丝氨酸。这类酶几乎都是内肽酶，如胰蛋白酶、凝血酶等都属于此类。巯基蛋白酶是一类活性中心含有巯基（半胱氨酸），并且依靠巯基催化水解肽键的蛋白质水解酶。这类酶可受氧化剂、烷化剂和重金属的抑制。木瓜蛋白酶、无花果蛋白酶等植物蛋白酶及某些链球菌蛋白酶均属于此类。金属蛋白酶指活性中心中含有金属离子的蛋白酶，其特点是可以保留定量金属离子。金属螯合剂如 EDTA、邻菲罗啉等能将金属原子从酶蛋白中剥离出来而引起酶失活。失活的酶重新加入金属可使酶的活性恢复。微生物中性蛋白酶、胰羧肽酶和某些氨肽酶均属于此类蛋白酶。天冬氨酸蛋白酶是一类重要的蛋白质水解酶，参与机体的新陈代谢及生物调控作用。它的活性中心由两个具有催化性的天冬氨酸残基组成。

三、按反应的最适 pH 分类

按反应的最适 pH，蛋白酶分为酸性蛋白酶（pH2.0～4.0）、中性蛋白酶（pH7.0～8.0）和碱性蛋白酶（pH9.0～11.0）。酸性蛋白酶主要是一种羧基蛋白酶，酶蛋白中酸性氨基酸含量高，大多数在其活性中心有两个天冬氨酸残基。一般中性蛋白酶热稳定性差，生产与使用条件复杂，而高温的中性蛋白酶不仅具有一般中性蛋白酶的特性，还具有良好的热稳定性，并且对 pH 的适应范围广，具有广阔的应用前景。碱性蛋白酶活性中心含有丝氨酸，最早发现于猪胰脏中，目前研究最为广泛和深入的是芽孢杆菌丝氨酸蛋白酶。

四、按反应最适温度分类

按反应最适温度来分，可将蛋白酶分为嗜冷蛋白酶（5～10℃）、中温蛋白酶（30～40℃）和高温蛋白酶（60～80℃）。高温蛋白酶的热稳定性较好，生产和使用条件简单，在高温洗涤、纺织加工、食品蒸煮、高温发酵及防杂菌污染等方面有着重要的应用。

五、按来源分类

按来源，蛋白酶分为动物蛋白酶、植物蛋白酶和微生物蛋白酶。蛋白酶分布广，主要存在于人和动物消化道中，在植物茎叶、果实和微生物中含量丰富。由于动植物资源有限，工业上生产蛋白酶制剂主要利用枯草杆菌、栖土曲霉等微生物发酵制备。微生物蛋白酶，主要由霉菌、细菌生产，其次由酵母、放线菌生产。

知识点二　蛋白酶生产

一、菌种

商品酸性蛋白酶的生产菌主要是黑曲霉、黑曲霉大孢子变种、斋藤曲霉、根霉等菌株，以黑曲霉使用较为普遍。中性蛋白酶产生菌主要有枯草芽孢杆菌、巨大芽孢杆菌、地曲霉、米曲霉和放线菌中的灰色链霉菌等。碱性蛋白酶的生产菌株主要是芽孢杆菌属的几个种，如地芽孢杆菌、解淀粉芽孢杆菌和短小芽孢杆菌等，以枯草杆菌变种和地衣芽孢杆菌使用较为普遍。

二、培养基

酸性蛋白酶的生产既受分解代谢产物的阻遏也受底物的诱导，葡萄糖等容易利用的碳源因为分解代谢阻遏而影响酶的产量，所以一般使用麸皮、米糠、大麦粉、玉米粉作为碳氮营养源，有时也使用麦芽糖作为碳氮营养源，再加氯化铵、磷酸二氢钾等适量无机盐配成。

多数中性蛋白酶的生产菌株还生产淀粉酶，所以添加淀粉或葡萄糖等碳水化合物还可以明显地抑制淀粉酶的生成。工业生产中，中性蛋白酶常用的碳源包括葡萄糖、淀粉、玉米粉、米糠和麸皮等，主要的氮源是豆饼粉、鱼粉、酵母以及玉米浆等。Ca^{2+}对中性蛋白酶有明显的保护、促进作用，同时，培养基中适当添加Mg^{2+}、Zn^{2+}等是某些菌株生产中性蛋白酶所必需的。

葡萄糖、麦芽糖、淀粉、玉米粉、蔗糖等是碱性蛋白酶常见的碳源。研究表明，不同微生物在利用碳源生产蛋白酶时对碳源的利用存在差异。如蔗糖是枯草芽孢杆菌生长和产酶的最佳碳源，而金橙黄微小杆菌利用葡萄糖的能力较差。主要的有机氮源包括蛋白胨、牛肉膏、酵母膏、豆饼粉等，无机氮源包括尿素、硫酸铵等。

三、生产实例

以黑曲霉 3. 350 酸性蛋白酶的生产为例。

1. 发酵

种子罐培养采用豆饼粉 3.65g/100mL、玉米粉 0.625g/100mL、鱼粉 0.625g/100mL、氯化铵 1.0g/100mL、氯化钙 0.5g/100mL，磷酸氢二钠 0.2g/100mL 以及豆饼粉或蚕蛹粉水解液（取豆饼粉或蚕蛹粉 100 份、石灰 6 份和水 600 份加热水解 1h）10g/100mL 组成的培养基，初始 pH5.5，培养温度 30℃，搅拌速度 230r/min，通气量 1∶0.3，培养时间为 26h。发酵培养基与种子培养基相同，其初始 pH5.5，培养温度 30℃，搅拌速度 180r/min，发酵 0~24h 期间通气比为 1∶0.25 [(m^3/min)/m^3]、24~48h 通气比为 1∶0.5 [(m^3/min)/m^3]、48h 至发酵结束通气比为 1∶1 [(m^3/min)/m^3]，发酵周期 72h。

2. 提取

工业用的粗酶用盐析法提取。将培养物过滤去除菌体后，调节 pH 至 4.0 以下，加入硫酸铵时浓度达到 55%，静置过夜，倒去上清液，压滤去除母液。置于 40℃ 干燥 24h，磨粉包装后即得工业用粗酶制品，也可以在发酵液滤除菌体后于 40℃ 浓缩 3~4 倍直接作为商品。

3. 精制

若作为医用或啤酒工业用酶则需精制，其方法是将压滤所得粗酶制品溶于 pH2.5 的 0.005mol/L 乳酸缓冲液中，用脱色树脂脱色后，在 40℃ 条件下浓缩 2 倍以上，再通过离子交换树脂脱盐、喷雾干燥或冷冻干燥、磨粉，即可得淡黄色或乳白色粉状酶制品。

也可用单宁沉淀法。将发酵液过滤后调节 pH5.5，在搅拌下向滤液中加入 10g/100mL 单宁酸，使单宁酸的终浓度为 1g/100mL，静置 1h，离心收集酶与单宁酸的复合物。向复合物中加入原酶液 0.3%~0.5%的 10%聚乙二醇，搅拌后离心。将上清液置于 40℃ 浓缩 10 倍后调节 pH4.5，加入糖用活性炭 3g/100mL 脱色，得到浅黄色酶液。脱色酶液也可在低温下乙醇沉淀，或用硫酸铵盐析，干燥后得到浅黄色酶粉。

【知识链接】

带你了解蛋白酶 K

与行业里的那些脍炙人口的 DNA 聚合酶、RNA 聚合酶等相比，蛋白酶 K 显得很低调，以致我们长期忽视了它的重要性。

蛋白酶 K 属丝氨酸蛋白酶类，1974 年，Wolfgang Ebeling 等利用沉淀、离子交换层析和凝聚层析等方法在林伯氏白色念珠菌的培养基中分离纯化出蛋白酶 K。因能合成该种蛋白酶的微生物能在以角蛋白（keratin）为唯一碳氮源的环境中生长，即能够消化角蛋白，因此被命名为蛋白酶 K。

对于冠状病毒，核酸扩增试验时的处理、抽提、扩增为高风险，因此扩增前需要对标本先行灭活病毒，蛋白酶 K 是病毒采样液的重要组分，可裂解病毒释放核酸，消除核酸分解酶（RNase）以防止病毒的 RNA 降解。并且可以灭活病毒，让病毒的蛋白变性，失去活性而“死掉”，不再有传染性，提高运输和检测阶段的安全性。

【思考题】

1. 蛋白酶有哪些分类方法？
2. 蛋白酶生产的培养基包括哪些成分？
3. 蛋白酶生产中的产生菌有哪些？

任务二 淀粉酶生产技术实例

学习目标

知识目标：

1. 了解淀粉酶的作用与种类。
2. 掌握相关淀粉酶制剂生产工艺。

技能目标：

能够进行淀粉酶制剂的生产实践。

素质目标：

理解淀粉酶制剂生产工艺流程，激发酶制剂生产工艺革新理念。

知识点一　淀粉酶简介

淀粉酶一般作用于可溶性淀粉、直链淀粉、糖原等 α-1,4-葡聚糖，水解 α-1,4 糖苷键的酶。根据作用的方式可分为 α-淀粉酶、β-淀粉酶、葡萄糖淀粉酶（糖化酶）以及异淀粉酶。

一、 α-淀粉酶

1. 特征

α-淀粉酶的系统名称为 1,4-α-D-葡聚糖葡聚糖水解酶，广泛分布于动物（唾液、胰脏等）、植物（麦芽、山萮菜）及微生物。此酶以 Ca^{2+} 为必需因子并作为稳定因子，既作用于直链淀粉，也作用于支链淀粉，无差别地切断 α-1,4 糖苷键。因此，其特征是引起底物溶液黏度的急剧下降和碘反应的消失，最终产物在分解直链淀粉时以麦芽糖为主。此外，还有麦芽三糖及少量葡萄糖。另一方面在

分解支链淀粉时，除麦芽糖、葡萄糖外，还生成分支部分具有 α-1,6 糖苷键的α-极限糊精。一般分解限度以葡萄糖为准是 35%~50%，但在细菌的淀粉酶中，也有呈现高达 70%分解限度的（最终游离出葡萄糖）。

2. 分类

根据 α-淀粉酶的热稳定性，可分为耐高温 α-淀粉酶和中温-淀粉酶。在耐高温 α-淀粉酶中，由淀粉液化芽孢杆菌和地衣芽孢杆菌产生的酶制剂已被广泛地应用于食品加工中。温度对这两种酶的活性影响不同，地衣芽孢杆菌-淀粉酶最适温度为 92℃，而淀粉液化芽孢杆菌-淀粉酶的最适温度仅为 70%，除热稳定性存在差别外，这两种酶作用于淀粉的终产物也不相同。

根据来源不同，工业上常用的 α-淀粉酶主要有枯草杆菌类 α-淀粉酶、霉菌类α-淀粉酶、动植物 α-淀粉酶。枯草杆菌类 α-淀粉酶分为液化型和糖化型两种，两者在性质上存在差异。能产 α-淀粉酶的霉菌主要有米曲霉、黑曲霉和根霉等，其热稳定性要低于枯草杆菌类 α-淀粉酶，最适 pH 在 4. 0~5. 2。人的胰脏和唾液中都含有 α-淀粉酶，最适 pH6. 9，在 pH4. 8~11 范围内稳定性较好。该酶需要氯离子激活，这是与其他 α-淀粉酶的不同之处。麦芽和绿豆芽也含 α-淀粉酶，最适 pH 为 5. 4，pH 稳定性范围为 4. 8~8. 0。

二、β-淀粉酶

β-淀粉酶与 α-淀粉酶的不同点在于，其从非还原性末端逐次以麦芽糖为单位切断 α-1,4-葡聚糖链。主要见于高等植物中（大麦、小麦、甘薯、大豆等），但也有报告在细菌、牛乳、霉菌中存在。对于像直链淀粉那样没有分支的底物能完全分解得到麦芽糖和少量的葡萄糖。β-淀粉酶作用于支链淀粉或葡聚糖的时候，切断至 α-1,6-键的前面，反应就停止了，因此生成分子质量比较大的极限糊精。

Ca^{2+}对β-淀粉酶有降低稳定性的作用，这与对 α-淀粉酶的效果相反，利用这一差别，可以在 70℃、pH6. 0~7. 0、有 Ca^{2+}存在时，使β-淀粉酶失活以纯化 α-淀粉酶。

三、葡萄糖淀粉酶

葡萄糖淀粉酶的学名为 α-1,4-葡萄糖水解酶，大量用作淀粉的糖化剂，习惯上称为糖化酶，是我国目前生产量最大的酶制剂产品之一。目前已开发出不同特性的糖化酶，如用于葡萄糖生产的葡萄糖糖化酶，用于白酒和酒精工业的新型液体糖化酶等。它能把淀粉从非还原性末端水解 α-1,4-葡萄糖苷键产生葡萄糖，也能缓慢水解 α-1,6-葡萄糖苷键，转化为葡萄糖。同时也能水解糊精、糖原的非还原末端释放 β-D-葡萄糖。

四、异淀粉酶

异淀粉酶属于脱支酶，催化水解支链淀粉、糖原等葡聚糖链分支点处 α-

1,6-β-D-糖苷键的酶。自然界中，异淀粉酶来源广泛。目前已在许多植物（如大米、蚕豆、马铃薯、麦芽和甜玉米）中发现有异淀粉酶。高等动物的肝和肌肉中也有类似于异淀粉酶的分解 α-1,6 糖苷键的酶存在。微生物是工业用异淀粉酶的主要来源。目前，脱支酶有两种分类方法，一种是把水解支链淀粉和糖原的 α-1,6-β-D-糖苷键的酶统称为脱支酶，包括异淀粉酶和普鲁兰酶；另一种则是根据来源不同，分为酵母异淀粉酶、高等植物异淀粉酶和细菌异淀粉酶。

知识点二　淀粉酶生产

一、枯草芽孢杆菌 BF7658 α-淀粉酶生产工艺

1. 发酵

将试管斜面菌种接种到马铃薯茄子瓶斜面，于 37℃ 培养 3d，然后接入种子罐。种子培养的培养基为豆饼粉 4g/100mL、玉米粉 3g/100mL、磷酸氢二钠 0.8g/100mL、硫酸铵 0.4g/100mL 以及氯化铵 0.15g/100mL。在 37℃、搅拌速度 300r/min，通气量 1：(1.3~1.4) 体积比的条件下培养 12~14h 后接入发酵罐。发酵采用的培养基为豆饼粉 5.6g/100mL、玉米粉 7.2g/100mL、磷酸氢二钠 0.8g/100mL、硫酸铵 0.4g/100mL、氯化铵 0.13g/100mL 和氯化钙 0.13g/100mL。在 37℃、搅拌速度 200r/min，发酵 0~12h 期间通气比为 1：0.67（V/V·min）、12h 至发酵结束通气比为（1：1.33）~(1：1.00)（V/V·min），周期为 40~48h。补料从 12h 开始，每小时 1 次，分 30 次补完，补料体积相当于基础料的 1/3，料液成分为豆饼粉 5.3g/100mL、玉米粉 22.3g/100mL、磷酸氢二钠 0.8g/100mL、硫酸铵 0.4g/100mL、氯化铵 0.2g/100mL 和氯化钙 0.4g/100mL。停止补料后 6~8h，温度不再上升，菌体衰老，酶活性不再升高，发酵即可结束。发酵完毕，发酵液中加入 2g/100mL 氯化钙和 0.2g/100mL 磷酸氢二钠，并加热至 50~55℃ 维持 30min。冷却到 40℃ 后提取。

2. 提取

一般采用盐析法提取。在热处理后冷却到 40℃ 的发酵液中加入硅藻土过滤，滤饼加 2.5 倍水洗涤。将洗涤水和滤液合并，与 45℃ 真空浓缩后加 40g/100mL 硫酸铵盐析。盐析物加入硅藻土后压滤，滤饼 40℃ 烘干磨粉即得成品。

二、黑曲霉 A.S.3.4309 糖化酶生产工艺

1. 发酵

菌种用蔡氏蔗糖斜面培养基于 32℃ 培养 6d 后，移植在以玉米粉 2.5g/100mL、玉米浆 2g/100mL 组成的一级种子培养基中，32℃ 摇瓶培养 24~36h，再按 1% 的接种量接入种子罐，培养基成分与摇瓶发酵相同。在 32℃ 通气搅拌培养 24~36h，然后接入发酵罐，接种量为 5%~7%。发酵培养基由玉米粉 15g/100mL、玉米浆

2g/100mL、豆饼粉 2g/100mL 组成，发酵温度 32℃，通气搅拌条件下发酵 96h。

2. 精制

发酵液过滤去除菌体后采用盐析法，盐析剂为硫酸铵，添加量为 55g/100mL。盐析后静置 12h，过滤，湿酶在 40℃下烘干，得固体酶制剂。发酵液经超滤浓缩后加入异抗坏血酸、山梨酸钾等防腐剂、稳定剂制成液体酶制剂。

【知识链接】

唾液淀粉酶促进人类进化

科学家研究发现，在人类发展过程中，唾液淀粉酶（salivary amylase）有可能通过帮助人类祖先从淀粉中获取更多的能量而促进了人类的进化。这一发现为研究人类对于周边环境的适应、遗传变异与人类进化的关系提供了帮助。

淀粉是人类重要的食物来源之一，但是如果人类唾液中缺乏淀粉酶的话，将不能有效利用这种复杂的碳水化合物，因为身体其他地方含有的酶，并不能像唾液淀粉酶这样有效分解淀粉。研究人员分别从非洲、亚洲、欧洲和北极采集了人类唾液样本，研究发现，食物中淀粉含量高的族群，往往拥有较多的淀粉酶基因；而食物中淀粉含量少的族群，所拥有的淀粉酶基因也较少。另外，主要以水果为食的黑猩猩，所拥有的唾液淀粉酶基因只有两个副本。

通过比较人类和黑猩猩的基因组，研究认为，人类唾液淀粉酶基因的增加是从几十万年前开始的，而这与农业的出现时间（大约 15 万年前）相吻合。推测这种基因的增加促使人类脑容量增大，促进了智力的发展。像这种将人类进化与遗传变异相联系的研究，将会变得越来越普遍。它告诉我们通过进化基因组研究，能够了解我们人类过去的一些事情。

【思考题】

1. 淀粉酶有哪些种类？
2. α-淀粉酶与 β-淀粉酶差异有哪些？

任务三 纤维素酶生产技术实例

学习目标

知识目标：

1. 了解纤维素酶的作用、组成与分类。

2. 掌握纤维素酶制剂生产工艺。

技能目标：

能够进行纤维素酶制剂的生产实践。

素质目标：

理解纤维素酶制剂生产工艺流程，激发酶制剂生产工艺革新理念。

知识点一　纤维素酶简介

纤维素是葡萄糖以β-1,4 键结合的聚合物，为植物细胞壁的构成部分，占植物干重的1/2~1/3。由光合作用生成的纤维素是最丰富的可再生资源之一。但目前只有小部分用于纺织、造纸、建筑和饲料等方面，一部分用作燃料，还有很大部分没有利用，而是由微生物自然分解，参与自然界碳素循环。如果这些资源能合理地开发利用，将会造福于人类。纤维素用酸、酶水解便得到葡萄糖，后者经发酵可以生成酒精、有机酸、氨基酸、单细胞蛋白等一系列产品。酸水解法处理纤维素需要高温高压，要用到耐酸的设备，并且水解产物收率较低。纤维素酶，则是由将纤维素类物质降解为葡萄糖的多种水解酶组成的一个复杂酶系，它们协同作用，分解纤维素产生寡糖和纤维二糖，最终水解为葡萄糖。纤维素酶广泛存在于自然界的生物体中。细菌、真菌、动物体内都能产生纤维素酶。

一、按组成和功能分类

纤维素酶据其催化反应功能的不同可分为内切葡聚糖酶（来自真菌的简称EG，来自细菌的简称 Cen）、外切葡聚糖酶（来自真菌的简称 CBH、来自细菌的简称 Cex）和β-葡聚糖苷酶（简称 BG）。内切葡聚糖酶随机切割纤维素多糖链内部的无定型区，产生不同长度的寡糖和新链的末端。外切葡聚糖酶作用于这些还原性和非还原性的纤维素多糖链的末端，释放葡萄糖或纤维二糖。β-葡萄糖苷酶水解纤维二糖产生两分子的葡萄糖。

二、按降解机理分类

纤维素酶反应和一般酶反应不一样，其最主要的区别在于纤维素酶是多组分酶系，且底物结构极其复杂。由于底物的水不溶性，纤维素酶的吸附作用代替了酶与底物形成的 ES 复合物过程。1950 年，Reese 等提出了 C_1-C_x 假说，该假说认为必须以不同的酶协同作用，才能将纤维素彻底地水解为葡萄糖。纤维素酶先特异性地吸附在底物纤维素上，然后在几种组分的协同作用下将纤维素分解成葡萄糖。将纤维素酶分成三类：C_1 酶、C_x 酶和β-D-葡萄糖苷葡萄糖水解酶。C_1 酶是对纤维素最初起作用的酶，破坏纤维素链的结晶结构。C_x 酶是作用于经 C_1 酶活化的纤维素、分解β-1,4-糖苷键的纤维素酶。β-D-葡萄糖苷葡萄糖水解酶可以将纤维二糖、纤维三糖及其他低分子纤维糊精分解为葡萄糖。

知识点二　纤维素酶生产

一、生产菌种

真菌来源的纤维素酶产量高、活性大，在畜牧业和饲料中得到广泛应用，比较典型的有木霉属、曲霉属和青霉属。细菌产纤维素酶的产量较少，主要是葡聚糖内切酶，大多数对结晶纤维素无降解活流滑西性，且所产生的酶多是胞内酶或吸附在细胞壁上，不分泌到培养液中，增加了提取纯化的难度，因此对细菌的研究较少。但由细菌所产生的纤维素酶一般最适 pH 为中性至偏碱性。近年来，随着中性纤维素酶和碱性纤维素酶在棉织品水洗整理工艺及洗涤剂工业中的成功应用，细菌纤维素酶制剂已显示出良好的应用前景。

纤维素酶菌种易退化，退化后其产酶力明显降低，其原因可能有三个方面：①经诱变筛选的菌种发生回复突变；②自然负突变；③菌种长时间低温斜面保藏，会在分生孢子上长出次生菌丝，而次生菌丝所形成的分生孢子生命力弱。

二、发酵

纤维素酶的生产工艺主要有两种，即固体发酵和液体发酵。

1. 固体发酵

（1）特点　固体发酵法又称为麸曲培养法，以秸秆粉、废纸、玉米秸秆粉为主要原料，拌入种曲后，装入盘或帘子上，摊成约 1cm 的薄层，在培养室一定温度和湿度（RH90%～100%）下进行发酵。固体发酵法的主要特点是发酵体系没有游离水的存在，微生物是在没有游离水或基本没有游离水的固态基质上进行发酵，发酵环境接近自然状态下的微生物生长习性，产生的酶系更全，有利于降解天然纤维素，但是固体发酵法易染菌，生产的纤维素酶分离纯化困难。

（2）工艺条件　对于固体发酵而言，温度是首要因素，而培养基及培养条件的优化则是降低酶制剂成本、提高酶活性的重要措施。一般认为，利用真菌进行固体发酵最好将培养基起始 pH 调为酸性，这样对真菌的生长有利，而对细菌有抑制作用。培养基的初始含水量一般视纤维素材料种类不同而存在差异。玉米秸秆培养基适宜的含水量为（1∶2）～（1∶2.5），麦秸培养基适宜的含水量为（1∶1）～（1∶1.5），啤酒糟培养基含水量以 1∶1 为宜。

2. 液态深层发酵

液态深层发酵又称为全面发酵，是指将秸秆等原料粉碎、预处理并灭菌后送至具有搅拌桨叶和通气系统的密闭发酵罐内，接入菌种，利用无菌空气或自吸的气流进行搅拌的一种发酵方式。它的特点是培养条件容易控制，不容易染菌，生产效率比较高。

三、生产实例

以拟康氏木霉的生产工艺为例。

1. 斜面培养基

①麦芽汁培养基（g/100mL）：麦芽汁（麦芽度 5~7°P），纤维素粉 2，琼脂 2；②马铃薯培养基（g/100mL）：马铃薯 20，纤维素粉 2，琼脂 2。

2. 固体发酵培养基

稻草粉 100g（或稻草粉 90g，加麸皮 10g），硫酸铵 2.5g，水 220~250mL。在 500mL 的三角瓶中装稻草培养基 15~20g。在 30℃ 培养 3d。

3. 液体发酵培养基

种子培养基（g/100mL）：米糠 1，麸皮 0.5，硫酸铵 0.2，磷酸二氢钾 0.1，碳酸钙 0.1，葡萄糖 1。在 500mL 三角瓶中装培养基 100mL，在 30℃ 摇床上培养 32~35h。

发酵培养基（g/100mL）：稻草粉 1，麸皮 0.5，硫酸铵 0.2，磷酸二氢钾 0.1，碳酸钙 0.1，葡萄糖 1。接种量 6mL/100mL，在 30℃ 培养 60h。

【素质拓展】

离去的科技巨匠：施教耐

施教耐（1920—2018）先生是我国植物碳代谢领域的重要奠基人，他治学严谨、锐意创新，在植物酶的调节机理研究中做出了突出贡献，特别在植物光合作用碳代谢关键酶的结构功能和调节特性的研究中取得了重大成果。他首次报道油菜籽实中有一内源抑制剂对 HMP 途径起着调节作用；在 C4 植物 PEP 羧化酶结构与功能研究中，证明酶存在着多构象状态，并对酶的二级结构特性、亚基的空间排布、亚基的解离聚合以及酶的多调节位点等方面进行了深入的研究，成功地筛选出两株纤维素酶高产菌株。施教耐先生一生淡泊名利、豁达仁厚，为我国科学和教育事业鞠躬尽瘁，为后人树立了光辉榜样。

【思考题】

1. 纤维素酶的种类有哪些？
2. 纤维素酶生产菌种易退化的原因是什么？
3. 纤维素酶生产工艺及其特点是什么？

任务四 植酸酶生产技术实例

学习目标

知识目标：

1. 了解植酸酶的作用、来源与分类。
2. 掌握植酸酶制剂生产工艺。

技能目标：

能够进行植酸酶制剂的生产实践。

素质目标：

理解植酸酶制剂生产工艺流程，激发酶制剂生产工艺革新理念。

知识点一 植酸酶简介

植酸即肌醇六磷酸，作为磷酸的储存库，广泛存在于植物中。由于矿物质结合在蛋白-植酸-矿物元素复合物中，因此就降低了某些植物性食物和一些植物蛋白分离物中矿物质的营养效价。植酸酶能将磷酸残基从植酸上水解下来，因此破坏了植酸对矿物元素强烈的亲和力，所以植酸酶能增加矿物元素的营养效价，而且由于释放出的 Ca^{2+} 可参加交联或其他反应中去，从而改变植物性食品的质地。

一、特性

植酸酶是催化植酸及其盐类水解为肌醇与磷酸（盐）的一类酶的总称，属磷酸单酯水解酶。具有特殊的空间结构，能够依次分离植酸分子中的磷，将植酸（盐）降解为肌醇和无机磷，同时释放出与植酸（盐）结合的其他营养物质。该酶适宜的 pH 为 4.0~6.0，适宜温度为 46~57℃，超过 70℃时植酸酶的活性大部分丧失。

从广义上讲，植酸酶是指与植酸分解有关的酶类，它实际上包括植酸酶和磷酸酶，而狭义的植酸酶不包括磷酸酶。植酸酶可催化肌醇六磷酸（盐或酯）脱掉磷酸基团，现知有 3 种类型，即肌醇六磷酸 3-磷酸水解酶、肌醇六磷酸 6-磷酸水解酶和非特异性的正磷酸单酯水解酶，它们分别在肌醇六磷酸的 3 位、6 位和 2 位碳上水解掉 1 个磷酸基因。

二、来源与分类

植酸酶是一种胞外酶，广泛存在于自然界中，在动物、植物、微生物中均有发现。在植物组织，如谷物、豆类、蔬菜，特别是萌发的种子和花粉中都发现了植酸酶。此外，自然界中产植酸酶的微生物种类繁多，如细菌、霉菌、真菌等。来源于微生物的植酸酶作用范围和稳定性都较好，容易规模化生产。

1. 植物植酸酶

植酸酶最早是在植物中发现的，研究表明不同种植物中植酸酶的活性差异很大，黑麦、小麦和大麦中植酸酶活性较高，而燕麦、玉米、大豆饼和花生饼中植酸酶活性很低。植物植酸酶有两种，一种是6-植酸酶，另一种是3-植酸酶，大多数属于6-植酸酶，其最适 pH 在 5.0~7.5。

2. 动物植酸酶

动物植酸酶主要存在于哺乳动物小肠及脊椎动物的红血球和血浆原生质中。相对于植物及微生物来源的植酸酶而言，动物植酸酶的研究较少。同时，动物植酸酶的含量少、活性低，所以和植物来源的植酸酶一样，实际应用价值不大。

3. 微生物植酸酶

自然界中很多微生物都产植酸酶，尤其是曲霉属微生物，如黑曲霉、无花果曲霉等，一直被认为是微生物植酸酶的主要产生菌而被大量研究。产植酸酶的细菌主要有枯草芽孢杆菌、大肠杆菌、假单胞菌、克雷伯氏菌等。产植酸酶的丝状真菌大多为曲霉属，主要有曲霉、毛霉、青霉以及根霉等。其中黑曲霉、无花果曲霉产酶效率较高，其他如白曲霉、黄曲霉等所产的胞外酶活性也较高。丝状真菌植酸酶多为胞外酶，容易分离纯化，而细菌植酸酶大多是胞内酶，植酸酶活性低且分离纯化较为困难。目前大多数微生物植酸酶都是3-磷酸酶。

知识点二　植酸酶生产

植酸酶可以从植物中提取，但受限于含量较低，生产价值不大，当前主要是通过微生物发酵获得大量的微生物细胞，从中提取出植酸酶。以黑曲霉 3.324 植酸酶生产为例。

曲料接种完毕后装入曲盘内并轻轻摊平，曲料的厚度为 2cm，曲盘长 45cm，宽 35cm，四周边框高 5cm。底板背面横钉 1cm 厚的木条。在可调温曲房里，曲盘先采用直立式堆叠，维持 28~30℃室温，干湿相差 1℃，培养 16h 左右。当品温达到 32℃时，曲料面稍有发白结块，并有曲香味时进行第一次翻曲。翻曲时将曲块捏碎并轻轻拌和、摊平，盖上湿纱布。将堆叠方式改为十字形堆叠，室温继续维持 28~30℃，4~6h 后，当品温上升到 34℃时进行第二次翻曲、拌和、摊平。最后是产酶阶段，室温维持 28℃，连续发酵 5d。

【知识链接】

商品植酸酶的开发

植酸酶最主要的应用是作为饲料添加剂提高磷的利用率，减少环境中磷的排放。随着植酸酶需求量的不断增加，欧洲国家（丹麦、荷兰等）均已经出台规定要求加大微生物植酸酶的应用。植酸酶是释放储藏在植酸里面宝物的金钥匙。直到商品植酸酶的出现，美好的设想才变为了现实。

自20世纪70年代中期，欧洲致力于寻找全面解决无机磷污染的方案。直接的动因是即将在原欧共体成员国实施的环境保护议会指引。核心内容之一就是限制养殖业的磷排泄量。而荷兰首当其冲。1980年，荷兰Wageningen大学找到植酸酶基因和Gist-brocades公司（即DSM的前身）确认了植酸酶的功能，并且克隆植酸酶基因技术取得了突破，才有了商业开发的可能。此时德国巴斯夫（BASF）和Gist-brocades公司都意识到了植酸酶的潜力，共同进行商品化开发。1989年，利用基因转移技术首次成功的用Aspergillus niger工业化规模生产商品植酸酶。1990年获得欧洲饲料添加剂管理机构的批准认可。1994年起在世界各地市场全面供应。20世纪90年代以前，我国在这方面基本上没有开展工作。我国植酸酶产业发展至今，市场已逐步走向行业整合期。目前，我国生产植酸酶的厂家已从最初的几家增至几十多家，生产能力则从最初500多吨增加到5000多吨以上，这其中规模较大的有四、五家，产能在2000t以上，占中国市场份额的50%~60%。

【思考题】

1. 植酸酶的种类有哪些?
2. 植酸酶的性质有哪些?

任务五 脂肪酶生产技术实例

学习目标

知识目标：

1. 了解脂肪酶的特性及来源。
2. 掌握脂肪酶制剂生产工艺。

技能目标：

能够进行脂肪酶制剂的生产实践。

素质目标：

理解脂肪酶制剂生产工艺流程，激发酶制剂生产工艺革新理念。

知识点一　脂肪酶简介

甘油酯水解酶或称脂肪酶，是在油水界面上水解甘油三酯、甘油二酯和甘油单酯，最终生成甘油和脂肪酸的酶。脂肪酶作用需要水不溶性底物，由于脂肪酶在异相系统（油水系统）中反应。水解难度要比在水相中作用的大多数水解酶类大，从而阻碍了它的开发利用。

一、特性

1. 位置专一性

脂肪酶是一类特殊的酯键水解酶，按脂肪酶的位置专一性，可将微生物脂肪酶分为两大类。第一类是无专一性的，它可以从甘油部分的三个位置上释放出脂肪酸。尽管 1,2(2,3)-甘油二酸酯、1,3-甘油二酸酯和单甘酯是其中间产物，但这些脂肪酶催化水解完全，可得到游离脂肪酸和甘油。第二类是 1,3-专一性的，它仅从甘油部分的 1-和 3-位置上释放出脂肪酸，这类脂肪酶将甘油三酯水解，释放出游离脂肪酸和 2-单甘酯。

2. 最适 pH 和最适温度

脂肪酶的最适 pH 和最适温度随底物、酶的纯度、缓冲液和测定方法而稍有改变。虽然大多数脂肪酶的最适 pH 在偏碱性范围，即 pH8～9，由于底物、乳化剂和盐类的影响，它的最适 pH 甚至可以下降到酸性一侧，例如胰脂肪酶从最适 pH8～9 降到 pH6～7。脂肪酶的最适温度为 30～60℃，但也有些脂肪酶在较高或较低的温度下有较高的活性。一般来说，真菌脂肪酶最适温度相对较低，细菌脂肪酶则较为耐热。

二、来源

脂肪酶广泛存在于动植物和微生物中。不同来源的脂肪酶特性不一样，并且在理论研究方面也具有重要的意义。

1. 植物源

植物中含脂肪酶较多的是油料作物的种子，如蓖麻籽、油菜籽，当油料种子发芽时，脂肪酶能与其他的酶协同作用催化分解油脂类物质生成糖类，提供种子生根发芽所必需的养料和能量。

2. 动物源

在动物体内，各类脂肪酶控制着消化、吸收、脂肪重建和脂蛋白代谢等过程。动物体内含脂肪酶较多的是高等动物的胰脏和脂肪组织。在动物肠液中也含有少量的脂肪酶，主要用于补充胰脂肪酶对脂肪消化的不足。此外，在肉食动物的胃液中还含有少量的丁酸甘油酯酶。

3. 微生物源

细菌、真菌和酵母中的脂肪酶含量丰富，微生物脂肪酶是工业用脂肪酶的重要来源。与动植物相比，微生物种类多、繁殖快、易发生遗传变异，并且和动植物脂肪酶相比，微生物脂肪酶具有更广的作用 pH、作用温度范围以及底物专一性。同时，微生物来源的脂肪酶一般都是分泌性的胞外酶，主要的发酵微生物有黑曲霉、假丝酵母等，所以非常适合于工业化大生产和获得高纯度的样品。

知识点二　脂肪酶生产

有不少微生物具有产脂肪酶能力。为了提高脂肪酶产生菌的筛选效果，可以把油脂作为培养基的唯一碳源。凡在此培养基上生长的微生物有很大的可能会产脂肪酶。以假丝酵母液态深层培养生产脂肪酶为例。

一、培养基

1. 斜面培养基（g/100mL）

酵母粉 0.2，蛋白胨 0.5，葡萄糖 1.0，琼脂 2.0。

2. 摇瓶培养基（g/100mL）

豆油 4.0，全脂豆粉 4.0，磷酸氢二钾 0.1，磷酸二氢钾 0.1。

3. 放大培养基（g/100mL）

豆油 6.0，全脂豆粉 6.0，磷酸氢二钾 0.1，磷酸二氢钾 0.1，适量消泡剂。

二、发酵条件

1. 摇瓶培养

在 250mL 摇瓶中装入 50mL 摇瓶培养基，从斜面上接一接种环的种子于摇瓶培养基中。将接种后的摇瓶置于恒温摇床，在 26℃、转速 220r/min 条件下培养 120h。

2. 30L 发酵罐培养

按 18L 装液量配好发酵培养基并装入发酵罐中，121℃灭菌 30min。冷却至 26℃后接种 1 个茄形瓶种子，搅拌速度 500r/min，通风量 $1m^3/(m^3 \cdot min)$。

3. $1m^3$ 放大发酵培养

按 60%装液量配好放大发酵培养基并装入发酵罐中，121℃灭菌 30min。冷却至 26℃后接种 3 个茄形瓶种子，搅拌速度 200r/min，通风量 $1m^3/(m^3 \cdot min)$。

【知识链接】

脂肪酶催化机制

脂肪酶具有油-水界面的亲和力，能在油-水界面上高速率的催化水解不溶于水的脂类物质；脂肪酶作用在体系的亲水-疏水界面层，这也是区别于酯酶的一个特征。来源不同的脂肪酶，在氨基酸序列上可能存在较大差异，但其三级结构却非常相似。脂肪酶的活性部位残基由丝氨酸、天冬氨酸、组氨酸组成，属于丝氨酸蛋白酶类。脂肪酶的催化部位埋在分子中，表面被相对疏水的氨基酸残基形成的螺旋盖状结构覆盖（又称“盖子”），对三联体催化部位起保护作用。“盖子”中的 α-螺旋的双亲性会影响脂肪酶与底物在油-水界面的结合能力，其双亲性减弱将导致脂肪酶活性的降低。“盖子”的外表面相对亲水，而面向内部的内表面则相对疏水。由于脂肪酶与油-水界面的缔合作用，导致“盖子”张开，活性部位暴露，使底物与脂肪酶结合能力增强，底物较容易地进入疏水性的通道而与活性部位结合生成酶-底物复合物。界面活化现象可提高催化部位附近的疏水性，导致 α-螺旋再定向，从而暴露出催化部位；界面的存在还可以使酶形成不完全的水化层，这有利于疏水性底物的脂肪族侧链折叠到酶分子表面，使酶催化易于进行。

【思考题】

1. 脂肪酶的特性有哪些?
2. 脂肪酶的来源有哪些?

实训八　纤维素酶水解纤维素生产生物乙醇

【实训目的】

1. 掌握纤维素酶的作用机理。
2. 掌握用纤维素酶水解纤维素生产生物乙醇的工艺流程。

【实训原理】

天然的木质纤维素资源是最丰富的最廉价的可再生资源，主要成分是纤维素、半纤维素和木质素。纤维素酶可以降解纤维素生产葡萄糖，利用酵母发酵制备乙醇。半纤维素可以被降解为戊糖和己糖，也可以用来发酵制备乙醇。由于植物细胞壁中的半纤维素和木质素通过共价键结成了网络结构，纤维素镶嵌其中，直接酶解的效果较差，因此需要进行预处理，使得纤维素分子成为松散的结构，便于酶解。

【试材准备】

1. 菌种

葡萄牙假丝酵母（*Candida lusitaniae*）。

2. 培养基

(1) 一级种子培养基 (g/L) 葡萄糖20, 蛋白胨5, 酵母膏3, pH 自然。

(2) 二级种子培养基 (g/L) 葡萄糖30, 蛋白胨5, 酵母膏3, pH 自然。

(3) 发酵培养基 (g/L) 糖化液 (约40), 蛋白胨3, 硫酸铵2, 酵母膏0.5, 磷酸二氢钾4.0, 氯化钙0.3, 硫酸镁0.3, Tween-80 0.2。

【试剂】

0.7%硫酸溶液、纤维素酶、秸秆。

【操作步骤】

1. 木质纤维素生物质的预处理

秸秆粉碎到粒径为2.5cm左右, 用稀酸浸泡。将原料置于一级水解反应器中, 190℃, 0.7%硫酸水解3min。水解糖化液用石灰中和处理后, 调节pH得到一级酸水解糖化液。

2. 纤维素酶解

调节一级酸水解糖化液至pH4.8, 温度50℃, 按20U/g秸秆粉加入纤维素酶。酶解结束后过滤。

3. 种子培养基及菌种扩大培养

从试管斜面, 到三角瓶, 到种子罐依次对酵母进行扩大培养。

4. 乙醇发酵

发酵培养基实罐灭菌冷却后, 接种10%酵母, 控制发酵温度30℃, 发酵液pH5.5, 发酵28h, 即可得到一定浓度的生物乙醇发酵液。

【注意事项】

培养基配制时, 各种成分要按顺序依次添加溶解。

【实验后分析】

1. 纤维素酶水解秸秆时, 为什么要进行预处理?

2. 简要说明纤维素酶水解纤维素类物质制备生物乙醇的流程。

3. 对生物乙醇发酵液可以进行哪些处理过程得到一定浓度的生物乙醇?

附 录

一、调整硫酸铵饱和度计算表

	在0℃硫酸铵终浓度/%饱和度																
	20	25	30	35	40	45	50	55	60	65	70	75	80	85	90	95	100
硫酸铵初浓度/%饱和度	每100mL溶液加固体硫酸铵的克数①																
0	10.6	13.4	16.4	19.4	22.6	25.8	29.1	32.6	36.1	39.8	43.6	47.6	51.6	55.9	60.3	65.0	69.7
5	7.9	10.8	13.7	16.6	19.7	22.9	26.2	29.6	33.1	36.8	40.5	44.4	48.4	52.6	57.0	61.5	66.2
10	5.3	8.1	10.9	13.9	16.9	20.0	23.3	26.6	30.1	33.7	37.4	41.2	45.2	49.3	53.6	58.1	62.7
15	2.6	5.4	8.2	11.1	14.1	17.2	20.4	23.7	27.1	30.6	34.3	38.1	42.0	46.0	50.3	54.7	59.2
20	0	2.7	5.5	8.3	11.3	14.3	17.5	20.7	24.1	27.6	31.2	34.9	38.7	42.7	46.9	51.2	55.7
25		0	2.7	5.6	8.4	11.5	14.6	17.9	21.1	24.5	28.0	31.7	35.5	39.5	43.6	47.8	52.2
30			0	2.8	5.6	8.6	11.7	14.8	18.1	21.4	24.9	28.5	32.3	36.2	40.2	44.5	48.8
35				0	2.8	5.7	8.7	11.8	15.1	18.4	21.8	25.4	29.1	32.9	36.9	41.0	45.3
40					0	2.9	5.8	8.9	12.0	15.3	18.7	22.2	25.8	29.6	33.5	37.6	41.8
45						0	2.9	5.9	9.0	12.3	15.6	19.0	22.6	26.3	30.2	34.2	38.3
50							0	3.0	6.0	9.2	12.5	15.9	19.4	23.0	26.8	30.8	34.8
55								0	3.0	6.1	9.3	12.7	16.1	19.7	23.5	27.3	31.3
60									0	3.1	6.2	9.5	12.9	16.4	20.1	23.1	27.9
65										0	3.1	6.3	9.7	13.2	16.8	20.5	24.4
70											0	3.2	6.5	9.9	13.4	17.1	20.9
75												0	3.2	6.6	10.1	13.7	17.4
80													0	3.3	6.7	10.3	13.9
85														0	3.4	6.8	10.5
90															0	3.4	7.0
95																0	3.5
100																	0

①在0℃下，硫酸铵溶液由初浓度调到终浓度时，每100mL溶液所加固体硫酸铵的克数。

	硫酸铵终浓度/%饱和度																
	10	20	25	30	33	35	40	45	50	55	60	65	70	75	80	90	100
硫酸铵初浓度/%饱和度	每1L溶液加固体硫酸铵的克数①																
0	56	114	144	176	196	209	243	277	313	351	390	430	472	516	561	662	707
10		57	86	118	137	150	183	216	251	288	326	365	406	449	494	592	694
20			29	59	78	91	123	155	189	225	262	300	340	382	424	520	619
25				30	49	61	93	125	158	193	230	267	307	348	390	485	583
30					19	30	62	94	127	162	198	235	273	314	356	449	546
33						12	43	74	107	142	177	214	252	292	333	426	522
35							31	63	94	129	164	200	238	278	319	411	506
40								31	63	97	132	168	205	245	285	375	469
45									32	65	99	134	171	210	250	339	431
50										33	66	101	137	176	214	302	392
55											33	67	103	141	179	264	353
60												34	69	105	143	227	314
65													34	70	107	190	275
70														35	72	153	237
75															36	115	198
80																77	157
90																	79

① 在25℃下，硫酸铵溶液由初浓度调到终浓度时，每升溶液所加固体硫酸铵的克数。

二、一些常见蛋白质相对分子质量参考值

蛋白质	M_r
细胞色素C（cytochrome C）	12800
糜蛋白酶（胰凝乳蛋白酶）（chymotrypsin）	11000或13000
核糖核酸酶（ribonuclease或R Nase）	13700
R_{17}外壳蛋白（R_{17} coat protein）	13750
溶菌酶（lysozyme）	14300
血红蛋白［hemoglobin］	15500
天冬氨酸氨甲酰转移酶，R链（aspartate transcarbamylase R chain）	17000
肌红蛋白（myoglobin）	17200

续表

蛋白质	M_r
烟草花叶病毒外壳蛋白（TWV 外壳蛋白）（TWV coat protein）	17500
β-乳球蛋白（β-lactoglobulin）	18400
木瓜蛋白酶（羧甲基）[papain（carboxymethyl）]	23000
胰蛋白酶（trypsin）	23300
胰蛋白酶抑制剂（大豆）（trypsin inhibitor）	22500
糜蛋白酶原（胰凝乳蛋白酶原）（chymotrypsinogen）	25700
γ-球蛋白，L 链（γ-globulin，L chain）	23500
枯草杆菌蛋白酶（subtilisin）	27600
碳酸酐酶（carbonic anhydrase）	29000
羧肽酶 A（carboxypeptidase A）	34000
天冬氨酸氨甲酰转移酶，C 链（aspartate transcarbamylase，C chain）	34000
转磷酸核糖基酶（phosphoribosyl transferase）	35000
胃蛋白酶（pepsin）	35000
乳酸脱氢酶（lactate dehydrogenase）	36000
原肌球蛋白（tropomyosin）	36000
甘油醛磷酸脱氢酶（glyceraldehyde phosphate dehydrogenase）	36000
醇脱氢酶（酵母）[alcohol dehydrogenase（yeast）]	37000
D-氨基酸氧化酶（D-amino acid oxidase）	37000
胃蛋白酶原（pepsinogen）	40000
肌酸激酶（creatine kinase）	40000
醛缩酶（aldolase）	40000
烯醇酶（enolase）	41000
醇脱氢酶（肝）[alcohol dehydrogenase（liver）]	41000
卵清蛋白（ovalbumin）	43000
延胡索酸酶（反丁烯二酸酶）（fumarase）	49000
γ-球蛋白，H 链（γ-globulin，H chain）	50000
亮氨酸氨肽酶（leucine aminopeptidase）	53000
谷氨酸脱氢酶（glutamate dehydrogenase）	53000
丙酮酸激活酶（pyruvate kinase）	57000
过氧化氢酶（catalase）	60000
L-氨基酸氧化酶（L-amino acid oxidase）	63 000
血清白蛋白（serum albumin）	68000
磷酸化酶 a（phosphorylase a）	94000
副肌球蛋白（paramyosin）	100000
β-半乳糖苷酶（β-galactosidase）	130000
甲状腺球蛋白（thyroglobulin）	165000
肌球蛋白（myosin）	220000

三、常用固态酸、碱、盐的物质的量浓度配制参考表

名称	化学式	M_r	物质的量浓度（粗略）/（mol/L）	配 1L 1mol/L 溶液所需量/mL
草酸	$H_2C_2O_4 \cdot 2H_2O$	126. 08	1. 0	63. 04
柠檬酸	$H_3C_6H_5O_7 \cdot H_2O$	210. 14	0. 1	7. 00
氢氧化钾	KOH	56. 10	5. 0	280. 50
氢氧化钠	NaOH	40. 00	1. 0	40. 00
碳酸钠	Na_2CO_3	106. 00	0. 5	53. 00
磷酸氢二钠	$Na_2HPO_4 \cdot 12H_2O$	358. 20	1. 0	358. 20
磷酸二氢钾	KH_2PO_4	136. 10	1/15	9. 08
重铬酸钾	$K_2Cr_2O_7$	294. 20	1/60	4. 9035
碘化钾	KI	166. 00	0. 5	83. 00
高锰酸钾	$KMnO_4$	158. 00	0. 05	3. 16
乙酸钠	$NaC_2H_3O_2$	82. 04	1. 0	82. 04
硫代硫酸钠	$Na_2S_2O_3 \cdot 5H_2O$	248. 20	0. 1	24. 82

参考文献

[1] 杜翠红，方俊，刘越．酶工程[M]．武汉：华中科技大学出版社，2014.

[2] 尹利，朱京波．酶制剂生产技术[M]．武汉：华中师范大学出版社，2011.

[3] 禹帮超，周念波．酶工程（第三版）[M]．武汉：华中师范大学出版社，2014.

[4] 韦平和，李冰峰，闵玉涛．酶制剂技术[M]．北京：化学工业出版社，2012.

[5] GB 2760—2024. 食品安全国家标准　食品添加剂使用标准[S]．北京：中国标准出版社，2024.

[6] GB/T 20370—2021 酶制剂分类导则[S]．北京：中国标准出版社，2018.

[7] 高强，高海飞．固态发酵酶制剂的研究进展[J]．生物产业技术，2018（3）：24-30.

[8] 张兰威．发酵食品工艺学[M]．北京：中国轻工业出版社，2014.

[9] 张嗣良．发酵工程原理[M]．北京：高等教育出版社，2013.

[10] 陈守文．酶工程[M]．北京：科学出版社，2008.

[11] 张月萍，赵平，焦运伏，等．膜分离技术及其在发酵液后处理中的应用[J]．河北科技大学学报，2002（3）.

[12] 张林茂，高永涛，李晶．应用超滤技术改进 Vc 生产工艺[J]．膜科学与技术，2000（5）.

[13] 江正强，杨绍青．食品酶学与酶工程原理[M]．北京：中国轻工业出版社，2018.

[14] 陈中．食品酶学导论[M]．北京：中国轻工业出版社，2020.

[15] Schroder I, Steckhan E, Liese A. In situ NAD^+ regeneration using 2, 2-azinobis (3-ethylbenzo-thiazoline-6sulfonate) as an electron transfer mediator[J]. Journal of electroanalytical chemistry, 2003, 541: 109-115.

[16] Wagenknecht P S, Penney J M, Hembre R T. Transition-metal-catalyzed regeneration of nicotinamide coenzyme: with hydrogen[J]. Organometallics, 2003, 22 (6): 1180-1182.

[17] Délécouls-Serval K, Basseguy R, Bergel A. Membrane electrochemical reactor

(MER): application to NADH regeneration for ADH-catalysed synthesis[J]. Chemical Engineering Science, 2002, 57 (21): 4633-4642.

[18] 周晓云. 酶学原理与酶工程[M]. 北京: 中国轻工业出版社, 2005.

[19] 施巧琴. 酶工程[M]. 北京: 科学出版社, 2005.

[20] 韩志萍, 叶剑芝, 罗荣琼. 固定化酶的方法及其在食品中的应用研究进展[J]. 保鲜与加工, 2012, 12 (5): 48-53.

[21] 黄飞, 李凯, 颜玉坚, 等. 一种活体微生物固定化微球及其制备方法和应用[P]. 中国专利: CN201910464257.5, 2019.08.09.

[22] 范培茹. 用于蛋白组学的新型固定化酶反应器的制备及研究[D]. 天津: 天津医科大学, 2023.

[23] 胡佳薇. 基于毛细管开管柱的酶反应器酶解技术的研究及在蛋白质组学中的应用[D]. 西安: 西北大学, 2011.

[24] 赵瑜梅. 神经氨酸酶微反应器的制备及其在抗流感药物筛选中的应用研究[D]. 广州: 暨南大学, 2017.

[25] 侯亚欣, 张若飞, 阎锡蕴, 等. 纳米酶: 疾病治疗新选择[J]. 中国科学: 生命科学, 2020, 50 (3): 18.

[26] 梁颖婕, 高东微, 董洁, 等. 赤小豆加工食品中红豆成分定性和定量PCR检测[J]. 中国食品卫生杂志, 2022 (2): 034.

[27] 敖金霞, 高学军, 于艳波, 等. 转基因大豆, 玉米, 水稻深加工产品的五重巢式PCR技术检测[J]. 中国农业大学学报, 2010, 15 (2): 7.

[28] 倪红, 杨凡, 王磊, 等. 基于定向进化提高漆酶的催化活性及其在造纸制浆中的应用[J]. 生物工程学报, 2024 (7).

[29] 宋燕华, 吴惠杰, 蔡德雷, 等. 用乙酰胆碱酯酶为生物标志物反映钱塘江水环境野生鲫鱼有机磷农药暴露的研究[J]. 中国卫生检验杂志, 2009 (11): 3.

[30] 刘娜娜. 固定化漆酶在SBR处理造纸废水中的应用[J]. 天津造纸, 2015, 37 (2): 4.

[31] 罗虎, 孙振江, 李永恒等. 产糖化酶酵母在木薯燃料乙醇生产中的应用研究[J]. 食品与发酵科技, 2018, 54 (1): 76-82.

[32] Tan T M C, Zhou L, Houssais S, et al. Intracellular inhibition of hepatitis B virus S gene expression by chimeric DNA-RNA phosphorothioate minimized ribozyme[J]. Antisense Nucleic Acid Drug Dev, 2002, 12 (4): 257-264.

[33] 陆建萍, 孙红, 曹长春, 等. 脱氧寡核苷酸对卵巢癌细胞核转录因子-κB活性和下游细胞分子表达的影响[J]. 中华妇产科杂志, 2004, 39 (8): 5.

[34] Zhang, Guishui, Dass, et al. Effect of Deoxyribozymes Targeting c-Jun on Solid Tumor Growth and Angiogenesis in Rodents[J] [2023-08-28].

[35] Yokoyama Y, Takahashi Y, Shinohara A, et al. The 5′-end of hTERT mRNA

is a good target for hammerhead ribozyme to suppress telomerase activity[J]. Biochemical & Biophysical Research Communications, 2000, 273 (1): 316-321.

[36] 屈艺，刘菽秋，刘柏林．端粒酶逆转录酶核酶 hTERT-5′RZ 抑制 HeLa 细胞端粒酶活性的实验研究[J]. 中华医学遗传学杂志，2002，19 (5)：4.

[37] Leopold L H, Shore S K, Newkirk T A, et al. Multi-unit ribozyme-mediated cleavage of bcr-abl mRNA in myeloid leukemias[J]. Blood, 1995, 85 (8): 2162.

[38] Soda Y, Tani K, Bai Y, et al. A novel maxizyme vector targeting a bcr-abl fusion gene induced specific cell death in Philadelphia chromosome-positive acute lymphoblastic leukemia[J]. Blood, 2004, 104 (2): 356-363.

[39] 杨昌鹏．酶制剂生产与应用[M]. 北京：中国环境科学出版社，2009.

[40] 韦平和，李冰峰，闵玉涛．酶制剂技术[M]. 北京：化学工业出版社，2012.

[41] 贾新成，陈红歌．酶制剂工艺学[M]. 北京：化学工业出版社，2008.

[42] 梁传伟，张苏勤．酶工程[M]. 北京：化学工业出版社，2005.

[43] 贾士儒．生物工艺与工程实验技术[M]. 北京：中国轻工业出版社，2002.

[44] 曹军卫，马辉文．微生物工程[M]. 北京：科学出版社，2002.

[45] 宋欣．微生物酶转化技术[M]. 北京：化学工业出版社，2004.

[46] 王祎玲，段江燕．生物工程实验指导[M]. 北京：科学出版社，2017.

[47] 佚名．《工业酶制剂的命名和分类规定》建议稿[J]. 精细与专用化学品，1999，7 (5)：18-20.

[48] 孙芳玉．新型酶制剂绿色创制研发团队：以创新为使命，创造生活之“美”[EB/OL]. 临沂市科学技术学会，2022-06-27/2024-12-20.

[49] Schroder I, Steckhan E, Liese A. In situ NAD^+ regeneration using 2, 2-azinobis (3-ethylbenzo-thiazoline-6sulfonate) as an electron transfer mediator. J Electroanal Chem, 2003, 541: 109-115.

[50] Wagenknecht P S, Penney J M, Hembre R T. Transition-metal-catalyzed regeneration of nicotinamide coenzyme: with hydrogen. Organometallics, 2003, 22 (6): 1180-1182.

[51] Délécouls-Serval K, Basseguy R, Bergel A. [J]. Chemical Engineering Science, 2002, 57 (21): 4633-4642.

[52] Ding Fengping, Noritomi H, Nagahama K. Concentration of alkalinepecticlyase with ultrafiltration process[I]. Membrane Science and Technology, 2001, 21 (6): 53-58.

[53] 刘宏波，杨昌柱，濮文虹，等．中空超滤在酶纯化浓缩中的应用[J]. 膜科学与技术，2006，26 (5)：81-85.

［54］ Huige N J J, Thijssen H A C. Production of large crystals by continuous ripening in a stirred tank［I］. Crystal Growth, 1972, 13−14: 483−487.

［55］ Stevin H G. Chemical aspects of gel extraction［J］. Chem Eng Sci. 1986, (8): 2153−2160.

［56］ Lund DB, Fennema O, Powrie W D. Effect of gas hydrates and hydrate formers on invertase activity ［J］. Archives of Biochemistry and Biophysics, 1969, 129 (1): 181−188.

［57］ 朱荷琴，冯自力，李志芳，等．转几丁质酶和葡聚糖酶双价基因棉花株系对黄萎病的抗性［J］．棉花学报，2011，23（1）：6. DOI：10. 3969/j. issn. 1002−7807. 2011. 01. 010.

［58］ Tomholland H, Coppage D, Butler P. Use of fish brain acetylcholinesterase to monitor pollution by organophosphorus pesticides［J］. Bulletin of Environmental Contamination and Toxicology, 1967 (2−3) .

［59］ Weizscker F V, Blum H E, Wands J R. Cleavage of hepatitis B virus RNA by three ribozymes transcribed from a single DNA template［J］. Biochemical & Biophysical Research Communications, 1992, 189 (2): 743 − 8. DOI: 10. 1016/0006 − 291X (92) 92264−X.

［60］ Eigen M, Gardiner W, Evolutionary molecular engineering based on RNA replication［J］. Pure Appl Chem, 1984, 56: 967−978.